"十四五"职业教育国家规划教材

 高等职业教育在线开放课程配套教材

金属切削与加工
（第四版）
JINSHU QIEXIAO YU JIAGONG

主　编　王靖东　赵建平
副主编　孙　莹

新形态教材

中国教育出版传媒集团
高等教育出版社·北京

内容提要

本书是"十四五"职业教育国家规划教材,是根据教育部最新发布的《高等职业学校专业教学标准》中对本课程的要求,参照最新颁发的相关国家标准和职业技能等级考核标准,在上一版的基础上修订而成的。

本书主要内容包括金属切削的基本知识、车削加工、铣削加工、钻削与镗削加工、磨削加工、齿轮加工、刨削与拉削加工简介等。

本书可作为高等职业院校机械类、机电类专业的核心课程教材,也可作为相关专业的工程技术人员岗位培训和自学用书。

图书在版编目(CIP)数据

金属切削与加工 / 王靖东,赵建平主编. -- 4版. --北京:高等教育出版社,2025.1(2025.7重印). -- ISBN 978-7-04-063349-8

Ⅰ. TG506

中国国家版本馆CIP数据核字第20240S7S42号

策划编辑 班天允	责任编辑 程福平 班天允	封面设计 张文豪	责任印制 高忠富	

出版发行	高等教育出版社	网　　址	http://www.hep.edu.cn	
社　　址	北京市西城区德外大街4号		http://www.hep.com.cn	
邮政编码	100120	网上订购	http://www.hepmall.com.cn	
印　　刷	上海叶大印务发展有限公司		http://www.hepmall.com	
开　　本	787mm×1092mm 1/16		http://www.hepmall.cn	
印　　张	12.25	版　　次	2014年8月第1版	
字　　数	290千字		2025年1月第4版	
购书热线	010-58581118	印　　次	2025年7月第2次印刷	
咨询电话	400-810-0598	定　　价	30.00元	

本书如有缺页、倒页、脱页等质量问题,请到所购图书销售部门联系调换
版权所有　侵权必究
物　料　号　63349-00

配套学习资源及教学服务指南

 ### 二维码链接资源

本书配套微视频、动画、拓展阅读等学习资源,在书中以二维码链接形式呈现。手机扫描书中的二维码进行查看,随时随地获取学习内容,享受学习新体验。

打开书中附有二维码的页面　　　扫描二维码　　　查看相应资源

在线自测

本书提供在线交互自测,在书中以二维码链接形式呈现。手机扫描书中对应的二维码即可进行自测,根据提示选填答案,完成自测确认提交后即可获得参考答案。自测可以重复进行。

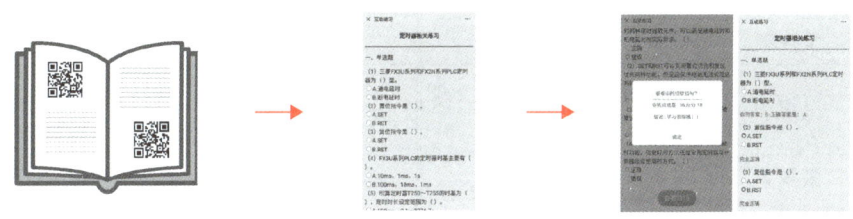

打开书中附有二维码的页面　　　扫描二维码 开始答题　　　提交后查看自测结果

 ### 教师教学资源索取

本书配有课程相关的教学资源,例如,教学课件、应用案例等。选用教材的教师,可扫描以下二维码,关注微信公众号"高职智能制造教学研究",点击"教学服务"中的"资源下载",或电脑端访问地址(101.35.126.6),注册认证后下载相关资源。

★如您有任何问题,可加入工科类教学研究中心QQ群:240616551。

本书二维码资源列表

页码	类型	说明	页码	类型	说明
1	拓展阅读	新技术——绿色生产加工过程	85	微视频	铣削加工安全操作与文明生产
1	微视频	新技术——高精度数控机床简介	86	微视频	铣床结构
6	图片	全书思维导图	87	微视频	新技术——十米重型数控龙门铣床
7	微视频	切削运动			
7	动画	切削运动	90	微视频	铣床附件
10	微视频	车刀组成	91	微视频	万能分度头的使用
12	微视频	车刀的几何角度	102	互动练习	铣刀
21	微视频	带状切屑	102	动画	逆铣
21	微视频	粒状切屑	103	动画	顺铣
22	微视频	积屑瘤	104	微视频	新技术——镜面加工
30	拓展阅读	新的加工方法	109	技能训练	铣削加工
42	拓展阅读	新技术——高速切削加工技术	115	微视频	钻头的刃磨
42	互动练习	提高切削效益的途径	115	拓展阅读	群钻的刃磨方法
43	微视频	大师故事——郑贵有的故事	120	拓展阅读	大师故事——胡国强修磨铰刀的故事
44	微视频	车削加工概述			
46	微视频	车削加工安全操作与文明生产	121	互动练习	钻削加工
			128	动画	多刃复合镗刀
47	微视频	车床类机床	134	微视频	磨床类机床
61	微视频	车床附件	144	互动练习	砂轮
64	微视频	中心架与跟刀架	145	动画	磨外圆
64	拓展阅读	大师绝活——郑贵有车削细长轴	149	微视频	平面磨床
			154	技能训练	磨削加工
65	微视频	车刀种类	159	微视频	滚齿
76	微视频	车短锥	163	微视频	插齿
76	微视频	车长锥	165	微视频	珩齿
77	微视频	螺纹加工	166	微视频	磨齿
80	拓展阅读	螺纹加工方法拓展	168	拓展阅读	新技术——齿轮的旋分加工
81	技能训练	车削加工	175	互动练习	刨削加工
81	案例分析	车削加工1	178	动画	拉刀工作原理
81	案例分析	车削加工2	178	微视频	拉刀
82	微视频	铣削加工概述	181	综合训练	初级技能操作综合训练

前 言

本书是"十四五"职业教育国家规划教材。党的二十大报告指出,教育、科技、人才是全面建设社会主义现代化国家的基础性、战略性支撑。我们要坚持教育优先发展、科技自立自强、人才引领驱动,加快建设教育强国、科技强国、人才强国,全面提高人才自主培养质量,着力造就拔尖创新人才,聚天下英才而用之。本书以习近平新时代中国特色社会主义思想为指导,贯彻落实党的二十大精神,根据教育部最新发布的《高等职业学校专业教学标准》中对本课程的要求,并参照最新颁发的相关国家标准和职业技能等级考核标准,在上一版的基础上修订而成。

"金属切削与加工"是机械制造类、机电类专业的一门专业核心课程,具有很强的综合性和实践性。为更好地适应高等职业院校教学改革的需求,服务产业发展,本书在修订过程中对接职业教育国家教学标准体系,以职业岗位技术技能要求为主线,将传统单独设置的"金属切削原理与刀具""金属切削机床""机械制造工艺学"等课程教学内容进行了合理整合。

本书的编写力求体现以下特色:

1. 理论与实际相结合

注重基本理论、基本知识和基本工艺的学习,同时将基础性与实用性有机结合。做到篇幅适当、深入浅出、循序渐进、主次分明和语言精练。

2. 产教深度融合,体现职教特色

吸纳企业技术人员深度参与,加入了设备操作的安全文明生产要求,提供了附录方便查找相关数据。同时结合"1+X"证书制度试点工作,将有关工种的国家职业技能标准融入教材内容中,课证融通、书证融通。

3. 知识、技能目标明确,突出技能培养

每章均给出了具体的教学知识要求与技能要求,目标明确,方便检查。同时每章均附有习题与思考题,引导学生思考、掌握要点。对接职业证书的部分还安排了技能训练,突出技能培养,以帮助学生取得职业资格证书。

4. 配套丰富的教学资源

为适应广大教师信息化教学要求,本书配有丰富的视频、动画、测试习题等教学资源,读者可扫描书中二维码观看和答题。本书的技能训练内容来自企业真实工作案例,支持教师进行项目化、案例式教学,做中学、做中教,强化学生能力的培养。本书配套在线课程已在智慧职教网站发布。

本书由包头职业技术学院王靖东、赵建平担任主编,孙莹担任副主编,参与编写的还有包头职业技术学院张桂霞、邢志刚、祁晨宇,内蒙古第一机械集团有限公司常利、杨天武,内蒙古北方重工业集团有限公司王守华。其中第一章、第二章由王靖东、邢志刚和王守华编写,第三章、第四章、第七章由赵建平、张桂霞、祁晨宇和常利编写,第五章、第六章由孙莹和杨天武编写。全书由包头职业技术学院王茂元、包头北方创业股份有限公司王玉明主审。

本书可供高等职业院校机械类、机电类专业使用,也可供工程技术人员参考。

由于编者水平有限,书中难免错误和欠妥之处,敬请读者批评与指正。

编　者

目　录

- 1　绪论
- 7　第一章　金属切削的基本知识
  - 7　第一节　概述
  - 10　第二节　刀具的几何角度及材料
  - 21　第三节　金属切削过程
  - 28　第四节　提高切削效益的途径
  - 42　习题与思考题
- 44　第二章　车削加工
  - 44　第一节　车削加工概述
  - 47　第二节　车床
  - 65　第三节　车刀
  - 74　第四节　车削加工方法
  - 81　习题与思考题
- 82　第三章　铣削加工
  - 82　第一节　铣削加工概述
  - 85　第二节　铣床
  - 96　第三节　铣刀
  - 102　第四节　铣削加工方法
  - 109　习题与思考题

第四章　钻削与镗削加工 ... 110

第一节　钻削加工 ... 110
第二节　镗削加工 ... 122
习题与思考题 ... 131

第五章　磨削加工 ... 132

第一节　磨削加工概述 ... 132
第二节　磨床 ... 134
第三节　砂轮 ... 139
第四节　磨削加工方法 ... 144
习题与思考题 ... 154

第六章　齿轮加工 ... 155

第一节　齿轮加工概述 ... 155
第二节　滚齿加工 ... 157
第三节　插齿加工 ... 161
第四节　齿轮的精加工 ... 164
习题与思考题 ... 168

第七章　刨削与拉削加工简介 ... 169

第一节　刨削加工 ... 169
第二节　拉削加工 ... 175
习题与思考题 ... 181

附录　常用机床组、系代号及主参数 ... 182

参考文献 ... 186

绪 论

⚙ 知识要求
★ 了解机械制造业在国民经济中的地位和作用
★ 掌握金属切削加工机床的分类与型号编制方法
★ 掌握表面成形运动与辅助运动、传动联系与传动链的概念,学会区分内、外联系传动链
★ 明确本课程的主要内容、学习要求与学习方法

⚙ 技能要求
★ 具备识别机床型号、通过查阅资料获取机床技术参数的能力

一、机械制造业在国民经济中的地位与作用

机械制造业是国民经济最重要的部门之一,它不仅能直接为人民提供生活消费品,更重要的是担负着向国民经济各个部门提供机械装备的任务。机械制造业是国民经济的基础产业与支柱产业,是一个国家经济实力与科技水平的重要标志,当今世界各国均把发展机械制造业作为振兴和发展国民经济的战略重点之一。

拓展阅读

新技术——绿色生产加工过程

现代工业对机械制造业提出了越来越高的要求,同时也推动着机械制造业不断地向前发展,并给予了许多新技术和新概念。当前机械制造业的发展趋势如下。

(1)向高柔性化、高自动化方向发展。多品种、中批与小批生产已成为生产的主要类型,计算机数字控制(CNC)、计算机辅助设计/计算机辅助制造(CAD/CAM)、柔性制造系统(FMS)、计算机集成制造系统(CIMS)等高新技术的应用,可使加工过程实现自动化、柔性化、智能化、集成化,极大地提高产品质量、生产率,缩短产品生产周期。

(2)向精密加工、超精密加工方向发展。在现代高科技领域中,产品精度要求越来越高,精密加工和超精密加工已成必然,这也是一个国家制造业水平的重要标志。

微视频

新技术——高精度数控机床简介

(3)向高速切削、强力切削方向发展。高速切削、强力切削是提高切削加工效率的重要途径之一。

(4)向绿色加工方向发展。减少机械加工对环境的污染,是国民经济可持续发展的需要,也是机械制造业面临的新课题。

二、金属切削机床的基本知识

金属切削机床是利用切削加工、特种加工等方法将金属毛坯加工成机器零件的机器。

由于它是制造机器的机器,所以又称为"工作母机"或者"工具机",习惯上简称为"机床"。

金属切削机床是加工机器零件的主要设备,在各类机械制造部门所拥有的装备中,机床占50%～70%,所负担的工作量占机械加工总量的40%～60%。由此可见,机床工业的发展和机床技术水平的提高对国民经济的发展起着重要作用。

金属切削加工的种类很多,可以分为钳工和机械加工两大部分。其中,钳工是由人工手持工具对工件进行切削加工,而机械加工则是由人工操作机床对工件进行切削加工。机械加工按其所用切削工具类型的不同,可分为刀具切削加工和磨料切削加工。刀具切削加工主要有车削、钻削、镗削、铣削、刨削、拉削以及齿轮加工等方式,磨料切削加工主要有磨削、珩磨、研磨、超精加工等方式。本书主要介绍机械加工。

金属切削机床的品种和规格繁多,为了便于区别、使用和管理,需对机床加以分类和编制型号。

1. 机床的分类

机床的传统分类方法(基本分类方法),主要是按其加工性质和所用的刀具进行分类,同时把特种加工机床也划归在金属切削机床的范畴内。目前将机床分为12大类,包括车床、钻床、镗床、磨床、齿轮加工机床、螺纹加工机床、铣床、刨插床、拉床、特种加工机床、锯床以及其他机床。其中磨床的品种较多,又细分为三类。机床类别代号和读音见表0-1。

表0-1 机床类别代号和读音

类别	车床	钻床	镗床	磨		床	齿轮加工机床	螺纹加工机床	铣床	刨插床	拉床	特种加工机床	锯床	其他机床
代号	C	Z	T	M	2M	3M	Y	S	X	B	L	D	G	Q
读音	车	钻	镗	磨	二磨	三磨	牙	丝	铣	刨	拉	电	割	其

除上述基本分类方法外,还可以根据机床的其他特征进行分类。

(1) 按照机床的工艺范围(通用性程度),可分为通用机床、专门化机床和专用机床。通用机床是可加工多种工件与多种表面、通用性好、使用范围较广的机床,例如,普通卧式车床、万能升降台铣床、摇臂钻床、卧式镗床等都属于通用机床。通用机床结构复杂,生产率较低,主要适用于单件、小批生产。专门化机床的工艺范围较窄,用于加工形状相似、尺寸不同的一类或几类零件的某一道或几道特定工序,例如,曲轴车床、凸轮轴车床、精密丝杠车床、花键轴铣床等都属于专门化机床。专用机床的工艺范围最窄,是用于加工特定工件的特定工序的机床,例如,加工机床主轴箱的专用镗床、加工车床床身导轨的专用磨床以及汽车、拖拉机制造企业中大量使用的各种组合机床都属于专用机床。专用机床生产率较高,适用于大批大量生产。

(2) 按照机床自动化程度的不同,可分为手动、机动、半自动和自动机床。

(3) 按照机床重量和尺寸的不同,可分为仪表机床、中型机床(一般机床)、大型机床(质量大于10 t)、重型机床(质量大于30 t)和超重型机床(质量大于100 t)。

(4) 按照机床加工精度的不同,可分为普通精度机床、精密机床和高精度机床。

(5) 按照机床主要工作部件的数量,可分为单轴、多轴机床或单刀、多刀机床等。

机床通常按照加工性质进行分类,再根据某些辅助特征进一步描述,如多刀半自动车床、多轴自动车床和高精度外圆磨床等。

2. 机床型号的编制方法

机床型号是机床产品的代号,用以简明地表示机床的类型、通用特性和结构特性以及技术参数等。我国现行的机床型号是按照 GB/T 15375—2008《金属切削机床　型号编制方法》编制的。机床型号由汉语拼音字母和阿拉伯数字按一定的规律组合而成,它适用于新设计的各类通用及专用金属切削机床。此标准与旧标准不同,它不包括特种加工机床的型号编制。关于特种加工机床的型号,专门制定了相关标准进行编制,本书不予介绍。

通用机床的型号由基本部分和辅助部分组成,中间用"/"隔开,读作"之"。基本部分需统一管理,辅助部分是否纳入型号由企业自定。

通用机床型号的表示方法如下。

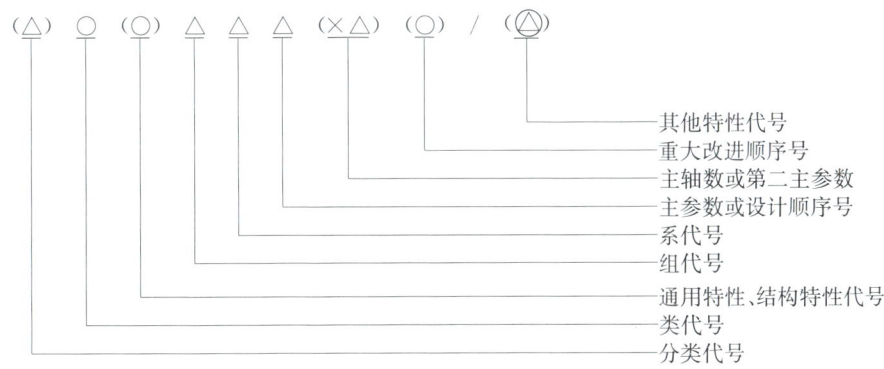

注:
1. 有"( )"的代号或数字,当无内容时,则不表示。若有内容,则不带括号。
2. 有"〇"符号的,为大写的汉语拼音字母。
3. 有"△"符号的,为阿拉伯数字。
4. 有"⊙"符号的,为大写的汉语拼音字母,或阿拉伯数字,或二者兼有之。

(1) 机床类、组、系的划分及其代号

机床的类代号用大写汉语拼音字母表示。必要时,每类可分为若干分类。分类代号用阿拉伯数字表示,位于类代号之前,作为型号的首位。

每类机床按照工艺特点、布局和结构特性的不同,分为十个组;机床的组用一位阿拉伯数字表示,位于类代号或通用特性代号、结构特性代号之后。每个组又分为十个系(系列),系的划分原则是主参数含义相同、主要结构和布局型式相同,即为同一系;机床的系用一位阿拉伯数字表示,位于组代号之后。

(2) 机床的通用特性代号和结构特性代号

当某类型机床,除有普通型外,还具备某种通用特性时,则在类代号后加上相应的通用特性代号予以区别。机床的通用特性代号用大写的汉语拼音字母表示,位于类代号之后。通用特性代号在各类机床中所表示的含义相同。机床的通用特性代号见表 0-2。

表 0-2　机床的通用特性代号

通用特性	高精度	精密	自动	半自动	数控	加工中心（自动换刀）	仿形	轻型	加重型	简式或经济型	柔性加工单元	数显	高速
代号	G	M	Z	B	K	H	F	Q	C	J	R	X	S
读音	高	密	自	半	控	换	仿	轻	重	简	柔	显	速

对于主参数相同而结构、性能不同的机床，则在型号中加结构特性代号予以区分。当机床型号中同时具有通用特性代号和结构特性代号时，结构特性代号应位于通用特性代号之后。结构特性代号在型号中没有统一的含义。结构特性代号用汉语拼音字母 A、B、C、D、E、L、N、P、T、Y(通用特性代号中已用的字母和"I、O"两个字母不能用)表示，当单个字母不够用时，还可将两个字母组合起来使用，如 AD、AE、EA 等。

（3）机床主参数和设计顺序号

机床型号中的主参数表示机床规格的大小，用折算值（主参数乘以折算系数）表示，位于系代号之后。常用机床组、系代号及主参数的表示方法见附录。

当某些通用机床无法用一个主参数表示时，则在型号中用设计顺序号表示。设计顺序号由 1 起始，当设计顺序号小于 10 时，在设计顺序号之前加"0"，即由 01 开始编号。

（4）主轴数和第二主参数的表示方法

对于多轴车床、多轴钻床、排式钻床等机床，其主轴数应以实际数值列入型号，置于主参数之后，用"×"分开，读作"乘"。单轴可省略，不予表示。

第二主参数（多轴机床的主轴数除外）一般不予以表示。如有特殊情况，需要在型号中表示。在型号表示的第二主参数一般以折算成两位数为宜，最多不超过三位数。

（5）机床的重大改进顺序号

当机床的结构、性能有重大改进和提高，并按新产品重新设计、试制和鉴定时，在原机床型号基本部分的尾部加上重大改进顺序号，以区别于原机床型号。重大改进顺序号按改进的先后顺序选用 A、B、C 等字母（但"I、O"两个字母不得选用）表示。

（6）其他特性代号及其表示方法

其他特性代号主要用以反映各类机床的特性。例如，对于一般机床，可以用来反映同一型号机床的变型等；对于数控机床，可以用来反映不同的控制系统等；对于加工中心，可以用来反映控制系统、联动轴数、自动交换主轴头、自动交换工作台等；对于柔性加工单元，可以用来反映自动交换主轴箱等。其他特性代号置于机床型号的辅助部分之首。其中同一型号机床的变型代号，一般应放在其他特性代号之首。

其他特性代号可用字母（但"I、O"两个字母除外）表示，其中 L 表示联动轴数，F 表示复合。当单个字母不够用时，可将两个字母合起来使用，如 AB、AC 或 BA、CA 等。其他特性代号也可用阿拉伯数字表示，还可用阿拉伯数字和汉语拼音字母组合表示。

例 1-1　最大棒料直径为 50 mm 的六轴棒料自动车床，其型号为 C2150×6。

例 1-2　最大回转直径为 400 mm 的半自动曲轴磨床的第一种变型的型号为 MB8240/1。

例 1-3　床身上工件最大回转直径为 320 mm 的精密普通卧式车床的型号为 CM6132。

例 1-4　工作台面宽度为 630 mm 的立式单柱坐标镗床，经过一次重大改进的型号为 T4163A。

例 1-5　工作台面宽度为 500 mm 的卧轴矩台平面磨床,经过一次重大改进的型号为 M7150A。

3. 机床的运动及传动

(1) 机床的运动

机床在对工件进行切削加工时,为了获得所需的表面形状,应使刀具和工件按一定的规律做一系列运动,以保证刀具和工件之间具有正确的相对运动。例如,在车床上车削外圆柱表面(见图 0-1)时,将工件装夹于三爪自定心卡盘并启动车床后,先以手动将车刀沿纵向和横向靠近工件(运动 Ⅱ 和 Ⅲ);然后将车刀按所要求的加工直径横向切入一定深度,保证工件直径尺寸为 d(运动 Ⅳ);接着通过工件的旋转运动(运动 Ⅰ)和车刀的纵向直线运动(运动 Ⅴ),车削出工件外圆柱表面;当车刀纵向移动达到所需长度 l 后,沿横向退离工件(运动 Ⅵ),并沿纵向退回到起始位置(运动 Ⅶ)。

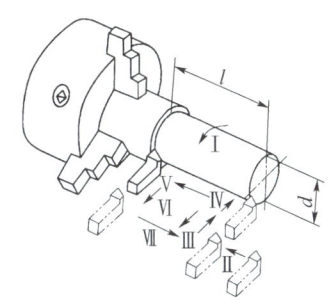

图 0-1　车削外圆柱表面所需的运动

机床在加工过程中所需的运动,可按其功用的不同分为表面成形运动和辅助运动两类。

① 表面成形运动　机床在切削过程中,为了使工件具有一定几何形状所必需的刀具和工件之间的相对运动称为表面成形运动。表面成形运动是机床上最基本的运动,对工件加工表面的精度和粗糙度都有直接影响。如图 0-1 所示,工件的旋转运动(运动 Ⅰ)和车刀的纵向运动(运动 Ⅴ)是形成外圆柱表面所必需的运动,属于表面成形运动。各种机床加工时所需的表面成形运动的形式和数目取决于被加工表面的形状以及所采用的加工方法、刀具结构。

② 辅助运动　机床上除表面成形运动外,其他运动都属于辅助运动。辅助运动是实现机床加工过程中所必需的各种辅助动作。图 0-1 所示的车刀纵向靠近工件(运动 Ⅱ)、横向切入工件(运动 Ⅲ)、横向退离工件(运动 Ⅵ)及纵向退回起始位置(运动 Ⅶ)等运动都属于辅助运动。辅助运动虽然不直接参与表面成形过程,但在加工过程中也是必不可少的,它还对切削加工生产率、加工精度和表面质量有较大影响。

(2) 机床的传动

① 机床传动的组成　为了实现加工过程中所需要的各种运动,机床需具有执行件、运动源和传动装置三个部分。执行件是执行机床运动的部件,如刀架、主轴、工作台等。工件或刀具装夹在执行件上,并由其带动,按正确的运动轨迹完成一定的运动。运动源是给执行件提供运动和动力的部件,常用的有三相异步电动机、直流电动机、步进电动机等。传动装置是把运动源的运动和动力传递至执行件,并使其获得一定的运动速度和方向的装置。传动装置还可以将两个执行件联系起来,使执行件之间具有一定的相对运动关系。

② 机床的传动联系和传动链　机床上为了得到所需的运动,需要通过一系列的传动件把执行件与运动源,或者把执行件和执行件之间联系起来,称为传动联系。使执行件与运动源或使两个有关的执行件保持一定运动联系,并按照一定规律排列的传动元件就构成了传

动链。一条传动链由该链的两端件及两端件之间的一系列传动机构组成。

传动链中包含两类传动机构：一类是传动比和传动方向不变的传动机构，称为定比传动机构，如定比齿轮副、丝杠螺母副、蜗轮蜗杆副等；另一类是根据加工要求，可以变换传动比和传动方向的传动机构，称为换置机构，如挂轮变速机构、滑移齿轮变速机构和离合器换向机构等。

根据传动联系的性质，可将传动链分成两类：一类是联系运动源和执行件之间的传动链，使执行件得到运动，而且能改变运动的速度和方向，但不要求运动源和执行件之间有严格的传动比关系，称为外联系传动链；另一类是当表面成形运动由保持严格相对运动关系（如严格的传动比）的几个单元运动（旋转或直线运动）组成时，为了完成复合的成形运动，应用传动链将实现这些单元运动的执行件和执行件联系起来，并使其保持确定、严格的运动关系，这种传动链称为内联系传动链。

三、本课程的主要内容、学习要求与学习方法

"金属切削与加工"是高等职业院校机械制造类专业的一门专业核心课程。该课程主要内容为金属切削过程的基本知识；金属切削加工方法的特点与应用；常用金属切削机床及附件、刀具的基本知识；典型零件表面的加工方法等。通过本课程的学习，学生应能够根据具体加工条件与工艺要求，合理选择切削加工方法、机床、刀具及切削用量；具备对典型表面进行切削加工的能力，并能够分析切削加工过程，为制订合理的工艺规程打好基础。

全书思维导图

本课程具有实践性强、综合性强的特点。学习时要重视实践性环节，如各种实训、实习，要注意理论与实践相结合。这不仅有助于理解和掌握知识，更利于培养学生综合运用所学知识解决生产实际问题的能力。机械制造中的生产实际问题往往会因为生产的产品不同、批量不同、具体生产条件不同而千差万别，学习时要特别注意灵活运用所学知识，根据具体情况来处理问题，切记不要死记硬背、生搬硬套。

习题与思考题

1-1　金属切削加工机床按加工性质可以分为哪几类？

1-2　解释下列机床型号：X4325、CM6132、CG1107、C1336、Z5140、TP619、B2021A、Z3140×16、MGK1320A、X6132、T6180、Z3150。

1-3　什么是表面成形运动？什么是辅助运动？各有何特点？

1-4　什么是传动联系和传动链？什么是内联系传动链和外联系传动链？

第一章 金属切削的基本知识

知识要求
★ 掌握金属切削加工的基本概念和术语
★ 掌握刀具几何角度、刀具材料性能要求以及高速钢、硬质合金刀具的应用
★ 了解金属切削加工过程中常见的物理现象
★ 掌握提高切削效益的一般途径

技能要求
★ 具备合理选择刀具材料的能力
★ 具备合理选择刀具几何参数的能力
★ 具备合理选用切削液的能力

第一节 概　述

微视频
切削运动

动画
切削运动

一、切削运动

在机床上为了切除工件上多余的金属,以获得形状精度、尺寸精度、位置精度和表面质量都符合要求的工件,刀具与工件之间所做的相对运动称为切削运动。根据切削运动在切削加工过程中所起作用的不同,可将切削运动分为主运动和进给运动,如图 1-1 所示。

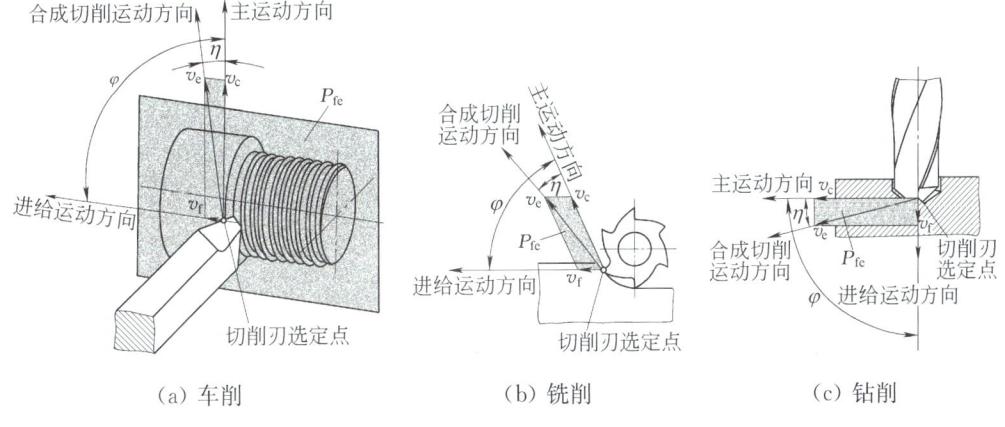

(a) 车削　　(b) 铣削　　(c) 钻削

图 1-1 切削运动

1. 主运动

主运动是指切除工件上多余金属层,形成工件新表面所做的运动。它是由机床提供的主要运动。主运动的特点是速度最高,消耗功率最多。切削加工中只有一个主运动,它可由工件完成,也可由刀具完成。如图 1-1a 所示车削时工件的旋转运动、图 1-1b 所示铣削和图 1-1c 所示钻削时铣刀和钻头的旋转运动都是主运动。

2. 进给运动

进给运动是指把被切削金属层间断或连续投入切削的一种运动,与主运动相配合即可不断地切除金属层,获得所需的表面。进给运动的特点是速度低,消耗功率少。切削加工中进给运动可以是一个、两个或多个。它可以是连续的运动,如车削外圆时,车刀平行于工件轴线的纵向运动;也可以是间断的运动,如刨削时工件或刀具的横向运动。

3. 合成切削运动

如图 1-1 所示,合成切削运动 v_e 是主运动 v_c 与进给运动 v_f 的合成。刀具切削刃上的选定点相对于工件的瞬时合成运动方向称为合成切削运动方向,其速度称为合成切削速度。

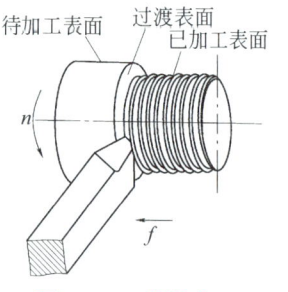

图 1-2 工件的表面

二、工件的表面

在切削过程中,工件上的金属层不断地被刀具切除而成为切屑,同时在工件上形成新的表面。在新表面的形成过程中,工件上有三个不断变化着的表面,如图 1-2 所示。

1. 待加工表面

工件上有待切除的表面称为待加工表面。

2. 已加工表面

工件上经刀具切削后产生的新表面称为已加工表面。

3. 过渡表面(加工表面)

切削刃正在切削的表面称为过渡表面,也称加工表面。它是待加工表面与已加工表面的连接表面。

三、切削要素

切削要素分为切削用量要素和切削层公称横截面要素两类。在切削过程中,要根据不同的工件材料、刀具材料和其他技术经济因素来选择合适的切削速度、进给量和背吃刀量。切削速度、进给量和背吃刀量称为切削用量三要素,也称工艺切削要素,用于正确调整机床,以保证高的加工质量、生产率和低的加工成本。

1. 切削用量要素

(1) 切削速度 v_c

切削速度是指刀具切削刃上的某一点相对于待加工表面在主运动方向上的瞬时速度，如图 1-3 所示。车外圆时，计算公式为

$$v_c = (\pi d_w n)/1\,000 \tag{1-1}$$

式中：v_c——切削速度，m/min 或 m/s；

d_w——工件待加工表面直径，mm；

n——工件转速，r/min 或 r/s。

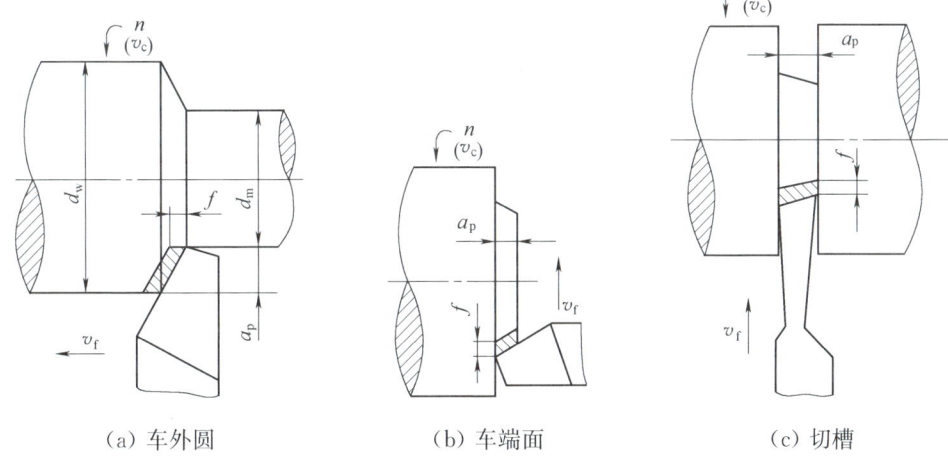

(a) 车外圆　　　　　(b) 车端面　　　　　(c) 切槽

图 1-3　切削用量

切削刃上各点的切削速度是不同的，在计算时，应以最大的切削速度为准。如车外圆时以待加工表面直径的数值进行计算，因为此处速度高，刀具磨损快。

(2) 进给量 f

进给量是指刀具在进给运动方向上相对于工件的位移量，如图 1-3 所示。它可用刀具或工件每转或每行程的位移量来表示。当主运动是旋转运动时，f 的单位为 mm/r。对于铣刀、铰刀等多齿刀具，还规定每齿进给量 f_z，即多齿刀具每转或每行程中每齿相对于工件在进给运动方向上的相对位移，单位为 mm/齿。也常用进给速度 v_f，即切削刃选定点相对于工件进给运动的瞬时速度，单位为 mm/min。计算公式为

$$v_f = f n \tag{1-2}$$

$$v_f = f_z Z n \tag{1-3}$$

式中，Z——齿数。

(3) 背吃刀量 a_p

背吃刀量一般是指工件上已加工表面和待加工表面间的垂直距离，如图 1-3 所示。车外圆时，计算公式为

$$a_p = (d_w - d_m)/2 \qquad (1\text{-}4)$$

式中：d_w——待加工表面直径，mm；
d_m——已加工表面直径，mm。

2. 切削层公称横截面要素

刀具切削刃在一次进给中，从工件待加工表面上切下来的金属层称为切削层。外圆车削时，工件转一转，车刀从位置Ⅰ移到位置Ⅱ，前进了一个进给量，图1-4中阴影部分即为切削层。其截面尺寸的大小即为切削层参数，它决定了刀具所承受负荷的大小及切削尺寸，还影响切削力、刀具磨损、工件表面质量和生产率。

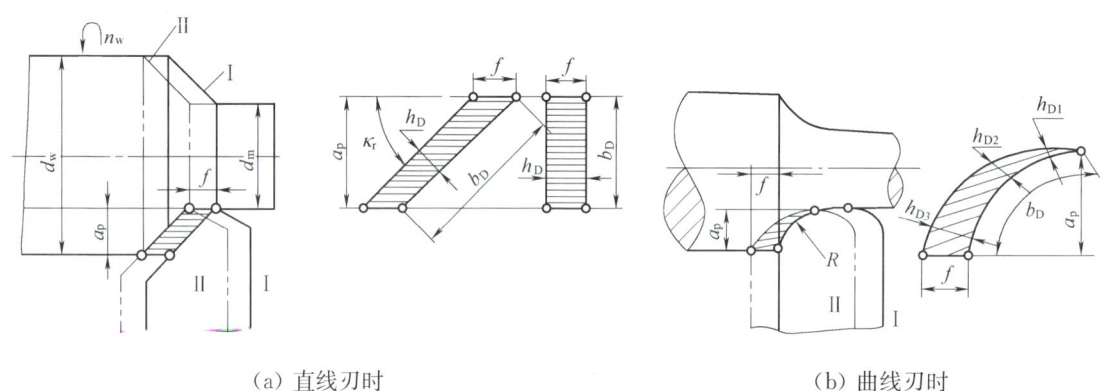

(a) 直线刃时　　　　　　　　(b) 曲线刃时

图 1-4　车外圆时切削层参数

切削层尺寸可用以下3个参数表示：
① 切削层公称厚度 h_D　切削层公称厚度是指切削刃两瞬时位置过渡表面间的距离。
② 切削层公称宽度 b_D　切削层公称宽度是指沿过渡表面测量的切削层尺寸。
③ 切削层公称横截面面积 A_D　切削层公称横截面面积是指切削层横截面的面积。

第二节　刀具的几何角度及材料

车刀组成

一、刀具的几何角度

金属切削刀具种类繁多、形状各异，但刀具切削部分的组成却有共同点。车刀的切削部分可看作其他各种刀具切削部分最基本的形态。描述车刀切削部分的一般术语亦可用于其他金属切削刀具。

1. 车刀的组成

车刀由刀柄(刀杆)和刀头组成，刀柄是刀具的夹持部分，刀头则是刀具的切削部分。车刀切削部分的组成如图1-5所示。

① 前面 A_γ　切屑流出时经过的刀面称为前面。

② 后面 A_α　与过渡表面相对的刀面称为后面(也称主后面)。

③ 副后面 A_α'　与已加工表面相对的刀面称为副后面。

④ (主)切削刃 S　前面与后面汇交的边缘称为(主)切削刃。在切削加工过程中,它承担主要的切削任务。

⑤ 副切削刃 S'　前面与副后面汇交的边缘称为副切削刃。它承担少量的切削工作,配合主切削刃完成切削工作并最终形成工件上的已加工表面。

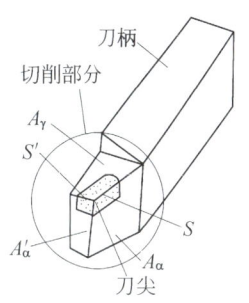

图 1-5　车刀切削部分的组成

⑥ 刀尖　刀尖是主、副切削刃的连接部位,或者是主、副切削刃的交点。大多数刀具在刀尖处磨成一小段直线刃或圆弧刃,也有一些刀具主、副切削刃直接相交,形成尖刀尖,如图 1-6 所示。

不同类型的刀具,其刀面、切削刃的数量可能不同,但组成刀具切削部分最基本的单元是两个面(A_γ、A_α)和一条切削刃(S)。任何一把多刃复杂刀具都可以将其分解为一个个基本单元进行分析。

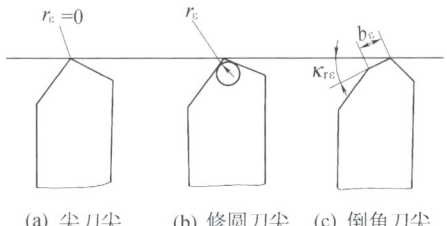

(a) 尖刀尖　(b) 修圆刀尖　(c) 倒角刀尖

图 1-6　刀尖的形式

2. 刀具的静止角度参考系

为了确定刀具切削部分各个面和刀刃在空间的位置,以便于设计、制造、刃磨和测量刀具,需要建立一个空间坐标平面参考系,也称为刀具静止角度参考系。由于刀具的几何角度在切削过程中起主要作用,因此刀具静止角度参考系中坐标平面的建立应以切削运动为依据。首先给出假定工作条件,假定工作条件包含假定运动条件和假定安装条件,然后建立参考系。在该参考系中确定的刀具几何角度称为刀具的静止角度,即标注角度。

① 假定运动条件　以切削刃选定点位于工件中心高度时的主运动方向作为假定主运动方向;以切削刃选定点的进给运动方向作为假定进给运动方向,一般不考虑进给运动大小的影响,即假设进给量 $f=0$。

② 假定安装条件　假定车刀安装绝对正确,即安装车刀时应使刀尖与工件中心等高,车刀刀杆对称面垂直于工件轴线。

这样便可用平行或垂直于假定主运动方向的平面构成坐标平面,即参考系。由此可见,静止参考系是在简化了切削运动和设立标准刀具位置条件下建立的参考系。

刀具静止参考系的坐标平面定义如下。

基面 P_r:通过切削刃选定点垂直于假定主运动方向的平面称为基面。对于车刀,基面平行于车刀刀杆底面。

切削平面 P_s:通过切削刃选定点,与主切削刃相切并垂直于基面的平面称为切削平面。下面介绍常用的静止参考系。

(1) 正交平面静止参考系

① 参考系的建立　正交平面静止参考系由基面、切削平面和正交平面三个相互垂直的

坐标平面组成,如图 1-7 所示。其中,正交平面 P_o 是通过切削刃选定点,同时垂直于基面与切削平面的平面。

② 刀具角度的标注　在该参考系中可标注以下角度,如图 1-8 所示。

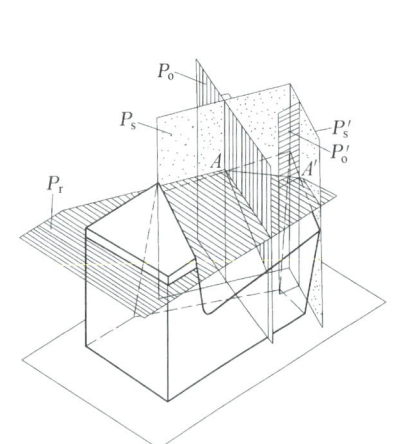

图 1-7　正交平面静止参考系

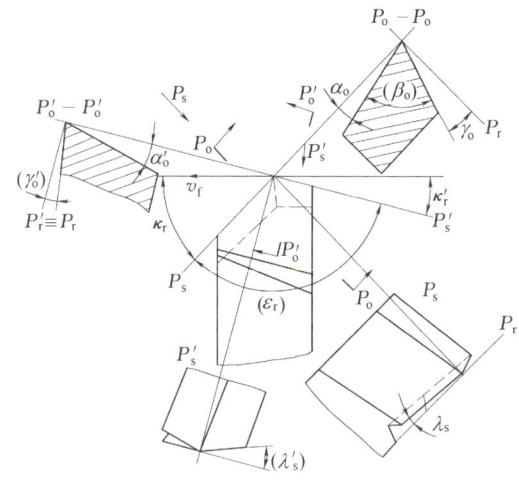

图 1-8　正交平面静止参考系标注的角度

车刀的几何角度

- **主偏角 κ_r**　基面中测量的主切削刃与假定进给运动方向之间的夹角称为主偏角。
- **刃倾角 λ_s**　切削平面中测量的主切削刃与过刀尖所作基面之间的夹角称为刃倾角。
- **前角 γ_o**　正交平面中测量的前面与基面之间的夹角称为前角。
- **后角 α_o**　正交平面中测量的后面与切削平面之间的夹角称为后角。

用上述四个角度就可确定车刀前、后面及主切削刃的方位。其中,γ_o 与 λ_s 确定了前面的方位,κ_r 与 α_o 确定了后面的方位,κ_r 与 λ_s 确定了主切削刃的方位。

同理,通过副切削刃选定点也可建立副基面 P_r'、副切削平面 P_s' 和副正交平面 P_o',用副偏角 κ_r'、副刃倾角 λ_s'、副前角 γ_o'、副后角 α_o' 确定相应的前面、副后面的方位。由于副切削刃和主切削刃处于同一前面中,因此,当 γ_o 与 λ_s 两角确定后,前面的方位已经确定,γ_o' 与 λ_s' 两个角度也同时被确定。因此,通过副切削刃通常只需确定副偏角 κ_r' 和副后角 α_o'。

- **副偏角 κ_r'**　基面中测量的副切削刃与假定进给运动方向之间的夹角称为副偏角。
- **副后角 α_o'**　副正交平面中测量的副后面与副切削平面之间的夹角称为副后角。

因此,图 1-8 所示外圆车刀有三个面、两条切削刃、一个刀尖,所需标注的独立角度只有六个:γ_o、α_o、κ_r、κ_r'、λ_s、α_o'。其中,κ_r、κ_r' 在基面中标注,γ_o、α_o 在正交平面中标注,λ_s 在切削平面中标注,α_o' 在副正交平面中标注。

分析刀具时常用到以下两个派生角度(图 1-8 中用括号括起来的其中两个角度)。

- **楔角 β_o**　正交平面中测量的刀具前、后面之间的夹角称为楔角。

$$\beta_o = 90° - (\gamma_o + \alpha_o)$$

- 刀尖角 ε_r　基面中测量的主、副切削刃之间的夹角称为刀尖角。

$$\varepsilon_r = 180° - (\kappa_r + \kappa_r')$$

③ 角度正负的规定　如图 1-9a 所示，前面与基面平行时前角为零；前面与切削平面间夹角小于 90°时，前角为正；大于 90°时，前角为负。后面与基面间夹角小于 90°时，后角为正；大于 90°时，后角为负。

如图 1-9b 所示，刀尖处于切削刃最高点时刃倾角为正，刀尖处于切削刃最低点时刃倾角为负，切削刃与基面相平行时刃倾角为零。主偏角与副偏角的大小介于 0°～90°。

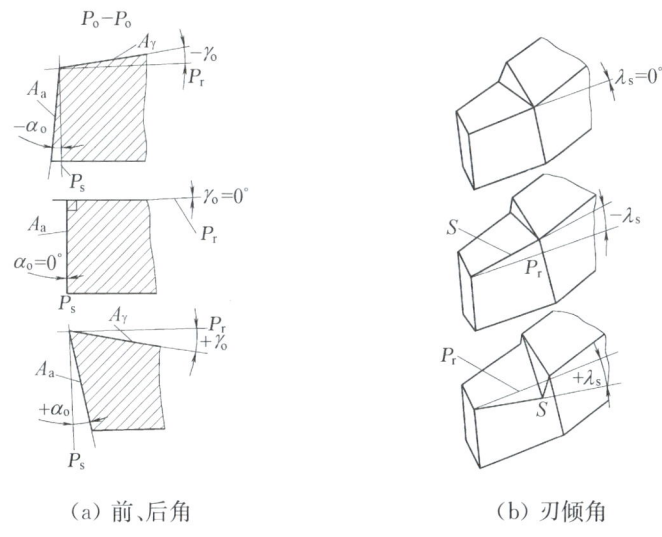

（a）前、后角　　　　　　　（b）刃倾角

图 1-9　车刀角度正负的规定方法

（2）其他静止参考系

刀具几何角度除可在正交平面静止参考系中标注以外，根据设计和工艺的需要，还可以选用表 1-1 所示的其他静止参考系来标注。

表 1-1　其他静止参考系

参考系	参考平面	符号	定　义	标注角度
法剖面静止参考系	基面	P_r	同正交平面静止参考系	法前角 γ_n：法剖面中测量的基面与前面之间的夹角； 法后角 α_n：法剖面中测量的切削平面与后面之间的夹角
	切削平面	P_s	同正交平面静止参考系	
	法剖面	P_n	通过切削刃选定点与切削刃相垂直的平面	
假定工作平面、背平面静止参考系	基面	P_r	同正交平面静止参考系	侧前角 γ_f（背前角 γ_p）：假定工作平面（背平面）中测量的基面与前面之间的夹角； 侧后角 α_f（背后角 α_p）：假定工作平面中（背平面）测量的切削平面与后面之间的夹角
	切削平面	P_s	同正交平面静止参考系	
	假定工作平面	P_f	通过切削刃选定点，平行于假定进给运动方向并垂直于基面的平面	
	背平面	P_p	通过切削刃选定点，垂直于假定工作平面和基面的平面	

在上述静止参考系中,区别仅是测量刀具前、后面空间位置的"测量平面"方位不同。我国主要采用正交平面静止参考系,即在图样上标注 κ_r、κ_r'、λ_s、γ_o、α_o 和 α_o' 等六个角度,有时应补充 γ_n、α_n 等角度。

3. 刀具的工作角度

如前所述,刀具的静止参考系是在假定工作条件下建立的,而刀具的实际工作条件往往与之不同。显然这将引起刀具参考系的变化,从而将最终导致刀具的实际工作角度不同于刀具的静止角度。但由于通常进给速度远小于主运动速度,而且实际安装条件尽可能与假定安装条件相近,因此刀具的实际工作角度与刀具的静止角度相差无几(不超过 1%)。这样,在大多数情况下(如普通车削、镗孔、端面铣削等)两者差别可不予考虑。但当切削大螺距丝杠、螺纹、铲背、切断以及钻孔分析钻芯附近的切削条件或刀具安装特殊时,需要计算刀具的工作角度,其目的是使刀具的工作角度得到合理值,据此换算出刀具的静止角度,以便于制造或刃磨。刀具的工作参考系各坐标平面的定义见表 1-2。

表 1-2 刀具工作角度参考系(通过切削刃选定点)

参考系	参考平面	符号	定义与说明
工作正交平面参考系	工作基面	P_{re}	垂直于合成速度的平面
	工作切削平面	P_{se}	与切削刃相切并平行于合成切削速度方向的平面
	工作正交平面	P_{oe}	同时垂直于工作基面和工作切削平面的平面
工作法剖面参考系	工作基面	P_{re}	垂直于合成速度的平面
	工作切削平面	P_{se}	与切削刃相切并平行于合成切削速度方向的平面
	工作法剖面	P_{ne}	垂直切削刃的平面,且有 $P_{ne} = P_n$
工作平面、工作背平面参考系	工作基面	P_{re}	垂直于合成速度的平面
	工作切削平面	P_{se}	与切削刃相切并平行于合成切削速度方向的平面
	工作平面	P_{fe}	由主运动方向和进给运动方向所组成的平面。显然,$P_{fe} \perp P_{re}$
	工作背平面	P_{pe}	同时垂直工作基面和工作平面的平面

刀具工作参考系的坐标平面是依据合成切削运动方向来确定的。所谓刀具的工作角度,就是在工作参考系中定义的角度。定义各工作角度时,只需用工作坐标平面代替静止坐标平面即可。例如,刀具工作前角 γ_{oe} 是在工作正交平面内测量的前面与工作基面之间的夹角,其余角度的定义类推。

刀具的进给运动及刀具的安装位置对刀具的工作角度有一定的影响。

(1) 进给运动对刀具工作角度的影响

① 当刀具作纵向进给运动时(图 1-10) 由于是以合成运动速度 v_e 为依据建立工作参

考系,因此刀具的工作前角较静止前角增大,刀具的工作后角较静止后角减小。

$$\gamma_{oe} = \gamma_o + \mu_o \qquad (1\text{-}5)$$

$$\alpha_{oe} = \alpha_o - \mu_o \qquad (1\text{-}6)$$

式中,μ_o 为工作基面 P_{re} 和基面 P_r 在正交平面 P_o 内的夹角。

② 当刀具作横向进给运动时(图 1-11)　刀具的工作前角较静止前角增大,刀具的工作后角较静止后角减小。

$$\gamma_{oe} = \gamma_o + \mu_f \qquad (1\text{-}7)$$

$$\alpha_{oe} = \alpha_o - \mu_f \qquad (1\text{-}8)$$

式中,μ_f 为工作基面 P_{re} 与基面 P_r 在假定工作平面 P_f 内的夹角。

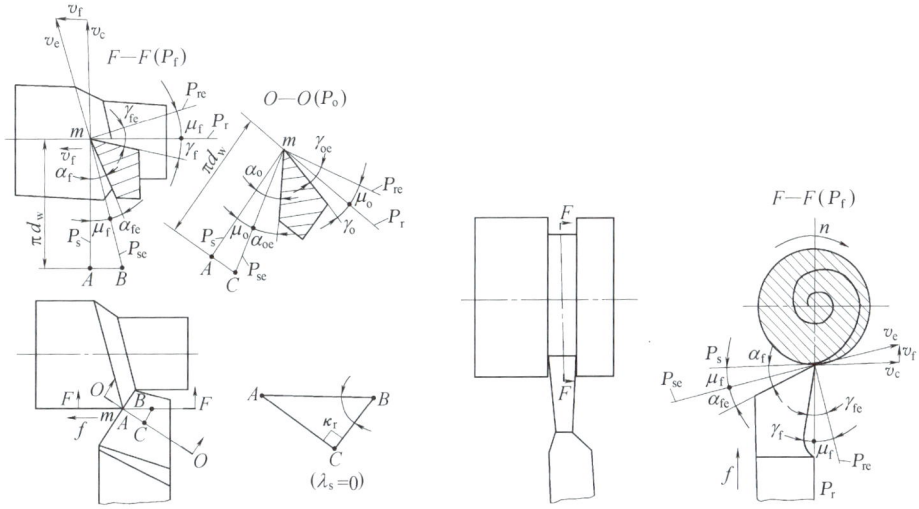

图 1-10　纵向进给时刀具的工作角度　　图 1-11　横向进给时刀具的工作角度

(2) 刀具安装位置对刀具工作角度的影响

① 刀具安装高度的影响　设刀具的 $\lambda_s = 0$。当刀尖高于工件中心高度时,若不计进给运动的影响,由于主运动方向 v_c 不是在工件中心高上的主运动方向,按这种情况所建立的基准坐标平面,也是工作基面 P_{re} 和工作切削平面 P_{se}。这样如图 1-12 所示,刀具的工作前角较静止前角增大,刀具的工作后角较静止后角减小。

$$\gamma_{oe} = \gamma_o + \theta_o \qquad (1\text{-}9)$$

$$\alpha_{oe} = \alpha_o - \theta_o \qquad (1\text{-}10)$$

式中,θ_o 为工作基面 P_{re} 和基面 P_r 在正交平面 P_o 内的夹角。

若刀尖低于工件中心高度,情况则相反。

② 刀杆对称面不垂直于进给运动方向的影响　在基面内,若刀具轴线在安装时不垂直于进给运动方向,则刀具的工作主偏角和工作副偏角将增大或减小,如图 1-13 所示。

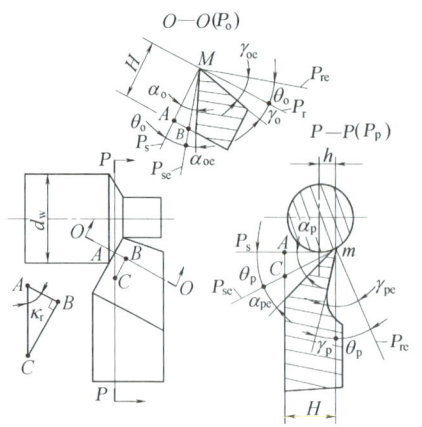

图1-12 刀具安装高度对刀具工作角度的影响

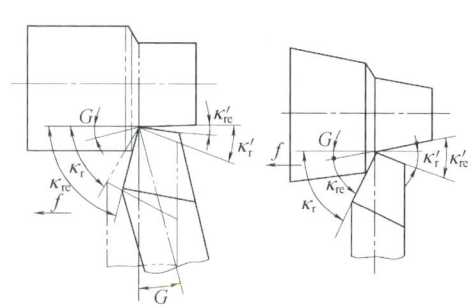

图1-13 刀杆对称面不垂直于进给运动方向对工作角度的影响

$$\kappa_{re}=\kappa_r \pm G \tag{1-11}$$

$$\kappa'_{re}=\kappa'_r \mp G \tag{1-12}$$

式中，G 为刀杆对称面的垂线与进给方向的夹角。

二、刀具材料

刀具材料一般是指刀具切削部分的材料。刀具材料的性能是影响加工质量、切削效率、刀具使用寿命的重要因素。

1. 刀具材料应具备的性能

(1) 高的硬度

刀具要从工件上切除材料层，其切削部分的硬度应大于工件材料的硬度。一般刀具材料的常温硬度应高于 60 HRC。

(2) 高的耐磨性

刀具材料应具有较高的耐磨性，以抵抗工件与切屑对刀具的磨损。这一性能一方面取决于刀具材料的硬度，另一方面还与其化学成分、显微组织有关。刀具材料硬度越高，耐磨性就越好；刀具材料中含有耐磨的合金碳化物越多、晶粒越细、分布越均匀，耐磨性越好。

(3) 足够的强度与韧性

切削过程中，刀具承受着各种应力、冲击和振动，故要求切削部分的材料应具备足够的强度和韧性，以抵抗崩刃和打刀。通常用材料的抗弯强度 R_m 和冲击韧性 a_K 表示。

(4) 高的耐热性

耐热性是在高温条件下，刀具切削部分材料保持常温硬度、强度和韧性的能力，也可用红硬性或高温硬度表示。耐热性越好，材料允许的切削速度就越高。它是衡量刀具材料性能的主要标志。

(5) **良好的工艺性**

为了便于制造,刀具切削部分的材料应具有良好的工艺性能,如切削加工性、磨削加工性、锻造、焊接、热处理等方面的性能。同时,还应尽可能采用资源丰富和价格低廉的刀具材料。

2. **刀具材料的种类**

刀具切削部分材料主要有工具钢(碳素工具钢和合金工具钢)、高速钢、硬质合金和其他刀具材料等。

(1) 高速钢

高速钢的全称为高速合金工具钢,也称白钢或锋钢。

高速钢是在合金工具钢中加入了较多的 W、Mo、Cr、V 等合金元素的高合金工具钢,其合金元素与碳化合形成高硬度的碳化物,使高速钢具有很好的耐磨性。钨和碳的原子结合力很强,增加了钢的高温硬度。钼的作用与钨基本相同,并能细化碳化物的晶粒,减少钢中碳化物的不均匀性,提高钢的韧性。

高速钢是综合性能较好、应用范围最广泛的一种刀具材料。其抗弯强度较高,韧度较高,热处理后硬度为 63～66 HRC,易磨出较锋利的切削刃,故生产中常称为"锋钢"。其耐热性为 600～660 ℃,切削中碳钢材料时切削速度可达 30 m/min。它具有较好的工艺性能,可以制造刃形复杂的刀具,如钻头、丝锥、成形刀具、拉刀和齿轮刀具等。高速钢可以加工碳素钢、合金钢、有色金属和铸铁等多种材料。

高速钢按切削性能可分为普通高速钢和高性能高速钢。

① 普通高速钢 普通高速钢可分为钨系高速钢和钨钼系高速钢两类。

● 钨系高速钢 早期常见的牌号是 W18Cr4V,它具有较好的综合性能和可磨削性,可制造各种复杂刀具和精加工刀具。但是由于钨是一种重要的战略资源,而该牌号中钨含量所占比重较大,因此现在这个牌号应用较少,在一些发达国家已经逐步被淘汰。

● 钨钼系高速钢 较常见的牌号是 W6Mo5Cr4V2,它具有较好的综合性能。由于钼的作用,其碳化物呈细小颗粒且分布均匀,故其抗弯强度和冲击韧度都高于钨系高速钢,并且有较好的热塑性,适于制作热轧工具。但这种材料有脱碳敏感性大、淬火温度窄、较难掌握热处理工艺等缺点。

W9Mo3Cr4V 是我国自行研制的钢种,其硬度、强度、热塑性略高于 W6Mo5Cr4V2,具有较高的硬度和韧度,并且易轧、易锻、热处理温度范围宽、脱碳敏感性小,成本也更低。

② 高性能高速钢 高性能高速钢是在普通高速钢的基础上,通过调整化学成分和添加其他合金元素,使其性能比普通高速钢进一步提高的新型高速钢。此类高速钢主要用于高温合金、钛合金、高强度钢和不锈钢等难加工材料的切削加工。高性能高速钢有以下几种。

● 高碳高速钢 碳的质量分数提高到 0.9%～1.05%,其典型牌号为 95W18Cr4V。由于碳含量提高,使钢中的合金元素全部形成碳化物,从而提高了钢的硬度、耐磨性和耐热性,但其强度和韧度略有下降。

● 高钒高速钢 钒的质量分数提高到 3%～5%,其典型牌号为 W6Mo5Cr4V3。由于碳化钒含量的增加,提高了钢的耐磨性,一般用于切削高强度钢。但此种钢刃磨比普通高速钢困难。

- **钴高速钢** 普通高速钢中加入钴,提高了钢的高温硬度和抗氧化能力,其典型牌号为 W2Mo9Cr4VCo8。它具有良好的综合性能,用于切削高温合金、不锈钢等难加工材料效果很好。钴高速钢在国外使用较多,我国钴原料价格较高,使用量尚不多。
- **铝高速钢** 普通高速钢中加入少量的铝,提高了钢的耐热性和耐磨性,它是我国独创的新型高速钢,具有良好的综合性能,其典型牌号为 W6Mo5Cr4V2Al。它达到了钴高速钢的切削性能,可加工性好,价格低廉,与普通高速钢的价格接近。但刃磨较难,热处理工艺要求较严格。

由于高精度复杂刀具的使用越来越多,其加工费用占刀具成本的比例很大,材料费所占比例则较小(15%~30%),因此合理地采用高性能刀具材料在经济上是合理的。对于加工中心这类换刀费用很高的机床,更应采用高性能刀具材料。

(2) 硬质合金

硬质合金是用粉末冶金的方法制成的一种刀具材料。它是由硬度和熔点很高的金属碳化物(WC、TiC 等)微粉和金属黏结剂(Co、Ni、Mo 等)经高压成形,并在 1 500 ℃ 左右的高温下烧结而成的。

硬质合金的硬度高达 89~94 HRA,相当于 71~76 HRC,耐磨性很好,耐热性为 800~1 000 ℃,切削速度可达 100 m/min 以上,能切削淬火钢等硬材料。但其抗弯强度低,韧度低,怕冲击和振动,制造工艺性差。

硬质合金的发展很快,现已成为主要的刀具材料之一。目前车削刀具大都采用硬质合金,其他刀具采用硬质合金的也日益增多,如硬质合金面铣刀、立铣刀、镗刀、拉刀、铰刀等。

常用硬质合金的种类、牌号、化学成分及主要性能见表 1-3。

下面介绍常用的硬质合金。

① 钨钴类硬质合金(YG) 它是由碳化钨和钴构成的,其硬度为 89~91.5 HRA,耐热性为 800~900 ℃,主要用于加工铸铁、有色金属及非金属材料。常用牌号有 YG3、YG6、YG8 等,G 后面的数字为 Co 的质量分数。硬质合金中钴含量越多,韧度越高,适合于粗加工;钴含量少者用于精加工。YG 类硬质合金不适合加工钢料,因其切削温度达 640 ℃ 时,刀具与钢会产生黏结,使刀具发生黏结磨损。

② 钨钛钴类硬质合金(YT) 它是由碳化钨、碳化钛和钴构成的,其硬度为 89.5~92.5 HRA,耐热性为 900~1 000 ℃,主要用于加工塑性材料。常用牌号有 YT5、YT14、YT15、YT30,T 后面的数字表示 TiC 的质量分数,其余为 WC 和 Co。当 TiC 的质量分数较高、Co 的质量分数较低时,硬度和耐磨性提高,但抗弯强度有所下降。它不适合加工含 Ti 元素的不锈钢,因为两者的 Ti 元素亲和作用较强,会发生严重的黏结,使刀具磨损加剧。TiC 的质量分数高则适于精加工,低则适于粗加工。

③ 钨钽(铌)钴类硬质合金(YA) 它是由碳化钨、碳化钽(碳化铌)和钴构成的,有较高的常温硬度、耐磨性、高温强度和抗氧化能力。常用牌号为 YA6,适合于对冷硬铸铁、有色金属及其合金进行半精加工,也可对高锰钢、淬火钢等材料进行半精加工和精加工。

④ 钨钛钽(铌)钴类硬质合金(YW) 它是由碳化钨、碳化钛、碳化钽(碳化铌)和钴构成的,其抗弯强度、疲劳强度、耐热性、高温硬度和抗氧化能力都有很大的提高。常用牌号有

第一章 金属切削的基本知识

表1-3 常用硬质合金的种类、牌号、化学成分及主要性能

种类	牌号	化学成分(质量分数)/%					物理、力学性能				使用性能					相当ISO牌号
		WC	TiC	TaC(NbC)	Co	其他	相对密度	导热系数 W/(m·K)	硬度 HRA(HRC)	抗弯强度/GPa	加工材料类别	耐磨性	切削速度	进给量		
钨钴类	YG3	97	—	—	3	—	14.9~15.3	87.92	91(78)	1.08	短切屑的黑色金属;有色金属;非金属材料	↑	↑	↓	K类	K01
	YG6X	93.5	—	0.5	6	—	14.6~15.0	75.55	91(78)	1.37						K05
	YG6	94	—	—	6	—	14.6~15.0	75.55	89.5(75)	1.42						K10
	YG8	92	—	—	8	—	14.5~14.9	75.36	89(74)	1.47						K20
	YG8C	92	—	—	8	—	14.5~14.9	75.36	88(72)	1.72						K30
钨钛钴类	YT30	66	30	—	4	—	9.3~9.7	20.93	92.5(80.5)	0.88	长切屑的黑色金属	↑	↑	↓	P类	P01
	YT15	79	15	—	6	—	11~11.7	33.49	91(78)	1.13						P10
	YT14	78	14	—	8	—	11.2~12.0	33.49	90.5(77)	1.17						P20
	YT5	85	5	—	10	—	12.5~13.2	62.80	89(74)	1.37						P30
添加钽(铌)类	YG6A(YA6)	91	—	5	6	—	14.6~15.0		91.5(79)	1.37	长切屑或短切屑的黑色金属和有色金属	—			KM类	K10
	YG8A	91	—	1	8	—	14.5~14.9		89.5(75)	1.47						K10
	YW1	84	6	4	6	—	12.8~13.0		91.5(79)	1.18						M10
	YW2	82	6	4	8	—	12.6~13.0		90.5(77)	1.32						M20
碳化钛基类	YN05	—	79	5	—	Ni7 Mo14	5.56		93.3(82)	0.78~0.93	长切屑的黑色金属				P类	P01
	YN10	15	62	1	—	Ni12 Mo10	6.3		92(80)	1.08						P01

注:Y—硬质合金;G—钴;T—钛;X—细颗粒合金;C—粗颗粒合金;A—含TaC(NbC)的YG类合金;W—通用合金;N—不含钴,用镍作黏结剂的合金。

YW1、YW2,是既能加工钢材,又能加工铸铁、有色金属及其合金,通用性较好的刀具材料。

⑤ 碳化钛基类硬质合金(YN) 它是由碳化钛、钼和镍构成的,其抗氧化能力、耐磨性、耐热性较高。常用牌号有 YN05、YN10,主要用于对碳钢、合金钢、工具钢、淬火钢、铸铁等进行精加工、半精加工及粗加工。

(3) 其他刀具材料

① 陶瓷 陶瓷刀具材料是以人造的化合物为原料(主要成分是 Al_2O_3 或 Si_3N_4),在高压下成形和高温下烧结而成的,硬度为 91～95 HRA,耐热性高达 1 200 ℃,化学稳定性好,与金属的亲和力小,与硬质合金相比可提高切削速度 3～5 倍。但其最大的缺点是抗弯强度和冲击韧度低。主要用于对钢、铸铁、高硬度材料(如淬火钢)进行连续切削时的半精加工和精加工。

② 金刚石 金刚石分天然和人造两种,都是碳的同素异形体。天然金刚石由于价格高昂而用得很少。人造金刚石是在高温、高压条件下由石墨转化而成的,硬度为 10 000 HV。金刚石刀具能精密切削有色金属及合金、陶瓷等高硬度、高耐磨材料。但金刚石对铁的化学稳定性较差,不适合加工铁族材料。其热稳定性也较差,当温度达到 800 ℃时,在空气中金刚石刀具即发生碳化,会产生急剧磨损。

③ 立方氮化硼 立方氮化硼是由软的六方氮化硼在高温、高压条件下加入催化剂转变而成的,其硬度为 8 000～9 000 HV,耐热性为 1 400 ℃。主要用于对高温合金、淬硬钢、冷硬铸铁进行半精加工和精加工。

3. 刀具材料的表面涂层

刀具材料的韧度和硬度一般不能兼顾,故一般刀具材料的寿命主要受磨损的影响,近年来采用了表面涂层处理的方法,妥善解决了这一问题。

刀具材料的表面涂层是在高速钢和韧度较高的硬质合金等材料制成的刀具上,通过化学气相沉积和真空溅射等方法,在刀具表面上沉积极薄(5～12 μm)的一层高硬度、高耐磨性和难熔的金属化合物碳化钛(TiC)或氮化钛(TiN),形成金黄色的表面涂层。

由于涂层的硬度高,摩擦系数小,使刀具的耐磨性提高。涂层还具有抗氧化和抗黏结的特点,延迟了刀具的磨损。因此,切削速度可提高 30%～50%,刀具寿命可提高数倍。

4. 刀柄材料

刀具柄部是刀具的夹持部位,在切削过程中承受着弯矩和扭矩的作用,因此应具备足够的强度与韧度。通常选用优质碳素结构钢或优质合金结构钢,如 45 钢或 40Cr;必要时也可选用合金工具钢,如 9SiCr。

第三节　金属切削过程

金属切削过程是指通过切削运动，刀具从工件上切下多余金属层，形成切屑和已加工表面的过程。在这个过程中产生一系列的物理现象，如产生切屑、切削力、切削热与切削温度、刀具磨损等。

一、切削变形

切削变形本质是工件切削层金属在刀具的作用下，产生弹性变形和塑性变形，最终分离形成切屑和已加工表面的过程。

1. 变形系数

切削层金属经过切削加工形成的切屑，其长度较切削层长度缩短，厚度较切削层厚度增加，说明切削层金属发生了变形，如图 1-14 所示。其变形程度可近似地用变形系数 ξ 来衡量。变形系数 ξ 等于切削层金属的长度 l 与切屑的长度 l_c 之比，也等于切屑的厚度 h_{ch} 与切削层金属 h_D 的厚度之比，即

$$\xi = l/l_c = h_{ch}/h_D > 1 \tag{1-13}$$

变形系数的大小可用来判断切削变形的严重程度，一般变形系数越大，说明切削变形越严重。

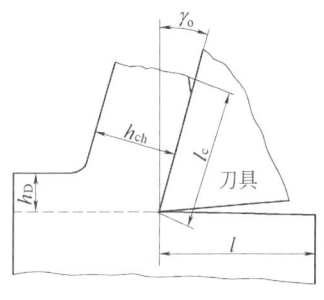

图 1-14　切削层金属的变形

2. 切屑的类型

由于切削变形程度不同，形成的切屑外形也不相同。通常根据切屑外形将切屑分为以下 4 种类型。

（1）带状切屑

外形呈带状，底面光滑，背面无明显裂纹，呈微小锯齿形。加工塑性金属，如碳钢、合金钢、铜、铝等材料时，常形成此类切屑。

（2）节状切屑

切屑底面较光滑，背面局部裂开成节状。切削黄铜或低速切削钢时，容易得到此类切屑。

（3）粒状切屑

切屑沿厚度断裂为均匀的颗粒状。切削铅或很低的速度下切削钢时，可得到此类切屑。

（4）崩碎切屑

切削脆性金属（如铸铁、青铜）时，切削层几乎不经过塑性变形就产生脆性崩裂，从而使切屑呈不规则的细粒状。

切削塑性金属时影响切屑形态的因素及其对切削加工的影响见表 1-4。

表 1-4　影响切屑形态的因素及其对切削加工的影响

切屑形态分类		粒状切屑	节状切屑	带状切屑
切屑形态简图				
影响切屑形态的因素及其形态的相互转化	① 刀具前角； ② 进给量(切削厚度)； ③ 切削速度	小 ──────→ 大 大(厚) ────→ 小(薄) 低 ──────→ 高		
切屑形态对切削加工的影响	① 切削力波动； ② 切削过程平稳性； ③ 加工表面粗糙度数值； ④ 断屑效果	大 ──────→ 小 差 ──────→ 好 大 ──────→ 小 好 ──────→ 差		

3. 积屑瘤现象

（1）积屑瘤的概念

在一定切削速度范围内，加工钢材、有色金属等塑性材料时，在切削刃附近的刀具前面上会出现一块高硬度的金属，它包围着切削刃，且覆盖着部分刀具前面，可代替切削刃对工件进行切削加工，这块硬度很高（为工件材料硬度 2~3 倍）的金属称为积屑瘤，如图 1-15 所示。

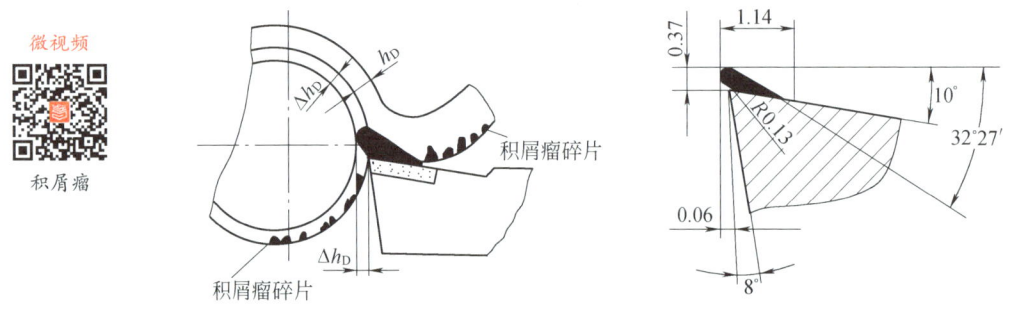

图 1-15　积屑瘤

（2）积屑瘤的产生与成长

关于积屑瘤的形成有许多解释，通常认为是由于切屑在刀具前面上黏结造成的。在一定的加工条件下，随着切屑与刀具前面间温度和压力的增加，摩擦力也增大，使靠近刀具前面处切屑中变形层流速减慢，产生"滞流"现象。越接近刀具前面处的金属层流动速度越低。当温度和压力增加到一定程度，滞流层中底层与刀具前面产生了黏结，当切屑底层中剪切应力超过金属的剪切屈服强度极限时，底层金属流动速度为零而被剪断，并黏结在刀具前面上。该黏结层经过剧烈的塑性变形使硬度提高，在继续切削时，硬的黏结层又剪断软的金属层，这样层层堆积，高度逐渐增加，从而形成了积屑瘤。由此可见，形成黏结和加工硬化是积屑瘤成长的必要条件。

（3）积屑瘤的脱落与消失

长大了的积屑瘤受外力或振动的作用，可能发生局部断裂或脱落。当温度和压力适合，积屑瘤又开始形成和长大。积屑瘤的产生、长大和脱落是周期性的动态过程。

形成积屑瘤的决定性因素是切削温度。在切削温度很低和很高时，不易产生积屑瘤。在中温区，例如切削中碳钢的切削温度在 300～380 ℃时，黏结严重，产生的积屑瘤达到很大高度。此外，刀具前面与切屑接触面间的压力、刀具前面表面粗糙度、黏结强度等因素都与形成积屑瘤的大小有关。

（4）积屑瘤的作用

积屑瘤对切削加工的好处是，由于积屑瘤覆盖了部分刀具前面和切削刃，并代替切削刃工作，故能起到保护刀刃刃口的作用，也能增大刀具实际工作前角。坏处是，由于积屑瘤增大了刀具的尺寸而造成过切；积屑瘤脱落时可能带走刀具前面上的金属颗粒，加剧了前面的磨损；积屑瘤的形成过程会造成切削力波动，影响加工精度和表面粗糙度。据此可以认为，积屑瘤对粗加工是有利的，对于精加工则相反。

（5）减小或避免积屑瘤的措施

① 避免采用产生积屑瘤的速度进行切削，如图 1-16 所示，即宜采用低速或高速切削，但低速加工效率低，故多用高速切削。

② 采用大前角刀具切削，以减小刀具前面与切屑间的接触压力。

③ 降低工件材料的塑性，提高工件的硬度，减小加工硬化倾向。

④ 其他措施，如减小进给量、减小刀具前面的表面粗糙度值、合理使用切削液等。

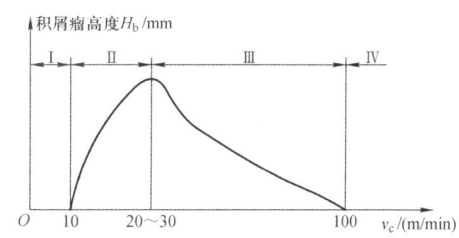

图 1-16 积屑瘤高度与切削速度的关系

二、切削力

切削过程中作用在刀具与工件上的力称为切削力。切削力所做的功就是切削功。

1. 切削力的来源

切削力来源有两个方面，即切削层金属变形产生的变形抗力和切屑、工件与刀具间摩擦产生的摩擦抗力。

2. 切削力的分解

切削力是一个空间力，大小和方向都不易直接测定。为了适应设计和工艺分析的需要，一般把切削力分解，研究它在一定方向上的分力。

如图 1-17 和图 1-18 所示，切削力 F 可沿坐标轴分解为三个互相垂直的分力 F_c、F_p、F_f。

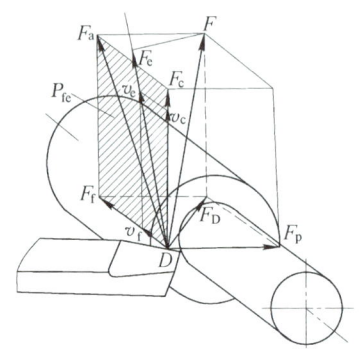 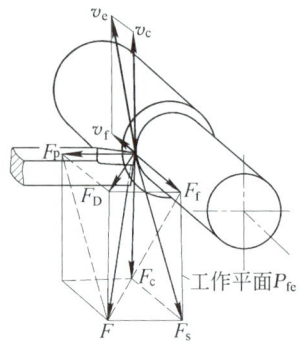

(a) 刀具对工件的力的分解　　　(b) 工件对刀具的力的分解

图 1-17　外圆车削时力的分解

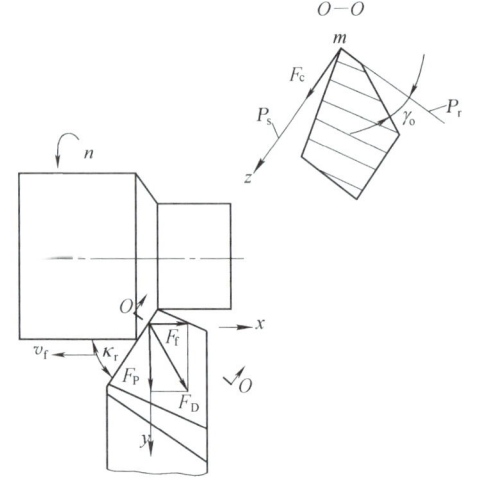

图 1-18　车削力在平面图上的表示

主切削力 F_c　是指切削力在主运动方向上的分力。

背向力 F_p　是指切削力在垂直于假定工作平面方向上的分力。

进给力 F_f　是指切削力在进给运动方向上的分力。

切削力 F 分解为 F_c 与 F_D，F_D 分解为 F_p 与 F_f。它们的关系为

$$F=\sqrt{F_c^2+F_D^2}=\sqrt{F_c^2+F_p^2+F_f^2} \tag{1-14}$$

$$F_f=F_D\sin\kappa_r \tag{1-15}$$

$$F_p=F_D\cos\kappa_r \tag{1-16}$$

车削时各分力的实际意义如下：

① 主切削力是最大的一个分力，它消耗切削总功率的95%左右，作用于主运动方向，是计算机床主运动机构强度与刀杆、刀片强度以及设计机床夹具，选择切削用量等的主要依据。

② 背向力在车外圆时不消耗功率，它作用在工件与机床刚性最差的方向上，易使工件在水平面内变形，影响加工精度，并易引起振动。它是校验机床刚度的主要依据。

③ 进给力作用在机床的进给运动机构上，消耗总功率的5%左右，是验算机床进给机构强度的依据。

3. 切削力的计算

实际生产中，常用指数公式来计算切削力，具体计算公式可查阅有关参考资料。

4. 影响切削力的因素

工件材料的强度、硬度越高,切削力越大。背吃刀量增大一倍时,切削力增大一倍;进给量增大一倍时,切削增大 70%~80%。前角增大,切削力减小;主偏角 κ_r 对三个分力 F_c、F_p、F_f 都有影响,但对 F_p 与 F_f 影响较大,根据式(1-15)、式(1-16)可知,增大主偏角 κ_r,F_p 减小,F_f 增大。主偏角 κ_r 对 F_c 的影响分为两种情况,当 κ_r 在 30°~60°范围内变化时,随着 κ_r 的增大 F_c 减小,当 κ_r 在 75°~90°范围内变化时,随着 κ_r 的增大 F_c 增大。

5. 切削功率

切削功率是指切削时在切削区内消耗的功率。它是主切削力 F_c 与进给力 F_f 消耗功率之和。由于进给力 F_f 消耗功率所占比例很小,通常略去不计。于是,当 F_c 与 v_c 已知时,切削功率 P_c 为

$$P_c = F_c v_c \times 10^{-3}/60 \tag{1-17}$$

式中:P_c——切削功率,kW;
F_c——主切削力,N;
v_c——切削速度,m/min。

机床电动机所需功率 P_E 应为

$$P_E = P_c/\eta \tag{1-18}$$

式中,η 为机床传动效率,一般取 $\eta=0.75\sim0.85$。

式(1-18)为校验与选取机床电动机的主要依据。

三、切削热与切削温度

在切削过程中产生的另一个重要物理现象是切削热与切削温度。由于切削热引起切削温度升高,使工件和机床产生热变形,影响零件的加工精度和表面质量。切削温度是影响刀具使用寿命的主要因素。因此,研究切削热与切削温度具有重要的实际意义。

1. 切削热

切削层金属在刀具的作用下产生弹性变形和塑性变形所做的功,切屑与刀具前面、工件加工表面与刀具后面之间的摩擦所做的功,都转变为切削热。切削热由切屑、工件、刀具和周围介质传导出去。车削时,切削热有 50%~86% 由切屑带走,3%~9% 传入刀具,10%~40% 传入工件,1% 传入周围介质;钻削时,约有 28% 的切削热由切屑带走,15% 传入钻头,52% 传入工件,5% 传入周围介质。

提高切削速度可使切屑带走的热量所占比例增多,传入工件中热量减少,而传入刀具中的热量更少。因此,在高速切削时,切削区域内的切削温度虽然很高,但刀具的温度并不很高,仍能进行正常工作。

2. 切削温度

切削温度一般指切屑与刀具前面接触区域内的平均温度。切削温度的高低,取决于该

处产生热量的多少和传散热量的快慢。通过推算和测定可知,在切屑中平均温度最高。刀具前面上最高温度不在切削刃上,而在距离切削刃有一小段距离的地方。

3. 影响切削温度的因素

切削速度对切削温度影响最大,切削速度增大,切削温度随之升高;进给量影响较小;背吃刀量影响更小。前角增大,切削温度下降,但前角不宜太大,前角太大,切削温度反而升高;主偏角增大,切削温度升高。

四、刀具磨损与刀具使用寿命

切削过程中,刀具是在高温高压下工作的。因此,刀具一方面切下切屑,另一方面也被磨损。当刀具磨损达到一定程度时,工件的表面粗糙度值增大,切屑的形状和颜色发生变化,切削过程发出沉闷的声音,并伴有振动。此时,应对刀具进行修磨或更换新刀。

1. 刀具磨损

(1) 刀具磨损的形式

刀具磨损是指刀具与工件或切屑的接触面上,刀具材料的微粒被切屑或工件带走的现象。这种磨损现象称为正常磨损。若由于冲击、振动、热效应等原因致使刀具崩刃、碎裂而损坏,称为非正常磨损。刀具的正常磨损形式有以下 3 种。

① 前面磨损 切削塑性材料时,若切削厚度较大,在刀具前面刃口后方会出现月牙洼形的磨损现象,如图 1-19 所示,月牙洼处是切削温度最高的地方。随着磨损的加剧,月牙洼逐渐加深加宽,当接近刃口时,会使刃口突然崩去。刀具前面磨损量用月牙洼的宽度 KB 和深度 KT 表示。

② 后面磨损 指磨损的部位主要发生在刀具后面。后面磨损后,形成后角等于零度的小棱面。当切削塑性材料时,若切削厚度较小,或切削脆性材料时,由于刀具前面上摩擦力较小,温度较低,因此磨损主要发生在刀具后面。刀具后面磨损的大小是不均匀的。如图 1-19 所示,在刀尖部分(C 区),其散热条件和强度较差,磨损较大,该磨损量用 VC

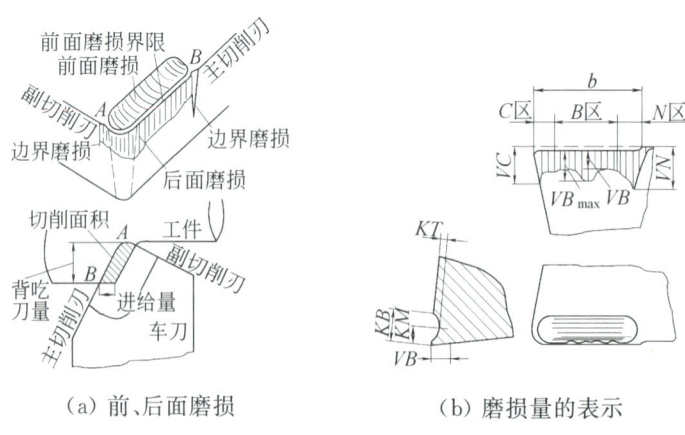

(a) 前、后面磨损　　(b) 磨损量的表示

图 1-19　刀具磨损

表示;在刀刃靠近工件表面处(N 区),由于毛坯的硬皮或加工硬化等原因,磨损也较大,该磨损量用 VN 表示;只有在刀刃中间(B 区)磨损较均匀,此处的磨损量用 VB 表示,其最大磨损量用 VB_{max} 表示。

③ 前、后面同时磨损 当切削塑性材料时,如果切削厚度适中,则经常会发生刀具前面与刀具后面同时磨损的现象。

刀具发生磨损的原因主要是刀具在高温和高压下,受到机械和化学热的作用。一般切削温度越高,刀具磨损越快。

(2) 刀具磨损过程

正常磨损情况下,刀具的磨损量随切削时间的增加而逐渐扩大。以刀具后面磨损为例,其典型磨损过程如图 1-20 所示,大致分为三个阶段。

① 初期磨损阶段(图 1-20 所示 AB 阶段) 在刀具开始切削的短时间内磨损较快。这是因为刀具在刃磨后,刀面的表面粗糙度值大,表层组织不耐磨所致。

② 正常磨损阶段(图 1-20 所示 BC 阶段) 随着切削时间的增加,磨损量以较均匀的速度加大。这是由于刀具表面高低不平及不耐磨的表层已被磨去,形成一个稳定区域,因而磨损速度较以前缓慢。但磨损量随切削时间而逐渐增加。这一阶段也是刀具工作的有效阶段。

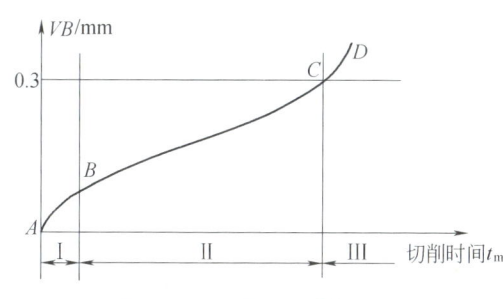

图 1-20 刀具后面磨损过程

③ 急剧磨损阶段(图 1-20 所示 CD 阶段) 当刀具磨损量 VB 达到某一数值后,磨损急剧加速,继而刀具损坏。这是由于切削时间过长,刀具与工件接触情况恶化,摩擦过大,切削温度剧增,刀具强度、硬度降低所致。生产中为合理使用刀具并保证加工质量,应在这阶段到来之前就及时重磨刀刃或更换新刀。

(3) 刀具磨损限度(刀具磨钝标准)

刀具磨损限度是对刀具规定一个允许的最大磨损量,亦称刀具磨钝标准。当刀具磨损量达到这个规定的最大值时,就应重磨或更换切削刃(可转位刀片),否则会影响加工质量、增加重磨时刀具和砂轮的磨耗量、降低刀具的利用率,并增加刃磨时间。在国家标准 GB/T 16461—2016《单刃车削刀具寿命试验》中规定高速钢刀具的寿命通用判据如下。

① 如果后面 B 区不是正常磨损,在有划伤、崩刃或产生严重的沟形时,后面磨损带的最大宽度 $VB_{Bmax}=0.3$ mm。

② 如果认为在后面 B 区磨损带是正常磨损时,后面磨损带的平均宽度 $VB_B=0.3$ mm。

③ 毁坏性损坏。

此外,精加工时常采用刀具磨损量是否影响表面粗糙度和尺寸精度作为磨钝标准。

2. 刀具使用寿命

(1) 刀具使用寿命的概念

在实际生产中,不可能经常停机去测量刀具后面上的 VB 值,以确定是否达到磨损限度,而是采用与磨钝标准相对应的切削时间,即刀具使用寿命 T 来表示。

刀具使用寿命 T 定义为一把新刃磨的刀具从开始切削至达到磨损限度所经过的总的切削时间,以 T 表示,单位为分钟。刀具使用寿命有时用加工同样零件的数量或切削路程来表示。粗加工时,多以切削的时间表示刀具使用寿命。例如,目前硬质合金车刀的使用寿命大约为 60 min,高速钢钻头的使用寿命为 80~120 min,硬质合金面铣刀的使用寿命为 120~180 min,齿轮刀具的使用寿命为 200~300 min。精加工时,常以走刀次数或加工零件个数表示刀具使用寿命。

刀具总使用寿命是指一把新刀从使用到报废为止的切削时间,它是刀具使用寿命与磨刀次数的乘积。

(2) 影响刀具使用寿命的因素

① 切削速度对刀具使用寿命的影响　提高切削速度会使切削温度增高,磨损加剧,从而使刀具使用寿命降低。

② 进给量与背吃刀量的影响　进给量和背吃刀量增大,均使刀具使用寿命降低,但进给量增大后,使切削温度升高较多,故对刀具使用寿命影响较大;而背吃刀量增大,使切削温度升高较少,故对刀具使用寿命影响较小。

③ 刀具几何参数　合理选择刀具几何参数能提高刀具使用寿命。生产中常用刀具使用寿命的高低作为衡量刀具几何参数是否合理的标志。

增大前角,切削温度降低,刀具使用寿命提高,但前角太大,刀具强度低、散热差,刀具使用寿命反而会降低,因此,刀具前角有一个最佳值。适当减小主偏角、副偏角和增大刀尖圆弧半径,可提高刀具强度和降低切削温度,均能提高刀具使用寿命。

④ 工件材料　工件材料的强度、硬度和韧性越高、延伸率越小,均能使切削时切削温度升高,刀具使用寿命降低。

⑤ 刀具材料　刀具材料是影响刀具使用寿命的重要因素,合理选用刀具材料、采用涂层刀具材料和使用新型刀具材料,是提高刀具使用寿命的有效途径。

第四节　提高切削效益的途径

改善材料切削加工性、合理选择切削液、刀具几何参数和切削用量是提高切削质量、生产率和降低加工成本的重要措施。

一、切削加工性

工件材料的切削加工性是指工件材料被切削的难易程度。研究切削加工性的目的是寻求改善材料切削加工性的途径。

1. 衡量切削加工性的指标

工件材料的切削加工性与材料的化学成分、热处理状态、金相组织、物理力学性能以及切削条件等有关。切削加工性可以用刀具使用寿命、切削力、切削温度以及已加工表面的表面粗糙度值等指标衡量。在切削普通金属材料时,取刀具使用寿命为 60 min 时允许的切削速度 v_{60} 的大小,来评定材料切削加工性的好坏;在切削难加工材料时,则用 v_{20} 的大小来评定材料切削加工性的好坏。

某一种材料的切削加工性的好坏,是相对另一种材料而言的,因此切削加工性具有相对性。在讨论钢材的切削加工性时,一般以 45 钢(170~229 HBW,R_m=0.637 GPa)的 v_{60} 为基准,记作 v_{060},其他材料 v_{60} 与 v_{060} 之比 K_r 称为相对加工性,即

$$K_r = v_{60}/v_{060} \tag{1-19}$$

当 $K_r>1$ 时,该材料比 45 钢容易切削,切削加工性好;当 $K_r<1$ 时,该材料比 45 钢难切削,切削加工性差,表 1-5 是相对切削加工性及其分级。

表 1-5 相对切削加工性及其分级

加工性等级	工件材料分类		相对切削加工性 K_r	代表性材料
1	很容易切削的材料	有色金属	>3.0	5-5-5 铜铅合金、铝镁合金、9-4 铝铜合金
2	容易切削的材料	易切钢	2.5~3.0	退火 15Cr、自动机钢
3		较易切钢	1.6~2.5	正火 30 钢
4	普通材料	钢、铸铁	1.0~1.6	45 钢、结构钢、灰口铸铁
5		稍难切削的材料	0.65~1.0	调质 2Cr13、85 钢
6	难切削的材料	较难切削的材料	0.5~0.65	调质 45Cr、调质 65Mn
7		难切削的材料	0.15~0.5	1Cr18Ni9Ti、调质 50CrV、某些钛合金
8		很难切削的材料	<0.15	铸造镍基高温合金、某些钛合金

2. 影响材料切削加工性的因素

了解影响材料切削加工性的因素,其目的在于提出改善切削加工性的措施。一般有以下几种影响因素。

① 金属材料的物理、力学性能　材料的硬度、强度、韧性、塑性、热导率以及热膨胀系数等,都会影响切削性能和刀具使用寿命。

② 金属材料化学成分　除了金属材料中碳含量外,材料中加入 Mn、Si、Cr、Ni、Mo、V 等元素时,都将不同程度地影响材料的强度、硬度、韧性和塑性,影响材料切削性能,也将影响刀具使用寿命。

③ 金属材料的金相组织　钢材经过淬火处理后得到马氏体组织,由于硬度高、强度大,易使刀具磨损,加工性也较差;奥氏体不锈钢的硬度虽然不高,但韧性高、塑性好、加工硬化严重,因此切削性也较差;片状珠光体硬度高,刀具磨损大;冷硬铸铁表面渗碳体多,硬度相当高,很难切削。

3. 改善工件材料切削加工性的措施

① 选择易切钢　　易切钢是含有易切添加剂且不降低力学性能的易切材料。切削该种材料可以提高刀具使用寿命，减小切削力，易断屑，加工表面质量好。

② 进行适当的热处理　　可以将硬度较高的高碳钢、工具钢等材料进行退火处理，以降低硬度，从而改善切削加工性；低碳钢可以通过正火与冷拔等工艺方法降低材料的塑性，以提高其硬度，改善切削加工性；中碳钢也可以通过正火等热处理方法使其金相组织与材料硬度得以均匀，达到改善切削加工性的目的。

③ 合理选择刀具材料　　根据加工材料的性能和要求，选择与之相匹配的刀具材料。

新的加工方法

④ 合理选择加工方法　　根据加工材料的性能和要求，选择与之相适应的加工方法。随着切削加工技术的发展，出现了一些新的加工方法，如加热切削、低温切削、振动切削等，其中有些可有效地对一些难加工材料进行切削加工。

二、切削液

合理地使用切削液，可以改善切削条件，减少刀具磨损，提高已加工表面质量，这也是提高金属切削效益的有效途径之一。

1. 切削液的作用

① 冷却　　切削液浇注到切削区域后，通过切削液的传导、对流和汽化，一方面使切屑、刀具与工件间摩擦减小，产生的热量减少；另一方面将产生的热量带走，使切削温度降低，起到冷却作用。

② 润滑　　切削液的润滑作用是通过切削液渗透到刀具与切屑、工件表面之间，形成润滑性能较好的油膜而达到的。

③ 清洗与防锈　　切削液的清洗作用是清除黏附在机床、刀具和夹具上的细碎切屑和磨粒细粉，以防止划伤已加工表面和机床的导轨并减小刀具磨损。清洗作用的好坏，取决于切削液的油性、流动性和使用压力。在切削液中加入防锈添加剂后，能在金属表面形成保护膜，使机床、刀具和工件不受周围介质的腐蚀，起到防锈作用。

2. 切削液的种类

（1）水溶性切削液

水溶性切削液主要有水溶液、乳化液和化学合成液三种。

① 水溶液　　水溶液是以水为主要成分并加入防锈添加剂的切削液。由于水的热导率、比热容和汽化热较大，因此水溶液主要起冷却作用，同时由于其润滑性能较差，所以主要用于粗加工和普通磨削加工中。

② 乳化液　　乳化液是乳化油加 95%~98% 的水稀释成的一种切削液。乳化油由矿物油、乳化剂配制而成。乳化剂可使矿物油与水乳化，形成稳定的切削液。

③ 化学合成液　　化学合成液是由水、各种表面活性剂和化学添加剂组成的，具有良好

的冷却、润滑、清洗和防锈性能。合成液中不含油,可节省能源。

(2) 油溶性切削液

油溶性切削液主要有切削油和极压切削油两种。

① 切削油　切削油是以矿物油为主要成分并加入一定的添加剂而组成的切削液。用于切削油的矿物油主要包括机油、轻柴油和煤油等。切削油主要起润滑作用。

② 极压切削油　切削油中加入了硫、氯、磷等极压添加剂后,能显著提高润滑效果和冷却作用,尤以硫化油应用较广泛。

(3) 固体润滑剂

常用的固体润滑剂是二硫化钼,形成的润滑膜有极小的摩擦因数,耐高温,耐高压,切削时可涂抹在刀面上,也可添加在切削液中。

3. 切削液的选用

切削液应根据工件材料、刀具材料、加工方法和技术要求等具体情况进行选用。

高速钢刀具耐热性差,需采用切削液。通常粗加工时,主要以冷却为主,同时也希望能减小切削力和降低功率消耗,可采用3％～5％的乳化液;精加工时,主要目的是改善加工表面质量,降低刀具磨损,减少积屑瘤,可以采用15％～20％的乳化液。

硬质合金刀具耐热性好,一般不用切削液。若要使用切削液,则必须连续、充分地供应,否则因骤冷骤热,产生的内应力将导致刀片产生裂纹。

切削铸铁一般不用切削液。

切削铜合金等有色金属时,一般不用含硫的切削液,以免腐蚀工件表面。切削铝合金时一般可不用切削液。但在铰孔和攻螺纹时,常加5:1的煤油与机油的混合液或轻柴油,要求不高时,也可用乳化液。

4. 切削液的使用方法

切削液的合理使用非常重要,其浇注部位、充足的程度与浇注方法的差异,将直接影响切削液的使用效果。切削变形区是发热的核心区,切削液应尽量浇注在该区。

切削液的组成和主要用途见表1-6。

表1-6　切削液的组成和主要用途

序号	名称	组成	主要用途
1	水溶液	以硝酸钠、碳酸钠等溶于水的溶液,用100～200倍的水稀释而成	磨削
2	乳化液	矿物油很少。主要为表面活性剂的乳化油,用40～80倍的水稀释而成,冷却和清洗性能好	车削、钻孔
		以矿物油为主,少量表面活性剂的乳化油,用10～20倍的水稀释而成,冷却和润滑性能好	车削、攻螺纹
		在乳化液中加入添加剂	高速车削、钻削

(续表)

序号	名　称	组　　成	主要用途
3	切削油	矿物油（L-AN15 或 L-AN32 全损耗系统用油）单独使用	滚齿、插齿
		矿物油加植物油或动物油形成混合油，润滑性能好	精密螺纹车削
		矿物油或混合油中加入添加剂形成极压油	高速滚齿、插齿、车螺纹等
4	其他	液态的 CO_2	主要用于冷却
		二硫化钼＋硬脂酸＋石蜡做成蜡笔，涂于刀具表面	攻螺纹

三、刀具几何参数

刀具是直接进行切削加工的工具，其结构与几何参数的合理程度对切削加工质量和生产率起着非常重要的作用。刀具几何参数选择合理，就能充分发挥其切削性能。古语"工欲善其事，必先利其器"，讲的就是这个道理。

刀具合理几何参数是指在保证加工质量的前提下，能够满足生产率高、加工成本低的刀具几何参数。刀具几何参数的基本内容如下：

① 刃形　如直线刃、折线刃、圆弧刃、波形刃等，它将直接影响切削层的形状。选择合理的切削刃形状，对于提高刀具使用寿命、改善工件加工表面质量、提高刀具的抗振性和改变切屑的形态都有直接作用。

② 切削刃区的剖面型式　如锋刃、负倒棱、消振棱、倒圆刃、刃带等，这些型式的合理选择对于提高切削生产率、质量和经济性有重要意义。

③ 刀面型式　如卷屑槽、断屑台、刀具后面的双重刃磨等，对切削力、切削温度、刀具磨损及刀具使用寿命、切屑的控制等有直接的影响。

④ 刀具角度　包括前角、后角、主偏角、刃倾角及副后角、副偏角等。

刀具几何参数是一个有机的整体，各参数之间既有联系又有制约，各个参数在切削过程中对切削性能的影响，既存在有利的一面又有不利的一面。因此，在选择刀具几何参数时，应从具体的生产条件出发，抓住主要矛盾，即影响切削性能的主要参数，要综合考虑和分析各个参数之间的相互关系，充分发挥各参数的有利作用，限制和克服不利的影响。

1. 刀具前角及前面

（1）前角的功用

增大前角能减小切削变形和摩擦，降低切削力、切削温度，减小刀具磨损，改善加工质量，抑制积屑瘤等。但前角过大会削弱刀头强度和散热能力，容易造成崩刃。因而前角不能太小，也不能太大，应有一个合理数值，如图 1-21 和图 1-22 所示。

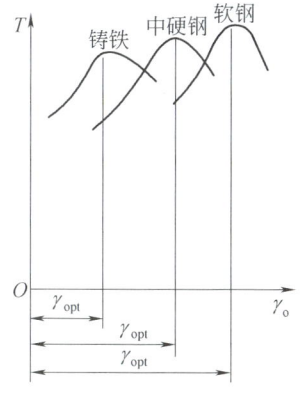
图 1-21　工件材料不同时前角的合理数值

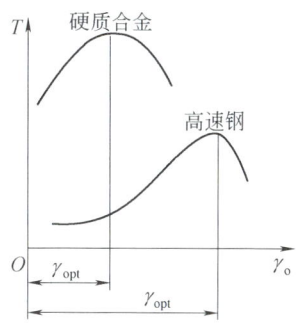
图 1-22　刀具材料不同时前角的合理数值

(2) 前角的选择原则

① 根据工件材料的性质选择前角　工件材料的塑性越大,前角的数值应选得越大。加工脆性材料,切削变形很小,前角越大,刀刃强度越差,为避免刀具崩刃,应选择较小的前角。工件材料的强度、硬度越高时,为使刀刃具有足够的强度和散热面积,前角应小一些。

② 根据刀具材料的性质选择前角　使用强度和韧性较好的刀具材料(如高速钢),可采用较大的前角;使用强度低和韧性差的刀具材料(如硬质合金),应采用较小的前角。

③ 根据加工性质选择前角　粗加工时,选择的背吃刀量和进给量比较大,且存在毛坯不规则和表皮很硬等情况,为增强刀刃的强度,应选择较小的前角;精加工时,选择的背吃刀量和进给量较小,切削力较小,为了使刃口锋利,保证加工质量,可选取较大的前角。

表 1-7 是硬质合金车刀合理前角的参考值。

表 1-7　硬质合金车刀合理前角参考值

工件材料	合理前角		工件材料	合理前角	
	粗车	精车		粗车	精车
低碳钢	20°～25°	25°～30°	灰铸铁	10°～15°	5°～10°
中碳钢	10°～15°	15°～20°	铜及铜合金	10°～15°	5°～10°
合金钢	10°～15°	15°～20°	铝及铝合金	30°～35°	35°～40°
淬火钢	−15°～−5°		钛合金($R_m \leqslant 1.177\ \text{GPa}$)	5°～10°	
不锈钢(奥氏体)	15°～20°	20°～25°			

(3) 刀具前面的类型

① 正前角平面型　如图 1-23a 所示,正前角平面型的特点为制造简单,能获得较锋利的刃口,但强度低,传热能力差。一般用于精加工刀具、成形刀具、铣刀和加工脆性材料的刀具。

② 正前角平面带倒棱型　如图 1-23b 所示,倒棱是在主切削刃刃口处磨出一条很窄的

棱边形成的。倒棱可以提高刀刃强度、增强散热能力，从而提高刀具使用寿命。倒棱的宽度很窄，在切削塑性材料时，可按 $b_{\gamma 1}=(0.5\sim 1.0)f$，$\gamma_{o1}=-5°\sim-15°$ 选取。此时，切屑仍沿刀具前面而不沿倒棱流出。一般用于粗切铸、锻件或断续表面的加工。

③ 正前角曲面带倒棱型　如图 1-23c 所示，这种类型是在正前角平面带倒棱的基础上，为了卷屑和增大前角，在刀具前面上磨出一定的曲面而形成的。卷屑槽的参数为 $l_{Bn}=(6\sim 8)f$，$r_{Bn}=(0.7\sim 0.8)l_{Bn}$。常用于粗加工或精加工塑性材料的刀具。

④ 负前角单面型　当磨损主要发生在刀具后面时，可制成如图 1-23d 所示的负前角单面型。此时刀片承受压应力，具有好的刀刃强度。因此，常用于切削高硬度（强度）材料和淬火钢材料。但负前角会增大切削力。

⑤ 负前角双面型　如图 1-23e 所示，当磨损同时发生在刀具前、后面时，制成负前角双面型，可使刀片的重磨次数增多。此时负前角的棱面应有足够的宽度，以保证切屑沿该棱面流出。

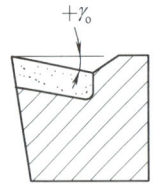
(a) 正前角平面型

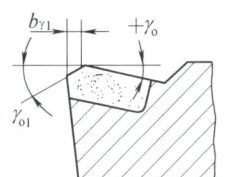
(b) 正前角平面带倒棱型

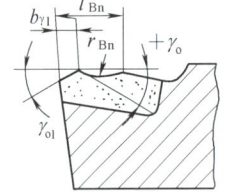
(c) 正前角曲面带倒棱型

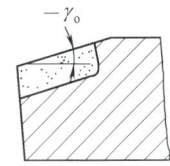
(d) 负前角单面型

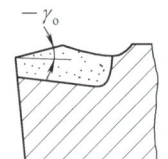
(e) 负前角双面型

图 1-23　刀具前面的类型

2. 刀具后角、副后角及后面

（1）后角的功用

增大后角能减小刀具后面与工件上加工表面间的摩擦，减小刀具磨损，还可以减小切削刃钝圆半径，使刀刃锋利，可减小工件表面粗糙度值。但后角过大会减小刀刃强度和散热能力。

（2）后角的选择原则

后角主要根据切削厚度选择。粗加工时，进给量较大、切削厚度较大，后角应取小值；精加工时，进给量较小、切削厚度较小，后角应取大值。工件材料强度、硬度较高时，为提高刃口强度，后角应取小值。工艺系统刚性差，容易产生振动时，应适当减小后角。定尺寸刀具（如圆孔拉刀、铰刀等）应选较小的后角，以增加重磨次数，延长刀具使用寿命。表 1-8 是硬质合金车刀合理后角的参考值。

表 1-8 硬质合金车刀合理后角参考值

工件材料	合理后角		工件材料	合理后角	
	粗车	精车		粗车	精车
低碳钢	8°～10°	10°～12°	灰铸铁	4°～6°	6°～8°
中碳钢	5°～7°	6°～8°	铜及铜合金(脆)	6°～8°	6°～8°
合金钢	5°～7°	6°～8°	铝及铝合金	8°～10°	10°～12°
淬火钢	8°～10°		钛合金($R_m \leqslant 1.177$ GPa)	10°～15°	
不锈钢(奥氏体)	6°～8°	8°～10°			

(3) 副后角的选择

副后角通常等于后角的数值。但一些特殊刀具,如切断刀,为了保证刀具强度,可选 $\alpha'_o = 1° \sim 2°$。

(4) 刀具后面的类型

① 刃带 如图 1-24a 所示,对一些定尺寸刀具,如拉刀、铰刀等,为便于控制外径尺寸,避免重磨后尺寸精度迅速变化,常在刀具后面上刃磨出后角为 0°的小棱边,称为刃带。刀具上的刃带起着使刀具稳定、导向和消振的作用。刃带不宜太宽,否则会增大摩擦。

② 双重后角 如图 1-24a 所示,为了保证刃口强度,减小刃磨后面的工作量,常在车刀后面上磨出双重后角。

③ 消振棱 如图 1-24b 所示,为了增加刀具后面与工件加工表面之间的接触面积,增加阻尼作用,消除振动,可在刀具后面上刃磨出一条有负后角的棱面,称为消振棱。

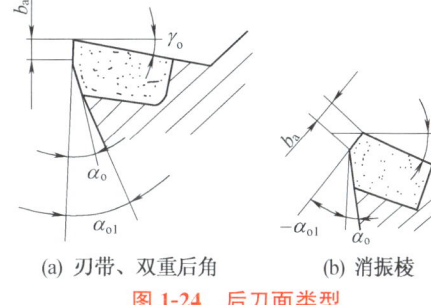

(a) 刃带、双重后角　(b) 消振棱

图 1-24 后刀面类型

3. 刀具主、副偏角

(1) 主、副偏角的功用

主偏角影响切削分力的大小,增大主偏角,会使进给力增加,背向力减小;主偏角影响加工表面的表面粗糙度值的大小,增大主偏角,加工表面的表面粗糙度值增大;主偏角影响刀具使用寿命,增大主偏角,刀具使用寿命下降;主偏角也影响工件表面形状,车削阶梯轴时,选用 $\kappa_r = 90°$,车削细长轴时,选用 $\kappa_r = 75° \sim 90°$;为增加通用性,车外圆、端面和倒角时,可选 $\kappa_r = 45°$。

减小副偏角,会增加副切削刃与已加工表面的接触长度,能减小表面粗糙度值,并能提高刀具使用寿命。但过小的副偏角会引起振动。

(2) 主、副偏角的选择

主偏角的选择原则是在工艺系统刚度允许的情况下,选择较小的主偏角,这样有利于提高刀具使用寿命。在生产中,主要按工艺系统刚性选取主偏角,见表 1-9。

表 1-9 主偏角的参考值

工 作 条 件	主偏角 κ_r
系统刚性大、背吃刀量较小、进给量较大、工件材料硬度高	10°～30°
系统刚性大 $\left(\dfrac{l}{d}<6\right)$、加工盘类零件	30°～45°
系统刚性较小 $\left(\dfrac{l}{d}=6\sim12\right)$、背吃刀量较大或有冲击时	60°～75°
系统刚性小 $\left(\dfrac{l}{d}>12\right)$、车台阶轴、车槽及切断	90°～95°

副偏角主要根据加工性质选取，一般情况下选取 $\kappa_r'=10°\sim15°$，精加工时取小值。特殊情况，如切断刀，为了保证刀头强度，可选 $\kappa_r'=1°\sim2°$。

4. 刃倾角

（1）刃倾角的功用

① **控制切屑的流向** 如图 1-25 所示，当 $\lambda_s=0°$ 时，切屑垂直于切削刃流出；当 λ_s 为负值时，切屑流向已加工表面；当 λ_s 为正值时，切屑流向待加工表面。

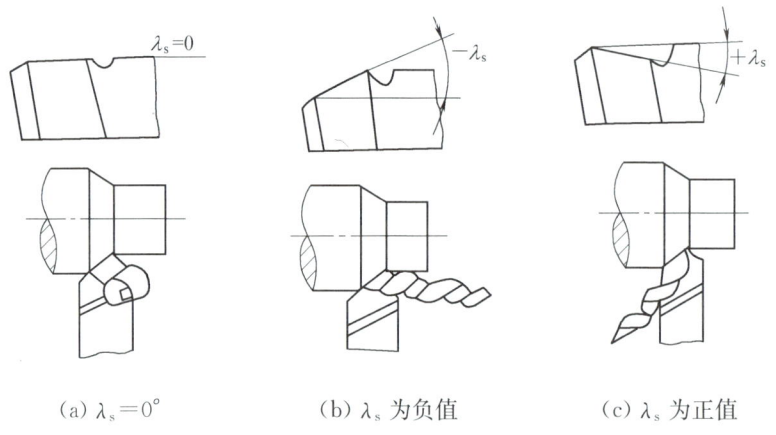

(a) $\lambda_s=0°$　　(b) λ_s 为负值　　(c) λ_s 为正值

图 1-25　刃倾角对切屑流向的影响

② **控制切削刃切入时首先与工件接触的位置** 如图 1-26 所示，在切削有断续表面的工件时，若刃倾角为负，刀尖为切削刃上最低点，首先与工件接触的是切削刃上的点，而不是刀尖，这样切削刃承受着冲击负荷，起到保护刀尖的作用；若刃倾角为正值，首先与工件接触的是刀尖，可能引起崩刃或打刀。

③ **控制切削刃在切入与切出时的平稳性** 如图 1-26 所示，断续切削时，当刃倾角为零时，切削刃与工件同时接触、同时切离，会引起振动；当刃倾角不等于零，则切削刃上各点逐渐切入工件和逐渐切离工件，故切削过程平稳。

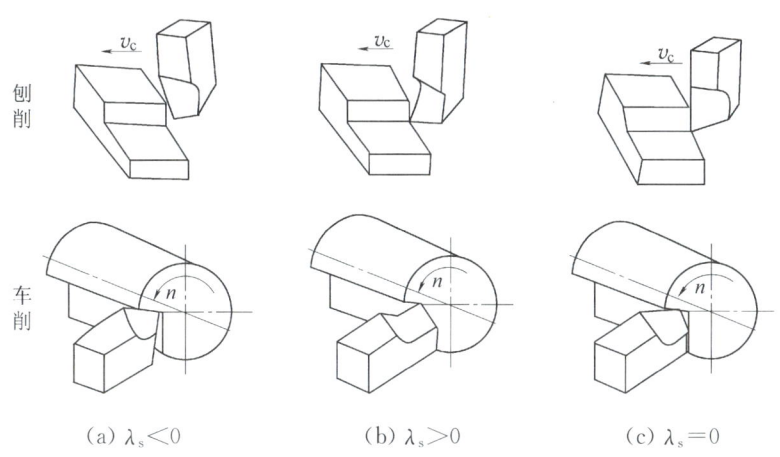

图 1-26 刃倾角对切削刃接触工件的影响

④ 控制背向力与进给力的比值 若刃倾角为正值,背向力减小,进给力增大;若刃倾角为负值,背向力增大,进给力减小。

(2) 刃倾角的选择

选择刃倾角时,应按照刀具的工作条件进行具体分析,一般情况可按加工性质选取。精车 $\lambda_s=0°\sim5°$,粗车 $\lambda_s=0°\sim-5°$,断续车削 $\lambda_s=-30°\sim-45°$,大刃倾角精刨 $\lambda_s=75°\sim80°$。

5. 刀尖型式(过渡刃)

在切削加工过程中,刀尖处的工作条件十分恶劣,存在强度低、散热条件差、容易磨损等问题。因此,提高刀尖的强度、增加刀尖部分的散热面积是提高刀具使用寿命的关键。

(1) 直线过渡刃

如图 1-27a 所示,过渡刃的偏角 $\kappa_{r\epsilon}\approx\kappa_r/2$,过渡刃的长度 $b_\epsilon\approx(1/4\sim1/5)a_p$,这种过渡刃多用于粗加工或强力切削的车刀上。

(2) 圆弧过渡刃

如图 1-27b 所示,过渡刃也可磨成圆弧形。它的参数就是刀尖圆弧半径 r_ϵ。刀尖圆弧半径增大时,使刀尖处的平均主偏角减小,可以减小表面粗糙度数值,且能提高刀具使用寿命。但会增大背向力并容易产生振动,所以刀尖圆弧半径不能过大。通常高速钢车刀 $r_\epsilon=0.5\sim5$ mm,硬质合金车刀 $r_\epsilon=0.5\sim2$ mm。

(3) 水平修光刃

如图 1-27c 所示,修光刃是在副切削刃靠近刀尖处磨出一小段 $\kappa_r'=0°$ 的刀刃。其长度 $b_\epsilon'\approx(1.2\sim1.5)f$,即 b_ϵ' 应略大于进给量 f。但 b_ϵ' 过大易引起振动。

(4) 大圆弧刃

如图 1-27d 所示,大圆弧刃是把过渡刃磨成非常大的圆弧形,它的作用相当于水平修光刃。

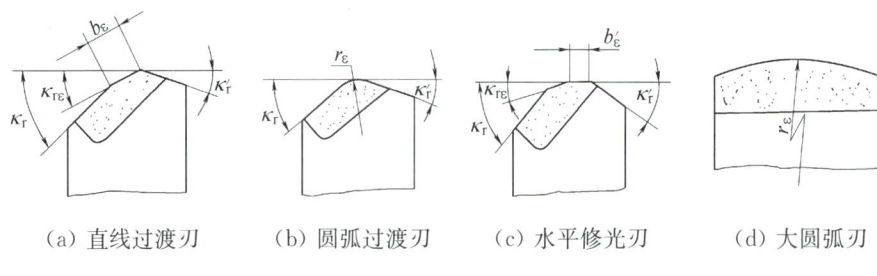

(a) 直线过渡刃　　(b) 圆弧过渡刃　　(c) 水平修光刃　　(d) 大圆弧刃

图 1-27　过渡刃的类型(刀尖类型)

6. 卷屑槽型及切屑的控制

在金属切削加工中,研究控制切屑的形状和排屑的方向,对于保持正常生产秩序、保证操作者的人身安全非常重要,尤其在自动机床和自动生产线上,断屑和卷屑问题更应引起重视,否则会成为影响正常生产秩序的关键。

(1) 切屑的卷曲及流向

① 切屑的卷曲　切屑的卷曲是由于切屑内部变形,或碰到刀具前面上磨出的断屑槽、凸台、附加挡块以及碰到其他障碍物后造成的。

② 切屑的流向　切屑的流向主要受刃倾角的影响,详见前述刃倾角的选择。

(2) 断屑的原因及屑形

① 切屑在流出过程中遇到障碍物,受到一个弯曲力矩而折断　切屑与卷屑阶台相碰后,受到力的作用,形成一个弯曲力矩,产生较大的弯曲应力而折断在卷屑槽内。若弯曲应力未达到折断切屑的极限应力,则切屑在发生弯曲变形后,改变了方向继续运动。

图 1-28 所示为切屑在卷曲运动过程中与工件的待加工表面相碰,受弯曲应力作用,切屑折断成 C 形屑;图 1-29 所示为切屑与工件的过渡表面相碰后形成圆卷形切屑;图 1-30 所示为切屑与车刀的后面相碰后折断形成 C 形或 6 形切屑。

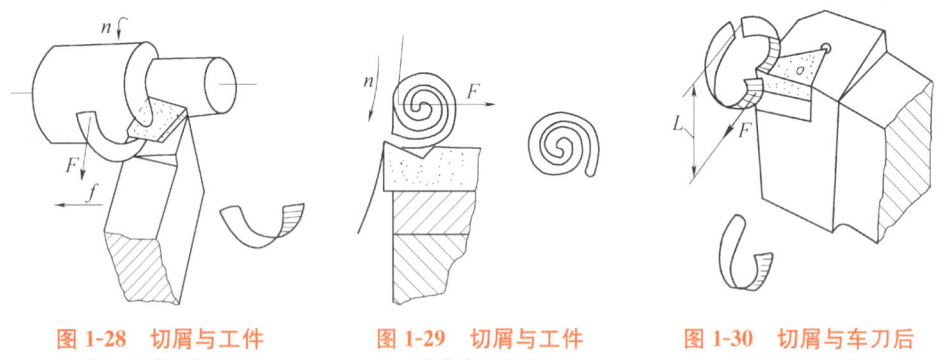

图 1-28　切屑与工件　　　　图 1-29　切屑与工件　　　　图 1-30　切屑与车刀后
　　　　待加工表面相碰　　　　　　过渡表面相碰　　　　　　　面相碰后折断

② 切屑在流动过程中靠自身重量甩断　若切屑从刀具前面流出过程中未与刀具或工件相碰,则有可能形成长的带状切屑,或经卷屑槽形成螺旋形切屑,达到一定长度后,靠自身重量甩断,如图 1-31、图 1-32 所示。

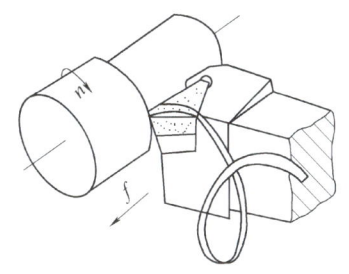 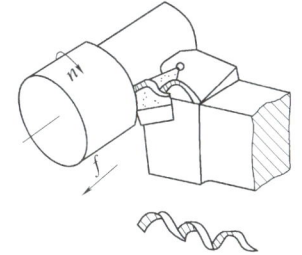

图 1-31 切屑未遇阻碍形成长的带状切屑　　图 1-32 切屑在卷屑槽内形成螺旋状切屑

在上述切屑类型中,通常认为 C 形屑、6 形屑和短螺旋形屑较为理想。其中碰到车刀后面折断的 C 形屑断屑稳定可靠,且定向下落,不会与高速旋转的工件相碰,不会产生切屑飞溅现象。但切削力有微小的波动,不利于减小表面粗糙度值。靠自身重量甩断的短螺旋形切屑,其特点是切削力比较稳定,有利于减小表面粗糙度值。但不希望太长(为 60～40 mm),否则将妨碍操作和切屑清理。在自动机床与自动线上,尤其要控制螺旋形切屑的长度,否则缠绕到工件或刀具上,将影响正常生产。重型机床加工时,由于背吃刀量和进给量均很大,形成 C 形屑容易伤人,因此希望生成发条状切屑。切削加工时产生的切屑形状如图 1-33 所示。

1. 带状切屑	2. 管状切屑	3. 发条状切屑	4. 垫圈螺旋形切屑	5. 圆锥螺旋形切屑	6. 弧形切屑	7. 粒状切屑	8. 针状切屑
1-1 长的	2-1 长的	3-1 平板形	4-1 长的	5-1 长的	6-1 相连的		
1-2 短的	2-2 短的	3-2 锥形	4-2 短的	5-2 短的	6-2 碎断的		
1-3 缠绕的	2-3 缠绕的		4-3 缠绕的	5-3 缠绕的			

图 1-33 切削加工时产生的切屑形状

(3) 影响断屑的因素

① 卷屑槽(断屑槽)　断屑槽宽度越小,切屑卷曲的半径越小,弯曲应力越大,切屑容易在卷屑槽内折断或碰到工件后折断。但也不宜选得太小,因为卷屑槽容屑空间减小,切削力增大,容易产生阻屑、崩刃和切屑飞溅等不良现象。

卷屑槽断面形状常用的有折线形、直线圆弧形和全圆弧形三种,如图 1-34 所示。除槽宽尺寸外,其中反屑角 δ_B 也是影响断屑的主要因素。反屑角增大,切屑容易断裂。若反屑角太大,则容易造成堵屑,使切削力、切削温度升高。此外,槽型圆弧半径 r_{Bn} 的大小也会影响断屑效果。

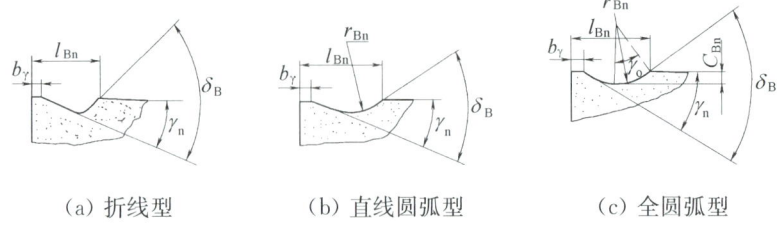

(a) 折线型　　　　　(b) 直线圆弧型　　　　　(c) 全圆弧型

图 1-34　卷屑槽断面形状

卷屑槽斜角 ρ_{Br} 是卷屑槽的侧边与主切削刃的夹角,它对切屑的流向和屑形都有影响。常见的卷屑槽斜角有外斜式、平行式和内斜式三种,如图 1-35 所示。外斜式的主要特点是卷屑槽宽度前宽后窄,卷屑槽深度前深后浅,由于槽底具有 $-\lambda_s$ 的作用,使切屑流向工件表面,相碰后形成 C 形或 6 形切屑。外斜式断屑范围较宽,断屑稳定可靠。内斜式卷屑槽的宽度前窄后宽,深度前浅后深,槽底具有 $+\lambda_s$ 作用,使切屑背离工件流出,这种断屑槽易形成卷得很紧的螺旋形切屑,达到一定长度后靠自重甩断。内斜式卷屑槽主要适用于切削用量较小的精车、半精车场合,但断屑范围不大;平行式卷屑槽断屑范围和效果与外斜式相近,当背吃刀量变动范围较大时,宜采用这种形式。

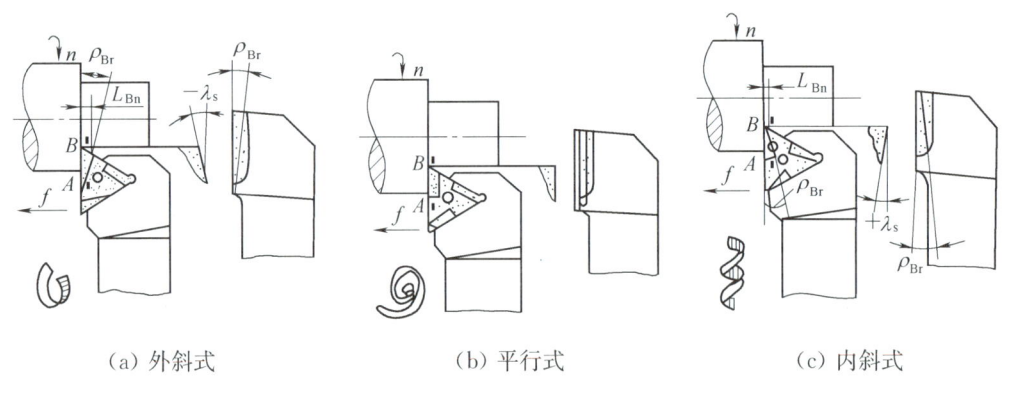

(a) 外斜式　　　　　(b) 平行式　　　　　(c) 内斜式

图 1-35　卷屑槽斜角

② 刀具几何角度　在刀具几何角度中,以主偏角和刃倾角对断屑和切屑的流向影响较大。

主偏角对断屑效果有较大影响。主偏角越大,切削厚度越大,故切屑在卷曲时弯曲应力越大,越易断屑。因此,生产中若要取得较好的断屑效果,可选择较大的主偏角,如 $\kappa_r = 75°\sim 90°$。

刃倾角 λ_s 是控制切屑流向的重要参数。当刃倾角为负值时,切屑流向已加工表面或过渡表面,与工件相碰后折断成C形或6形切屑;当刃倾角为正值时,切屑流向待加工表面或离开工件后与刀具后面相碰,形成C形切屑,也可能形成螺旋形切屑后甩断。

③ 切削用量　进给量增加,切削厚度按比例增加,弯曲应力增加,切屑容易折断。所以,增大进给量是断屑的一个比较有效的措施。

④ 工件材料　工件材料的塑性、韧度越大,强度越高,越不容易断屑。

切屑控制是控制切屑流向、卷曲、断屑、屑形等综合性的问题,生产中应综合地分清主次关系,考虑各因素对切屑控制的影响。一般规律是根据工件材料和已选定的刀具角度与切削用量,确定断屑槽的尺寸参数;只有当不受上述条件限制时,才辅以改变主偏角、刃倾角和进给量等参数,通过试切才能获得较理想的控制切屑的效果。

四、切削用量

合理的切削用量是指在保证加工质量的前提下,能充分发挥刀具和机床的效能,获得高生产率和低加工成本的切削用量三要素的最佳组合。

切削用量三要素切削速度、进给量、背吃刀量虽然对加工质量、刀具使用寿命和生产率均有直接影响,但影响程度却不相同,且它们之间又是互相联系、互相制约的,不可能都选择得很大。因此,就存在着一个从不同角度出发,优先将哪个要素选择得最大才合理的问题。

1. 切削用量选择的基本原则

(1) 根据工件加工余量和粗、精加工要求,选定背吃刀量。

(2) 根据加工工艺系统允许的切削力,其中包括机床进给系统、工件刚度及精加工时表面粗糙度要求,确定进给量。

(3) 根据刀具使用寿命,确定切削速度。

(4) 所选定的切削用量应该是机床功率允许的。

2. 合理切削用量的选择方法

(1) 确定背吃刀量

一般根据加工性质与加工余量来确定背吃刀量 a_p。

切削加工一般分为粗加工(Ra 50～12.5 μm)、半精加工(Ra 6.3～3.2 μm)和精加工(Ra 1.6～0.8 μm)。粗加工时,在保留半精加工与精加工余量的前提下,若机床刚性允许,应尽可能把粗加工余量一次切掉,以减少走刀次数。在中等功率机床上采用硬质合金刀具车外圆时,粗车取 $a_p=2～6$ mm,半精车时取 $a_p=0.3～2$ mm,精车时取 $a_p=0.1～0.3$ mm。

在下列情况下,粗车要分多次走刀。

① 工艺系统刚度低,如加工细长轴和薄壁零件,或加工余量极不均匀,会引起很大振动时。

② 加工余量太大,一次走刀切掉会使切削力过大,以致机床功率不足或刀具强度不够时。

③ 断续切削,刀具会受到很大冲击而造成打刀时。

即使是在上述情况下,也应当把第一次或头几次走刀的背吃刀量选得大一些,若分为两次走刀,则第一次走刀一般取加工余量的 2/3~3/4。

(2) 确定进给量

① 粗加工时,对加工表面质量要求不高,这时切削力较大,进给量的选择主要受切削力的限制。在刀杆、工件刚度及刀片和机床走刀机构强度允许的情况下,选取大的进给量。

② 半精加工和精加工时,因背吃刀量较小,产生的切削力不大,进给量的选择主要受加工表面质量要求的限制,应选得小些。当刀具有合理的过渡刃、修光刃且采用较高的切削速度时,进给量可适当选大一些,以提高生产率。应注意,进给量不可选得太小,否则不但生产率低,而且因切削厚度太小而切不下切屑,影响加工质量。

在生产中,进给量常常根据经验或通过查表来选取。粗加工时,进给量可根据工件材料、刀具结构(如车刀刀杆)尺寸、工件尺寸(如直径)以及已确定的背吃刀量来选取;在半精加工和精加工时,则按加工表面粗糙度值的大小,根据工件材料和预先估计的切削速度与刀尖圆弧半径来选取。

(3) 确定切削速度

当刀具使用寿命、背吃刀量与进给量选定后,可按有关公式计算切削速度。生产中常按经验或查有关切削用量手册确定切削速度。当切削速度 v_c 确定后,即可算出机床主轴的转速 n(单位为 r/min)为

$$n = \frac{1\,000v_c}{\pi d_w} \tag{1-20}$$

式中:d_w 为毛坯直径,mm。

所选定的转速应根据机床说明书最后确定(取较低而相近的机床转速),最后应根据选定的转速来计算出实际切削速度。

新技术——高速切削加工技术

在选择切削速度时,还应考虑以下 3 点:

① 精加工时,应尽量避免积屑瘤的产生区域。

② 断续加工时,宜适当降低切削速度,以减小冲击和热应力。

③ 当加工大型、细长、薄壁工件时,应选用较低的切削速度;端面车削应比外圆车削的速度高一些,以获得较高的平均切削速度,提高生产率。

实际生产中,切削用量的选取主要是根据工艺文件的规定、查手册和按操作者的实际经验来选取。

提高切削效益的途径

习题与思考题

1-1 在图 1-36 中标注刨削、车内孔、铣端面、钻削 4 种切削方式的主运动方向、进给运动方向和合成运动方向,标注过渡表面、待加工表面、已加工表面,标注背吃刀量。

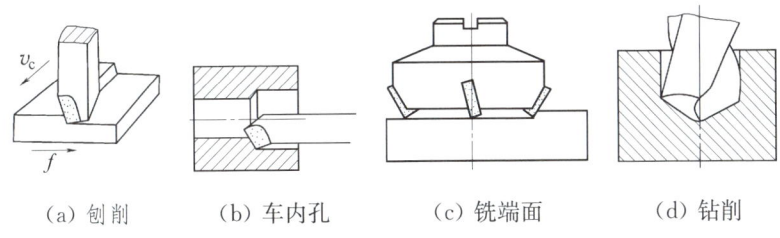

(a) 刨削　　(b) 车内孔　　(c) 铣端面　　(d) 钻削

图 1-36　4 种切削方式

1-2　切削层参数包括哪几项内容？画图标注外圆车削时的切削层参数。

1-3　如图 1-37 所示，画出 $\kappa_r=90°$ 外圆车刀、$\kappa_r=45°$ 弯头车刀的正交平面及法剖面静止角度参考系及其相应几何角度，并指出刀具的前面、后面、副后面、主切削刃、副切削刃及刀尖位置。

　(1) $\kappa_r=90°$ 外圆车刀的几何角度：$\kappa_r=90°$，$\gamma_o=15°$，$\alpha_o=\alpha_o'=8°$，$\lambda_s=5°$，$\kappa_r'=15°$。

　(2) $\kappa_r=45°$ 弯头车刀的几何角度：$\kappa_r=\kappa_r'=45°$，$\gamma_o=-5°$，$\alpha_o=\alpha_o'=6°$，$\lambda_s=-3°$。

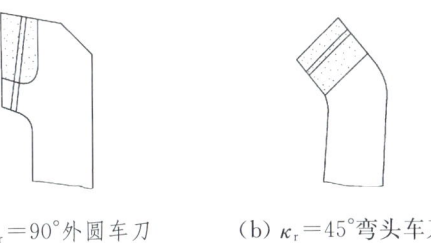

(a) $\kappa_r=90°$ 外圆车刀　　(b) $\kappa_r=45°$ 弯头车刀

图 1-37　90°外圆车刀与 45°外圆车刀

1-4　刀具材料应具备哪些性能？它们对刀具的切削性能有何影响？

1-5　试比较普通高速钢和高性能高速钢的性能、用途、主要化学成分，并举出几种常用牌号。

1-6　试比较 YG 类与 YT 类硬质合金的性能、用途、主要化学成分，并举出几种常用牌号。

1-7　根据切屑外形，通常把切屑分为几种类型？各类切屑对切削加工有何影响？

1-8　试述积屑瘤的成因，它对切削加工的影响及减小或避免时应采取的主要措施。

1-9　刀具磨损过程可划分为哪几个阶段？各阶段的磨损特点是什么？

1-10　什么是刀具的使用寿命？影响刀具使用寿命的因素是什么？

1-11　什么是工件材料的切削加工性？改善工件材料切削加工性的措施是什么？

1-12　切削液的作用是什么？常用切削液有哪几种？

1-13　刀具的前角、主偏角如何选择？

1-14　刀具的刃倾角有何功用？

1-15　常见的卷屑与断屑措施有哪些？试比较它们的优缺点。

微视频

大师故事——
郑贵有的故事

第二章 车削加工

知识要求

★ 掌握车削加工的特点与工艺范围
★ 了解车床种类,掌握CA6140型卧式车床的结构、组成部件及各部分功用
★ 掌握车床常用附件的主要结构和使用方法,以及车刀的种类与用途
★ 掌握典型表面的车削加工方法

技能要求

★ 具备根据生产条件和工艺要求,正确选用车削加工方法、车床、车刀与车削用量的能力
★ 具备对车刀进行刃磨的能力
★ 具备对典型表面进行车削加工的能力

第一节 车削加工概述

车削加工概述

在车床上利用工件的旋转运动和刀具的直线移动,进行切削加工的方法,称为车削加工。其中工件的旋转运动为主运动,刀具的移动为进给运动。车削加工是金属切削加工中最基本的方法,在机械制造业中应用十分广泛。

一、车削加工特点

1. 工艺范围广

仪表中的细小轴类件、机床主轴、炮管、大型发电机定子等都需要车削加工。虽然加工零件的形状、尺寸、材质相差很大,但是它们都具有共同的特点,就是回转表面。车削加工主要用来加工各种回转体的表面及回转体的端面,还可进行切断、切槽、车螺纹、钻孔、铰孔、扩孔等加工,车削加工的基本内容如图2-1所示。如果在车床上安装附件或夹具就可加工形状更为复杂的零件,进行适当改装,还可实现镗削、磨削、研磨、抛光等加工。车削可以对钢、铸铁、有色金属及一些非金属材料进行加工,甚至对淬硬钢也可加工。

2. 生产率高

车削加工时,工件的旋转运动一般不受惯性力的限制,加工过程中工件与车刀始终接触,基本上无冲击现象,因此可以采用很高的切削速度。另外,车刀刀杆伸出的长度可以很短,刀杆尺寸可以做得足够大,可选取很大的背吃刀量和进给量。由于车削时可选用大的切削用量,故生产率高。

3. 生产成本低

车刀结构简单,刃磨和安装都很方便。许多车床夹具已经作为车床的附件,可以满足一般零件的装夹需要,生产准备时间短,故车削加工与其他加工相比成本较低。

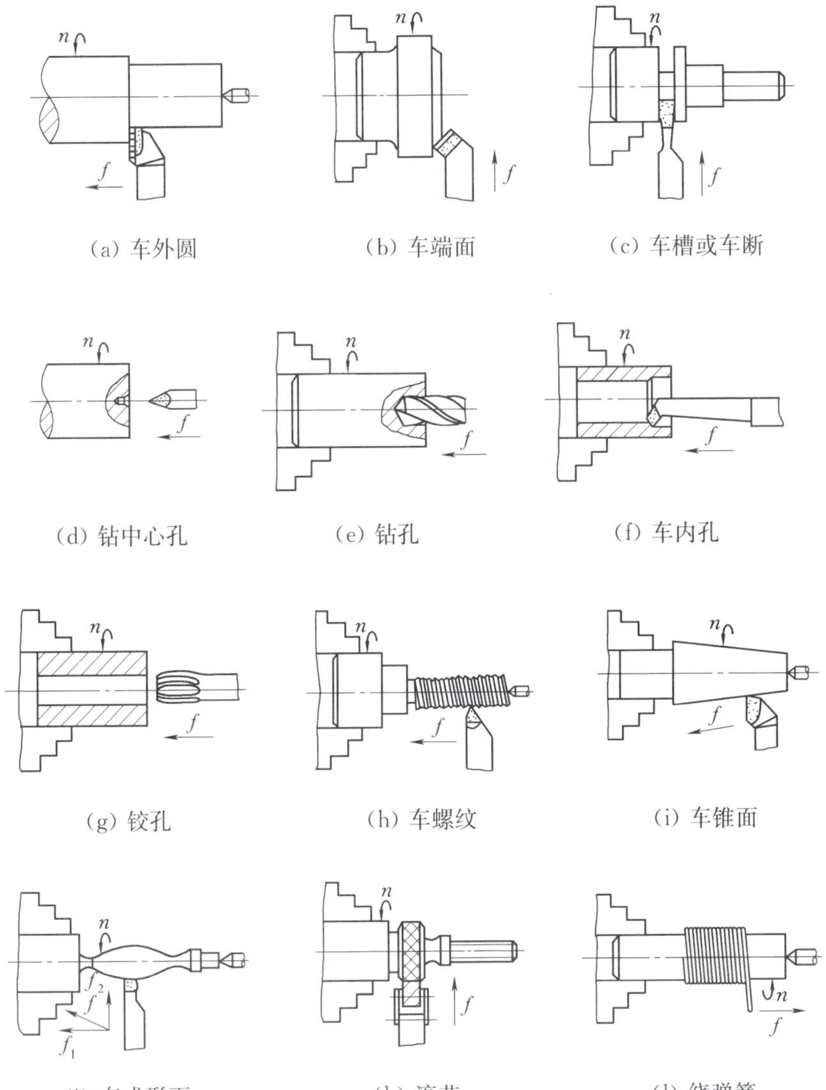

(a) 车外圆　　(b) 车端面　　(c) 车槽或车断

(d) 钻中心孔　　(e) 钻孔　　(f) 车内孔

(g) 铰孔　　(h) 车螺纹　　(i) 车锥面

(j) 车成形面　　(k) 滚花　　(l) 绕弹簧

图 2-1　车削加工的基本内容

4. 精度范围大

根据零件的使用要求,车削加工可以获得低精度、中等精度和相当高的加工精度。

(1) 荒车　当毛坯为自由锻件或大型铸件时,其加工余量很大且不均匀,利用荒车可去除大部分余量,减小形状和位置偏差,荒车精度一般为 IT15~IT18,表面粗糙度值 Ra

大于 80 μm。

(2) 粗车　中小型锻件和铸件可直接进行粗车,粗车后的尺寸精度为 IT11~IT13,表面粗糙度值 Ra 为 30~12.5 μm。

(3) 半精车　尺寸精度要求不高的工件或精加工工序之前可安排半精车,半精车后的尺寸精度为 IT8~IT10,表面粗糙度值 Ra 为 6.3~3.2 μm。

(4) 精车　一般作为最终工序或光整加工的预加工工序,精车后工件尺寸精度可达 IT7~IT8,表面粗糙度值 Ra 为 1.6~0.8 μm。

5. 高速精细车是加工有色金属高精度回转表面的主要方法

高速精细车是采用硬质合金、立方氮化硼或金刚石刀具,以高的切削速度、小的背吃刀量和进给量,对工件进行精细加工的方法。

对于有色金属,如果采用磨削加工,磨屑容易糊住砂轮表面,使磨削很难进行下去。而在高精度车床上采用金刚石刀具高速切削可以获得好的效果,尺寸公差一般可达 IT5~IT6,表面粗糙度值 Ra 可达 1.0~0.1 μm,甚至达到镜面的效果。

数控车床可加工出位置、形状精度要求很高的零件。在通用车床上,阶梯轴的同轴度、端面对轴线的垂直度等都容易保证,但是对一些阶梯比较多、位置尺寸要求严格或形状精度要求较高的零件,如球面、特形面等,在通用车床上就不易保证了。这时可采用数控车床加工。

数控车床能够完成通用车床难以加工或根本不能加工的复杂型面,可以获得很高的加工精度,而且产品质量稳定,生产率高。

二、车削加工安全操作与文明生产

车削加工安全操作与文明生产

1. 安全操作

(1) 工作时必须穿工作服,戴防护镜,不允许戴手套操作机床,女同志应戴工作帽。

(2) 开动车床前,应认真检查各手柄位置是否正确;开动车床后,应使主轴低速空转 1~2 min,待运转正常后才能工作。

(3) 工件装夹好后,卡盘扳手必须随即从卡盘上取下。

(4) 车床开动时,不允许用手触摸工件的表面,不允许测量工件,不允许用手刹住旋转的卡盘。

(5) 清除切屑用铁钩,不允许用手直接清除。

(6) 工作完毕,应将有关操纵手柄放在"空挡"位置上,断开电源。

2. 文明生产

(1) 保持工作环境清洁,物品摆放整齐,位置合理。

(2) 正确使用工具,爱护工具;保持图纸和工艺文件清洁完整。

(3) 主轴变速必须先停车,变换进给箱手柄要在低速进行。

(4) 工作结束后,将用过的物品擦净归位,清理车床及周围卫生,按规定加注润滑油,将床鞍摇至床尾。

第二节 车 床

在一般的机械制造厂,车床在金属切削机床中所占的比例最大,占金属切削机床总台数的20%～35%,且种类很多。按其用途和结构不同可分为仪表车床、自动车床、半自动车床、转塔车床、立式车床、落地车床、卧式车床、仿形车床、曲轴及凸轮轴车床、铲齿车床等。本节先对常见车床作简要介绍,再重点介绍CA6140型卧式车床及车床附件。

车床类机床

一、常见车床

1. 卧式车床

图2-2所示为CA6140型卧式车床的外形,其主要组成部分如下。

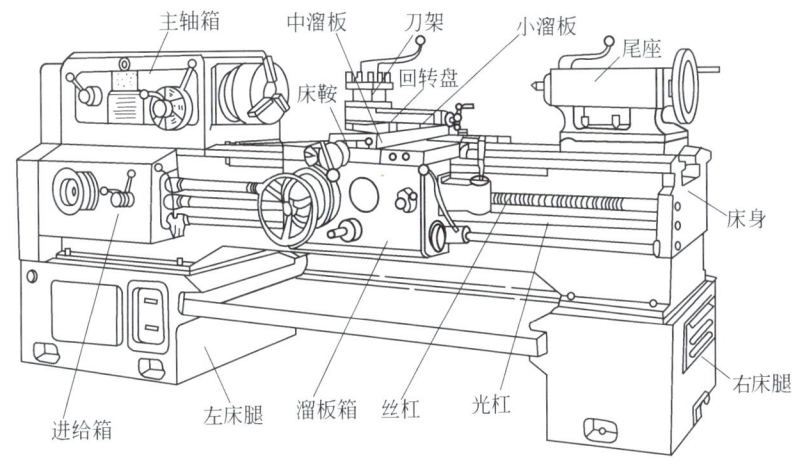

图2-2　CA6140型卧式车床的外形

(1) 主轴箱　主轴箱固定在床身的左端,其内部装有主轴和传动轴以及变速、变向、润滑等机构,由电动机经变速机构带动主轴旋转,实现主运动,并获得需要的转速及转向。主轴前端可安装三爪自定心卡盘、四爪单动卡盘等附件,用以装夹工件。

(2) 进给箱　进给箱固定在床身的左前侧面,用以改变被加工螺纹的导程或机动进给的进给量。

(3) 溜板箱　溜板箱固定在床鞍的底部。其功用是将进给箱通过光杠或丝杠传来的运动传递给刀架,使刀架进行纵向进给、横向进给或车螺纹运动。另外,通过纵、横向的操纵手柄和上面的电气按钮,可起动装在溜板箱中的快速电动机,实现刀架的纵、横向快速移动。在溜板箱上装有多种手柄及按钮,可以方便地操纵机床。

(4) 床鞍　床鞍位于床身的上部,并可沿床身上的导轨作纵向移动,其上装有中溜板、回转盘、小溜板和刀架,可使刀具作纵、横或斜向进给运动。

(5) 尾座　尾座安装于床身尾部的导轨上,可沿导轨作纵向调整移动,然后固定在需要的位置,以适应不同长度的工件。尾座上的套筒可安装顶尖或各种孔加工刀具,用来支承工件或对工件的孔进行加工,摇动尾座手轮使套筒移动可实现刀具的纵向进给。

(6) 床身　床身固定在左床腿和右床腿上。它是车床的基本支承件,车床的各主要部件均安装于床身上,它保持了各部件间具有准确的相对位置,并且承受了切削力和各部件的重量。

2. 立式车床

立式车床主要用于加工径向尺寸大而轴向尺寸相对较小,且形状比较复杂的大型或重型零件,是汽轮机、重型电机、矿山冶金等重型机械厂不可缺少的加工设备,在一般机械厂使用较少。立式车床布局的主要特点是主轴垂直布置,并有一圆形工作台供装夹工件,如图 2-3 所示。由于工作台面水平布置,故对笨重零件进行装夹很方便。

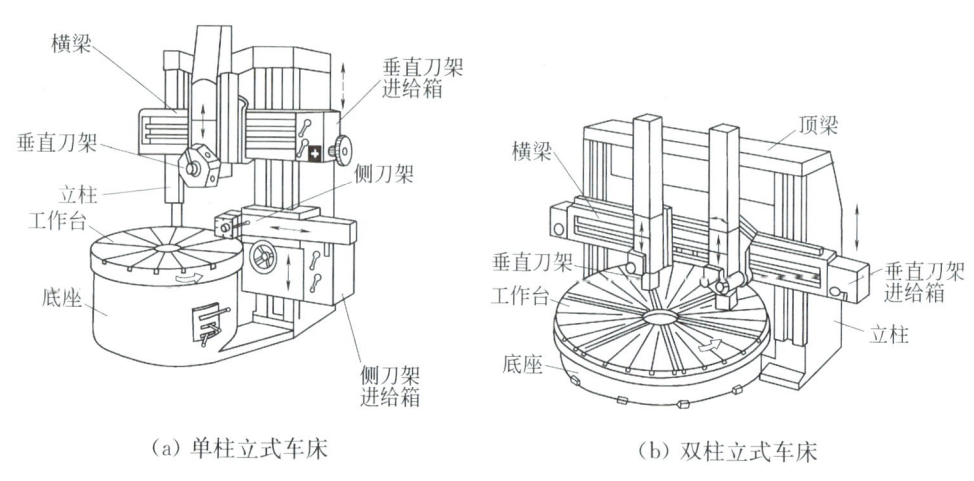

(a) 单柱立式车床　　(b) 双柱立式车床

图 2-3　立式车床

立式车床有单柱立式车床和双柱立式车床两种。图 2-2a 为单柱立式车床,它的加工直径较小,一般小于 1 600 mm;工作台由安装在底座内的垂直主轴带动旋转,工件装夹在工作台上并随其一起旋转,是主运动。进给运动由垂直刀架和侧刀架实现,垂直刀架可在横梁导轨上移动作横向进给,还可沿刀架滑座的导轨作垂向进给,可车削外圆、端面、内孔等,把刀架扳转一个角度可斜向进给车削内外圆锥面。在垂直刀架上装有一个五角形转塔刀架,它除安装车刀外还可安装各种孔加工刀具,扩大了加工范围。横梁夹紧在立柱上,为适应工件的高度,可松开夹紧装置调整横梁上下位置。侧刀架可做横向和垂直进给运动,以车削外圆、端面、沟槽和倒角。

图 2-2b 为双柱立式车床,最大加工直径可达 2 500 mm 以上。其结构及运动基本上与单柱立式车床相似,不同之处是双柱立式车床有两根立柱,与立柱顶端的顶梁构成封闭框架结构,有很高的刚度,适用于较重型零件的加工。

3. 马鞍车床

马鞍车床是普通车床基本型品种的一种变型车床,如图 2-4 所示。它和普通车床的主要区别是在靠近主轴箱一端装有一段马鞍形的可卸导轨,卸去马鞍形导轨可使加工工件的最大直径增大,从而扩大了加工范围。但由于马鞍形导轨经常装卸,其刚度和工作精度都有所降低。所以这种机床主要用于设备较少、单件、小批生产的小工厂及修理车间。

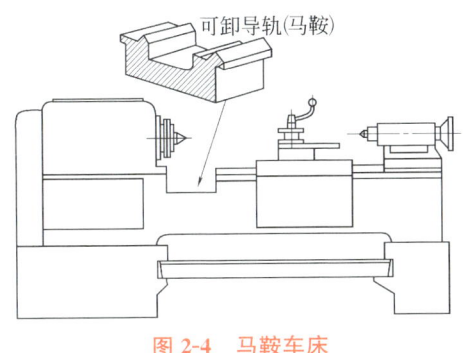

图 2-4　马鞍车床

4. 转塔车床

普通卧式车床虽然灵活性较大、工艺范围广,但方刀架只能装 4 把刀,尾座只能装一把孔加工刀具,靠人工移动、紧固尾座到需要的位置,而且装在尾座上的刀具不能机动进给。当加工复杂零件,特别是有内孔和内螺纹的工件时,需要频繁换刀、对刀、移动尾座、试切、测量等,从而延长了辅助时间,使生产率降低,劳动强度加大,特别在批量生产中,这种不足尤为突出。转塔车床就是针对卧式车床的上述缺陷,在普通卧式车床的基础上发展的一种机床。这类车床与卧式车床的主要区别是去掉了尾座和丝杠,并在床身尾部装有多工位转塔刀架。

这类车床常见的有回轮式转塔车床、滑鞍式转塔车床、滑枕式转塔车床。现以滑鞍式转塔车床为例,介绍这类车床的特点和应用。如图 2-5 所示,滑鞍式转塔车床除了前刀架外,在床身尾部还有一可绕垂直轴线回转的转塔刀架,它可沿床身导轨作纵向快进、快退与工作进给。转塔刀架为六角形,在每一个面上通过辅具可安装车刀或孔加工刀具。转塔刀架主要用来加工内外圆柱面。这种车床没有丝杠,不能车削螺纹,但转塔刀架可装上丝锥、板牙,加工较短的内外螺纹。其前刀架可作纵、横向进给,可进行大圆柱面、端面、沟槽、切断等的车削加工。

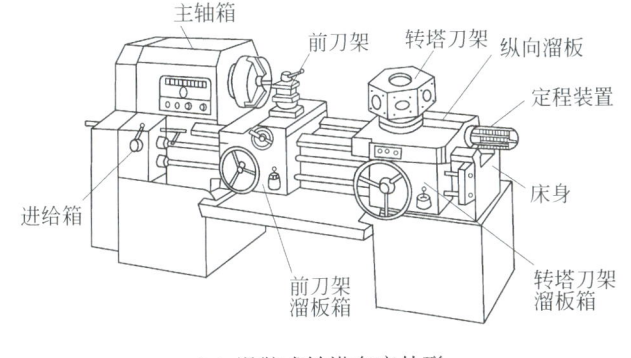
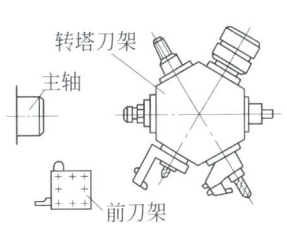

(a) 滑鞍式转塔车床外形　　　(b) 多工位转塔刀架

图 2-5　滑鞍式转塔车床

转塔车床在加工前,根据工件加工工艺规程需预先调整好刀具的位置以及机床上纵向、横向挡块位置。加工时,每完成一个工步,刀架转位一次,再进行下一工步,直至加工结束。

转塔车床由于装的刀具比较多,机床调整好以后依次加工,不需经常装卸刀具、对刀、测量,大大提高了生产率,适合于小型、比较复杂的回转工件的成批加工,但加工前调整挡块和刀具费时较多,在单件小批生产中的应用受到限制。

二、CA6140 型卧式车床

1. 车床的主要技术参数

床身上最大工件回转直径/mm	400
刀架上最大工件回转直径/mm	210
顶尖距/mm	750、1 000、1 500、2 000
主轴中心至床身平面导轨距离/mm	205
最大车削长度/mm	650、900、1 400、1 900
主轴内孔直径/mm	48
主轴前端锥孔的锥度	莫氏 6 号
主轴正转转速/(r/min)	10～1 400(有 24 级)
主轴反转转速/(r/min)	14～1 580(有 12 级)
刀架纵向进给量/(mm/r)	0.028～6.33(有 64 种)
刀架横向进给量/(mm/r)	0.014～3.16(有 64 种)
刀架纵向快速移动速度/(m/min)	4
车削公制螺纹/mm	1～192(有 44 种)
车削英制螺纹/(牙/in)	2～24(有 20 种)
车削模数螺纹/mm	0.25～48(有 39 种)
车削径节螺纹/(牙/in)	1～96(有 37 种)
主电动机功率/kW	7.5

注:in 为英寸。

2. 车床的主要结构

(1) 主轴箱　主轴箱是车床的一个重要部件,包括箱体、主运动的全部变速机构及操纵机构、实现主轴正反转及开停车的双向多片式摩擦离合器、制动器、润滑装置等。

① 主轴部件的结构及轴承的调整　主轴部件是主轴箱中最主要的部件。对它有很高的技术要求,除了有很高的回转精度外,还应有足够的刚性和良好的抗振性,只有这样才能满足加工的需要。

<u>主轴部件主要由主轴、主轴支承及安装其上的齿轮组成。</u>主轴是外部有花键的空心阶梯轴,内孔为直径 48 mm 的通孔,前端为莫氏 6 号的锥孔,用于安装前顶尖或心轴,主轴前端的短法兰式结构用于安装卡盘、拨盘或专用夹具,端面键用于传递扭矩,如图 2-6 所示。

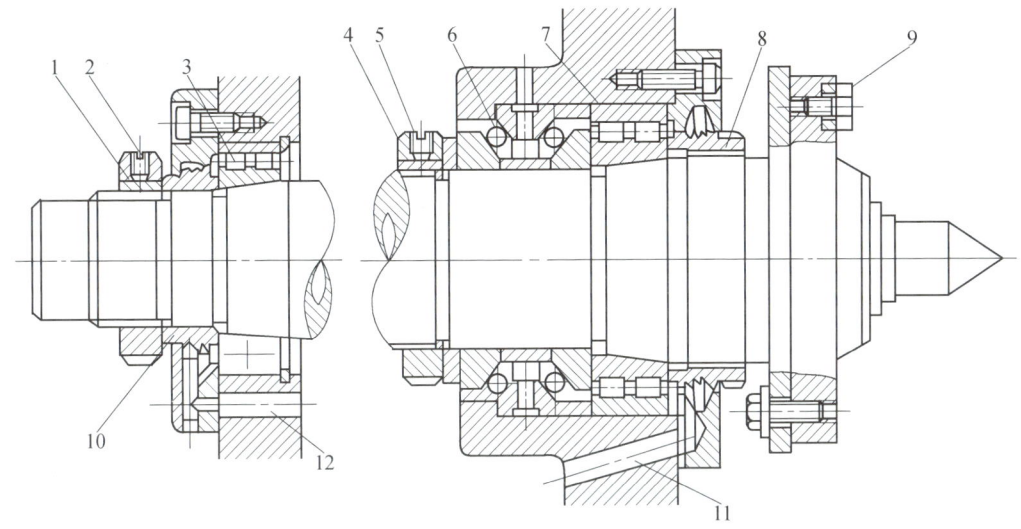

1、4、8—调整螺母；2、5—锁紧螺钉；3、6、7—轴承；9—端面键；10—套筒；11、12—回油口。

图 2-6　CA6140 型车床主轴部件

CA6140 型车床的主轴部件采用了三支承结构，以提高其静刚度和抗振性，其前后支承处各装有一个双列短圆柱滚子轴承 7(NN3021K/P5) 和 3(NN3015K/P6)。双列短圆柱滚子轴承能承受很大的径向载荷，刚度好，有很高的旋转精度，其内圈较薄，内孔是 1∶12 的锥孔，可通过相对主轴轴颈轴向移动来调整轴承间隙，因而保证主轴有很高的旋转精度和刚度。前支承还装有一个 60°接触角的双向推力角接触球轴承 6，用于承受左右两个方向的轴向力。在主轴的中间支承处，装有一圆柱滚子轴承(NN216)，它作为辅助支承，其配合较松，且间隙不能调整。

轴承有了间隙要及时调整，前轴承 7 可用螺母 4、8 进行调整，先拧松螺母 8 和螺母 4 上的锁紧螺钉 5，拧调整螺母 4 使轴承 7 的内圈相对主轴锥形轴颈向右移动，由于锥面的作用，薄壁的轴承内圈产生弹性变形，将滚子与内、外圈滚道之间的间隙消除，调好后再将螺母 8、锁紧螺钉 5 拧紧。后轴承的调整方法与前轴承相同。一般情况，只调整前轴承即可，只有调整前轴承后仍达不到旋转精度时，才调整后轴承。

主轴轴承由液压泵供油充分润滑，为了防止润滑油外漏，前后轴承处都有油沟式密封装置，在螺母 8、套筒 10 的外圆上有锯齿形环槽，主轴旋转时，依靠离心力的作用，把经过轴承向外流出的润滑油甩到前后轴承端盖的接油槽内，分别经回油口 11、12 流回主轴箱。

② 双向多片式摩擦离合器及制动机构　双向多片式摩擦离合器如图 2-7 所示。它安装在轴 I 上，<u>用以控制主轴的正转、停止和反转</u>。轴 I 的右半部为空心轴，在其右端安装有可绕圆柱销 11 摆动的元宝形摆块 12，元宝形摆块下端弧形尾部卡在杆 9 的缺口槽内。当拨叉 14 由操纵机构控制，拨动滑环 10 右移时，摆块 12 绕圆柱销 11 顺时针摆动，其尾部拨

动杆 9 向左移动,杆 9 通过固定在其左端的固定销 6 带动螺圈 5 和加压套 4 压紧左离合器的内外摩擦片 3、2。内摩擦片 3 是内孔为花键孔的圆形薄片,与轴 Ⅰ 花键连接,外摩擦片 2 的内孔为光滑圆孔,空套在轴 Ⅰ 花键外圆上,其外圆开有 4 个凸爪,卡在空套齿轮 1 的右端套筒内。内外摩擦片相间安装。由于离合器中还装有止推片,当螺圈 5 向左移动时才能将内外摩擦片压紧。压紧之后将轴 Ⅰ 的运动传至空套其上的空套齿轮 1,使主轴得到正转。当滑环 10 向左移动,元宝形摆块逆时针摆动,从而使杆 9 通过螺圈 5、加压套 7 使右离合器内、外摩擦片压紧,并使轴 Ⅰ 运动传至空套齿轮 8,再传出,使主轴得到反向转动。当滑环 10 处于中间位置时,左右离合器的内、外摩擦片均松开,主轴停转。如果摩擦离合器中摩擦片间的间隙过大,由于杆 9 轴向移动距离有限,就会产生压紧力不足,不能传递足够的摩擦力矩,车削时就会产生"闷车"现象,摩擦片之间要打滑;间隙过小也不好,开车费劲,易损坏操纵机构零件,内、外摩擦片不能完全脱开,同样会产生摩擦片之间相对打滑发热,还会使制动不灵。调整摩擦片间隙的方法是改变加压套 4 或 7 的轴向位置,调整左离合器时先压下定位的弹簧销 15,转动加压套 4 即可调整。右离合器的调整方法与左离合器的调整方法相同。

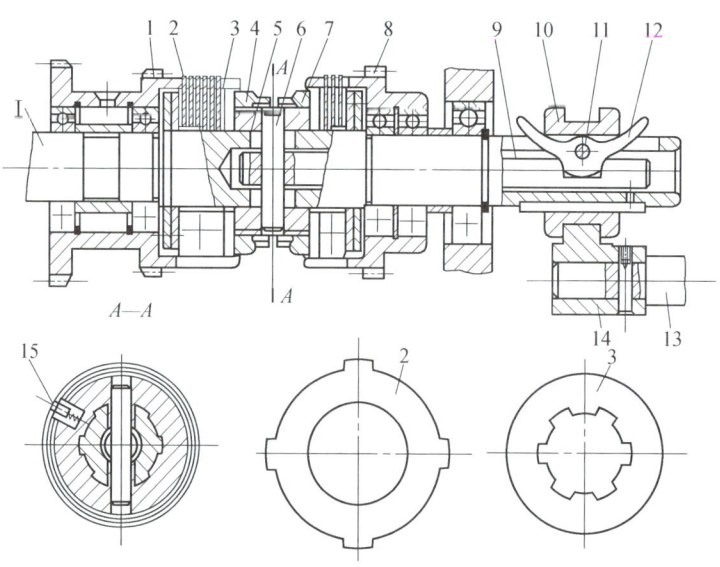

1、8—空套齿轮;2—外摩擦片;3—内摩擦片;4、7—加压套;5—螺圈;6—固定销;
9—杆;10—滑环;11—圆柱销;12—摆块;13—轴;14—拨叉;15—弹簧销。

图 2-7 双向多片式摩擦离合器

为了在摩擦离合器松开后克服惯性作用,使主轴迅速制动,在主轴箱轴 Ⅳ 上装有制动装置,如图 2-8 所示。制动装置由通过花键与轴 Ⅳ 连接的制动轮、制动钢带、杠杆以及调整装置等组成。制动带一端通过调节螺钉与箱体连接,制动带内侧固定一层铜丝石棉以增大摩擦力矩,另一端固定在杠杆上端,当杠杆绕轴摆动时拉动制动带,使其包紧在制动轮上,由制动带与制动轮之间产生的摩擦力矩使主轴迅速制动。制动摩擦力矩的大小可用螺钉调整。制动带的松紧程度要适当,要求停车时主轴迅速制动,开车时制动带迅速放松。

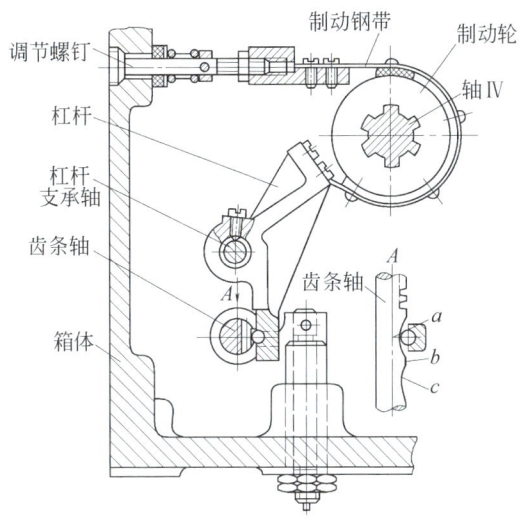

图 2-8 制动装置

双向多片式摩擦离合器与制动装置采用同一操纵机构(图 2-9),以协调两机构的工作,当抬起或压下手柄时,通过曲柄、拉杆、曲柄及扇形齿轮,使齿条轴向右或向左移动,再通过元宝形摆块、拉杆使左边或右边离合器接合,使主轴正转或反转。此时杠杆的下端位于齿条轴圆弧形凹槽内,制动带则处于松开状态。当操纵手柄处于中间位置时,齿条轴和滑套也处于中间位置,摩擦离合器左、右摩擦片组都松开,主轴与运动源断开。这时,杠杆的下端被齿条轴两凹槽间的凸起(如图 2-8 中的点 b 所示)部分顶起,杠杆逆时针摆动,从而拉紧制动带,使主轴迅速制动。

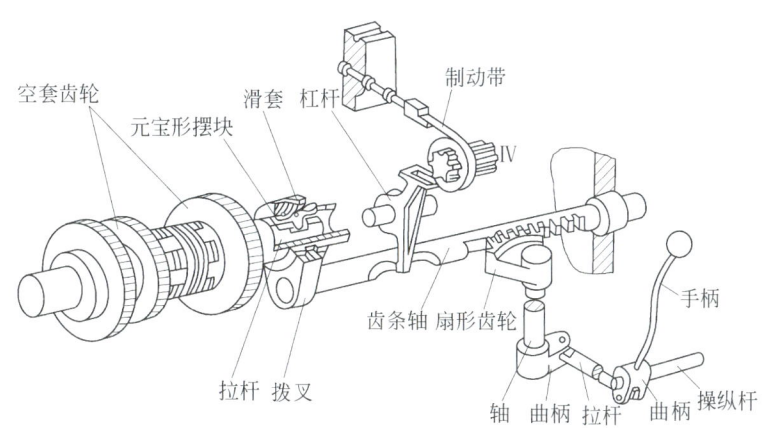

图 2-9 摩擦离合器及制动装置操纵机构

(2)溜板箱 溜板箱内有实现刀架快慢移动自动转换的超越离合器,起过载保护作用的安全离合器，接通、断开丝杠传动的开合螺母机构，接通、断开和转换纵、横向机动进给运动的操纵机构以及避免运动干涉的互锁机构等。这里着重介绍下列几种机构。

① 开合螺母机构　开合螺母机构用来接通或断开丝杠传动。开合螺母由上、下两个半螺母组成，如图 2-10 所示，两个半螺母安装在溜板箱后壁的燕尾导轨上，可以上下移动。上、下半螺母背面各装有一个圆柱销，圆柱销的另一端分别插在操纵手柄轴左端槽盘的两条曲线槽中，扳动手柄使槽盘逆时针转动时，槽盘端面的曲线槽迫使两个圆柱销互相靠近，从而使上、下半螺母合拢，与丝杠啮合，接通车螺纹运动。若扳动手柄顺时针转动，槽盘上的曲线槽迫使二圆柱销分开，随之使上、下半螺母分开，与丝杠脱开啮合，断开车螺纹运动。

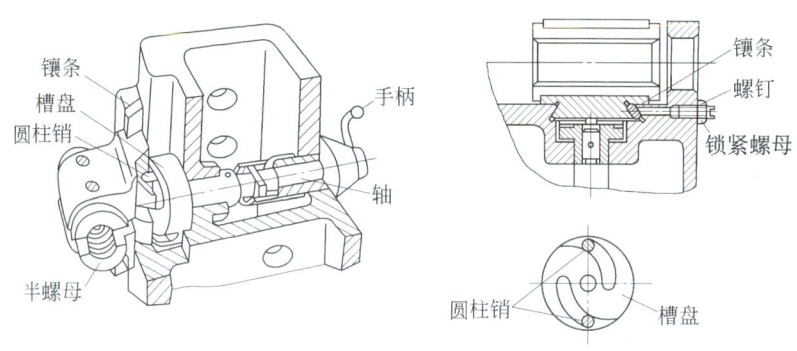

图 2-10　开合螺母机构

松开锁紧螺母，用螺钉经镶条可调整开合螺母与燕尾导轨间的间隙，调整后拧紧锁紧螺母。开合螺母与丝杠之间的间隙可通过位于开合螺母下方固定在溜板箱上的螺钉调整（图中没有标出）。

② 纵、横向机动进给操纵机构　纵、横向机动进给的接通、断开和换向由一个手柄集中操纵（图 2-11），手柄 1 通过销轴 2 与轴向位置固定的轴 23 相连接，向左或向右扳动手柄 1 时，手柄座 3 的缺口通过球头销 4 拨动轴 5 轴向移动，然后再经杠杆 11、连杆 12、偏心销使圆柱形凸轮 13 转动，凸轮上的曲线槽通过圆柱销 14、拨叉轴 15 和拨叉 16，拨动离合器 M8 与空套在轴 XVII 上两个空套齿轮之一啮合，从而接通机动纵向进给，可使刀架向左或向右移动。

当向前或向后扳动手柄 1 时，带动轴 23 转动，并使其左端的凸轮 22 随着转动，凸轮 22 上的曲线槽推动圆柱销 19，使杠杆 20 绕销轴 21 摆动，杠杆 20 上另一圆柱销 18 通过拨叉轴 10 上的缺口，带动拨叉轴 10 移动，并通过固定在拨叉轴上的拨叉 17 拨动离合器 M9，使之与轴 XXV 上两空套齿轮之一啮合，从而接通向前或向后的横向机动进给。

纵、横向机动进给机构的操纵手柄扳动方向与刀架进给方向一致，给使用带来方便。手柄在中间位置时机动进给断开。当扳动操纵手柄朝向某方向，并按下操纵手柄顶端的按钮 K 时，接通快速电动机，可使刀架按手柄位置确定的进给方向快速移动。

为了防止误操作损毁机床，机床上设置有互锁机构，保证了操作安全。互锁机构的类型为车螺纹与纵、横向机动进给互锁，即合上开合螺母，就不能接通纵、横向机动进给；

纵、横向机动进给与车螺纹互锁,即接通纵、横向任一进给,就不能合上开合螺母;纵向进给与横向进给互锁,即在手柄 1 的面板上有十字槽,保证了纵向进给与横向进给不能同时被接通。

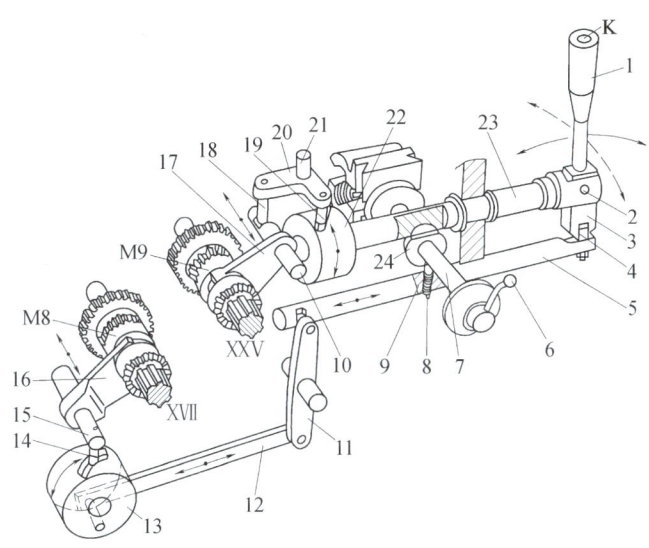

1、6—手柄;2、21—销轴;3—手柄座;4、9—球头销;5、7、23—轴;8—弹簧销;10、15—拨叉轴;11、20—杠杆;12—连杆;13、22—凸轮;14、18、19—圆柱销;16、17—拨叉;24—凸肩。

图 2-11 纵、横向机动进给操纵机构(CA6140)

③ 超越离合器 为了避免光杠和快速电动机同时驱动轴 XX 而造成机床损坏,在溜板箱左端齿轮 $z56$ 与轴 XX 之间装有超越离合器 M6(图 2-12)。由光杠传来的进给运动(低速)使齿轮 $z56$(即超越离合器的外环)按逆时针方向转动,三个短圆柱滚子分别在弹簧的弹力及滚子与外环之间的摩擦力作用下,楔紧在外环和星形体之间,外环通过滚子带动星形体一起转动,运动便经安全离合器 M7 传至轴 XX,实现正常的机动进给。当按下快速移动电动机按钮时,快速电动机的运动由齿轮副 13/29 传至轴 XX,使星形体得到一个与齿轮 $z56$ 转向相同,而转速却快得多的旋转运动(高速)。这时,摩擦力使滚子通过顶销压缩弹

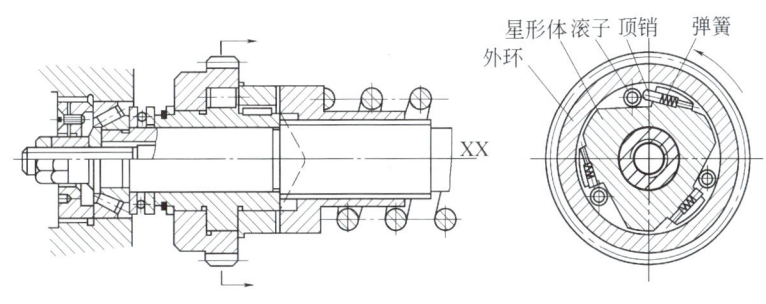

图 2-12 超越离合器

簧而向楔形槽的宽端滚动,从而脱开外环和星形体之间的联系,虽然此时光杠及齿轮 $z56$ 仍在旋转,但不再驱动轴 XX,因此刀架实现快速移动。一旦快速电动机停止转动时,在弹簧力和摩擦力作用下,滚子又楔紧在外环和星形体之间,刀架立即恢复正常的机动进给运动。

由于 CA6140 型车床使用的是单向超越离合器,要求光杠和快速电动机都只能作单方向转动。若光杠反向转动,则不能实现纵、横向机动进给;若快速电动机反向旋转,则超越离合器不起超越作用。

④ 安全离合器　安全离合器 M7 的作用是提供过载保护,即当机床过载或出现故障时能自动断开运动而保护机床不受损坏。

安全离合器工作原理如图 2-13 所示,由光杠传来的运动经单向超越离合器的外环即齿轮 $z56$,并通过滚子和星形体,再经平键传至 M7 的左半部 1,然后由其螺旋形端面齿传至离合器的右半部 2,再经过花键传至轴 XX,离合器的右半部 2 后端的弹簧 3 的弹力,克服离合器在传递扭矩时所产生的轴向分力,使离合器左、右两部分保持啮合(图 2-13a)。

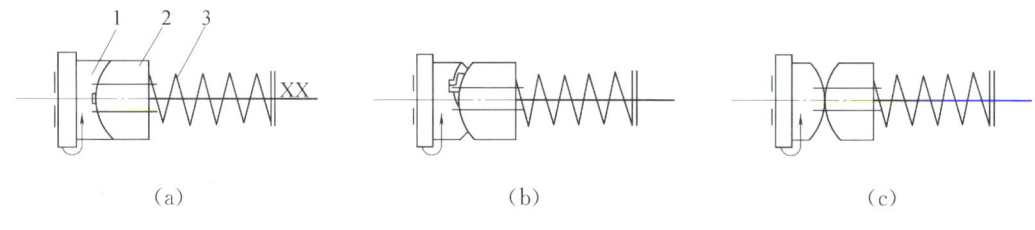

图 2-13　安全离合器工作原理

机床过载时,蜗杆轴 XX 上的阻力加大,安全离合器传递的扭矩也加大,因而作用在螺旋形端面齿上的轴向力也将加大,当轴向力超过弹簧 3 的弹力时,弹簧不再能保持离合器左、右两半相啮合,轴向力便将离合器右部推开(图 2-13b),这时离合器左半部 1 继续转动,而右半部 2 不能被带动,二者之间产生打滑现象(图 2-13c),从而使传动链断开,保护了传动机构,使它们不因过载而损坏。当过载排除后,由于弹簧 3 的弹力,安全离合器恢复啮合,重新正常工作。

机床许用的最大进给力决定于弹簧 3 的弹力,可通过调整弹簧压缩量来改变弹力的大小。

3. 机床的传动系统

CA6140 型卧式车床的传动系统由主运动传动链、车螺纹运动传动链、纵向进给运动传动链、横向进给运动传动链和刀架快速空行程传动链组成,传动系统如图 2-14 所示。

(1) 主运动传动链　主运动传动链是电动机与主轴之间的一条传动链。它的功用是把电动机的运动和动力传给主轴,使主轴带动工件完成主运动。

主运动由电动机经 V 形带传至主轴箱中的轴Ⅰ,轴Ⅰ上装有一个双向多片式摩擦离合器 M1,用于控制主轴的正转、反转和停止。M1 左半部分结合时主轴为正转,M1 右半部分结合时为反转。两边离合器都不结合时,主轴停转。轴Ⅰ的运动经 M1 和二联、三联滑移齿

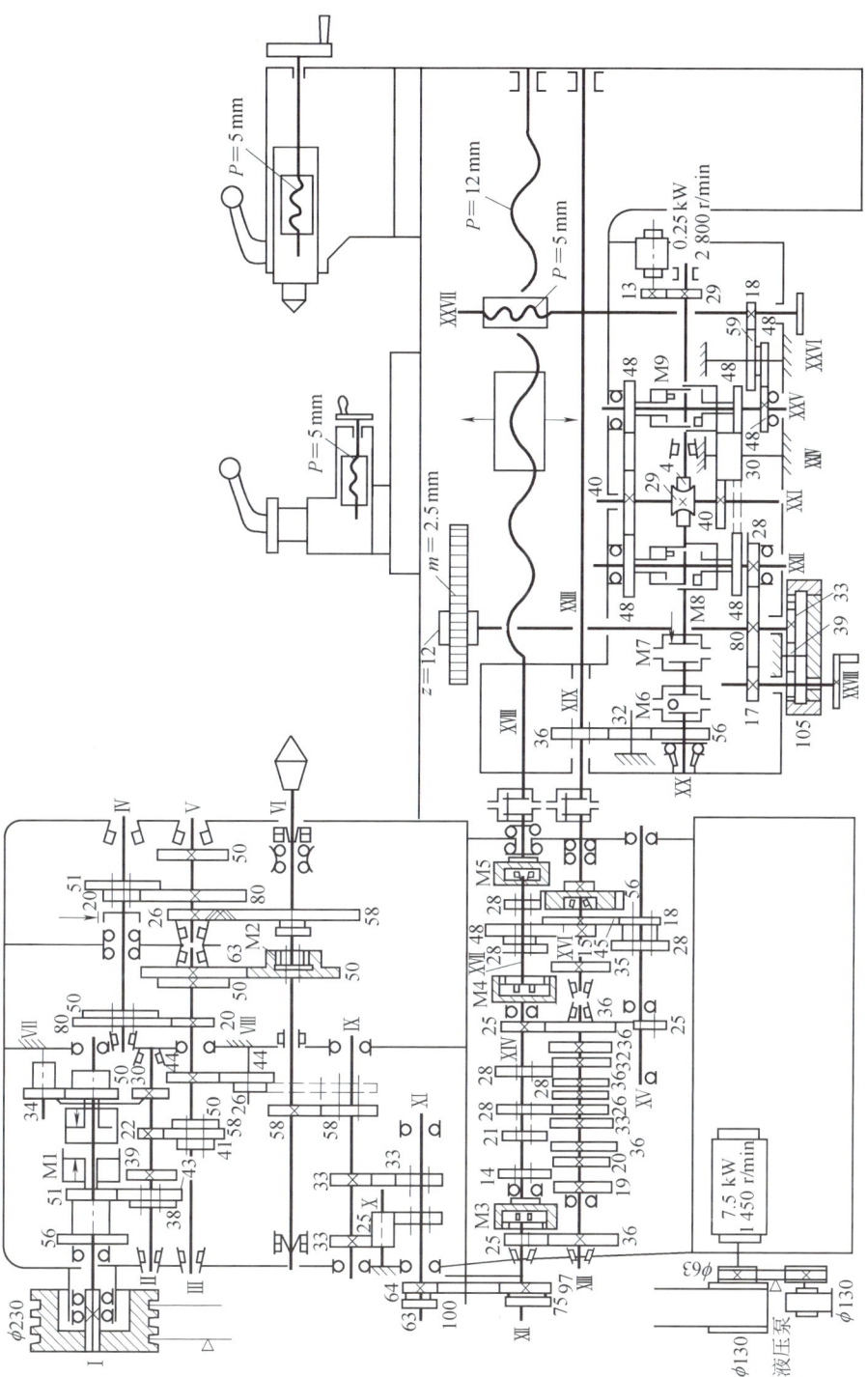

图 2-14 CA6140 型卧式车床传动系统

轮传至轴Ⅲ,然后分以下二路传给主轴：

① 高速传动路线　主轴Ⅵ上滑移齿轮 $z50$ 移至左端,与轴Ⅲ右端的 $z63$ 啮合,运动由轴Ⅲ经齿轮副 $\frac{63}{50}$ 直接传给主轴,使主轴得到 6 种高速。

② 中低速传动路线　主轴Ⅵ上的滑移齿轮 $z50$ 移至右端,使主轴上的内齿式离合器 M2 接合时,运动由轴Ⅲ-Ⅳ-Ⅴ间的两组双联滑移齿轮变速装置传至轴Ⅴ,再经齿轮副 $\frac{26}{58}$ 传动主轴,使主轴获得一组低转速。

当轴Ⅰ上摩擦离合器 M1 右边结合时,运动经 $\frac{50}{34} \times \frac{34}{50}$ 两对齿轮副使Ⅱ轴反转,从而使主轴得到反转转速。

主运动传动链的传动路线表达式如下：

$$\text{电动机}_{(7.5\text{ kW, }1\,450\text{ r/min})} - \frac{\phi 130}{\phi 230} - \text{I} - \left\{\begin{array}{l} \text{M1(左)}\\ \text{(正转)} \end{array} \left\{\begin{array}{l}\frac{56}{38}\\ \frac{51}{43}\end{array}\right\} \atop \text{M1(右)}\\ \text{(反转)} - \frac{50}{34} - \text{Ⅶ} - \frac{34}{30} \right\} - \text{Ⅱ} - \left\{\begin{array}{l}\frac{39}{41}\\ \frac{30}{50}\\ \frac{22}{58}\end{array}\right\} - \text{Ⅲ} -$$

$$\left\{\begin{array}{l}\frac{63}{50}\\ \left\{\begin{array}{l}\frac{50}{50}\\ \frac{20}{80}\end{array}\right\} - \text{Ⅳ} - \left\{\begin{array}{l}\frac{51}{50}\\ \frac{20}{80}\end{array}\right\} - \text{Ⅴ} - \frac{26}{58} - \text{M2} -\end{array}\right\} - \text{Ⅵ(主轴)}$$

(2) 车螺纹运动传动链　CA6140 型卧式车床可以车削公制、英制、模数、径节 4 种标准的常用螺纹,还可以车削大导程、非标准和较精密的螺纹。

车螺纹传动链的两端件是主轴和刀架。两端件之间应保证主轴每转一转,刀架准确地移动被加工螺纹的一个导程这一严格的运动关系。

表 2-1 列出了这 4 种标准螺纹的螺距参数与螺距 P、导程 Ph 之间的换算关系(n 为螺纹线数)。

表 2-1　4 种标准螺纹的螺距参数与螺距、导程的换算关系

螺纹种类	螺距参数	螺距/mm	导程/mm
公　制	螺距 P/mm	$P = P$	$Ph = nP$
模数制	模数 m/mm	$P = \pi m$	$Ph_m = nP_m = n\pi m$
英　制	每英寸牙数 a/(牙/in)	$P_a = \dfrac{25.4}{a}$	$Ph_a = nP_a = \dfrac{25.4}{a}n$
径节制	径节 DP/(牙/in)	$P_{DP} = \dfrac{25.4\pi}{DP}$	$L_{DP} = nP_{DP} = \dfrac{25.4\pi}{DP}n$

CA6140 型卧式车床车削上述各螺纹传动路线归纳表达式如下：

$$\text{主轴VI}\begin{Bmatrix}\cfrac{58}{58}\\ \text{正常螺纹导程}\\ \cfrac{58}{26}-\text{V}-\cfrac{80}{20}-\text{IV}-\begin{Bmatrix}\cfrac{50}{50}\\ \cfrac{80}{20}\end{Bmatrix}-\text{III}-\cfrac{44}{44}-\text{VIII}-\cfrac{26}{58}\\ \text{扩大螺纹导程}\end{Bmatrix}-\text{IX}-\begin{Bmatrix}\cfrac{33}{33}\\ \text{(右螺纹)}\\ \cfrac{33}{25}-\text{X}-\cfrac{25}{33}\\ \text{(左螺纹)}\end{Bmatrix}$$

$$-\text{XI}\begin{Bmatrix}\begin{Bmatrix}\cfrac{63}{100}\cdot\cfrac{100}{75}\\ \text{(公制及英制螺纹)}\\ \cfrac{64}{100}\cdot\cfrac{100}{97}\\ \text{(模数及径节螺纹)}\end{Bmatrix}-\text{XII}-\begin{Bmatrix}\cfrac{25}{36}\text{(M3 开)}-\text{XIII}-\mu_{\text{基}}-\text{XIV}-\cfrac{25}{36}\cdot\cfrac{36}{25}\\ \text{(公制及模数螺纹)}\\ \text{M3 合}-\text{XIV}-\cfrac{1}{\mu_{\text{基}}}-\text{XIII}-\cfrac{36}{25}\\ \text{(英制及径节螺纹)}\end{Bmatrix}-\text{XV}-\mu_{\text{倍}}\\ \cfrac{a}{b}\cdot\cfrac{c}{d}-\text{XII}-\text{M3 合}-\text{XIV M4 合}\\ \text{(非标准较精密螺纹)}\end{Bmatrix}$$

$-\text{XVII}-\text{M5 合}-\text{XVIII(丝杠)}$

① 车公制螺纹 公制螺纹是我国的常用螺纹,牙型角为60°。车削公制螺纹时,进给箱中的离合器 M3、M4 脱开,M5 接合。运动由主轴VI经 58/58、换向机构 33/33(左旋为 $\dfrac{33}{25}\times\dfrac{25}{33}$)、挂轮 $\dfrac{63}{100}\times\dfrac{100}{75}$ 传至进给箱中的轴XII后,经移换机构的齿轮副 25/36 传至轴XIII,再经过双轴滑移齿轮变速机构中的8个传动副中任一对齿轮传至轴XIV,然后再由移换机构齿轮副 $\dfrac{25}{36}\times\dfrac{36}{25}$ 传至轴XV。接下去经两组滑移齿轮变速机构,最后经离合器 M5 传至丝杠XVIII,合上开合螺母之后就可车削公制螺纹。

② 车模数螺纹 模数螺纹主要用于公制蜗杆。某些丝杠的导程也是模数制的。模数螺纹的模数 m 已标准化,其牙型角为40°。

③ 车英制螺纹 英制螺纹牙型角为55°。它是以每英寸长度上的螺纹扣(牙)数 a(牙/英寸)表示的。

④ 车径节螺纹 径节螺纹是一种英制蜗杆,牙型角为29°。径节用 DP 表示,径节是齿轮或蜗轮折算到每一英寸分度圆直径上的齿数,即 $DP=\dfrac{z}{D}$。

车削各种螺纹的工作调整见表 2-2。

⑤ 车其他螺纹

● 车大导程螺纹 当需要车削大导程螺纹时,需将轴IX上的滑移齿轮 $z58$ 向右移与VIII轴上的 $z26$ 相啮合,此时主轴VI的转动经下列路线传至丝杠,使丝杠在主轴转1转的时间内

表 2-2　CA6140 型车床车削各种螺纹的工作调整

螺纹种类	挂轮机构	离合器状态	移换机构	基本组传动方向	传动路线
公制螺纹	$\dfrac{63}{100} \times \dfrac{100}{75}$	M5 结合 M3、M4 脱开	轴 XII $\xleftarrow{z25}$ 轴 XV $\xrightarrow{z25}$	轴 XIII → 轴 XIV	公制路线
模数螺纹	$\dfrac{64}{100} \times \dfrac{100}{97}$				
英制螺纹	$\dfrac{63}{100} \times \dfrac{100}{75}$	M3、M5 结合 M4 脱开	轴 XII $\xrightarrow{z25}$ 轴 XV $\xrightarrow{z25}$	轴 XIV → 轴 XIII	英制路线
径节螺纹	$\dfrac{64}{100} \times \dfrac{100}{97}$				

转速提高,从而可车大导程螺纹,其传动路线表达式如下:

$$\text{主轴 VI} - \frac{58}{26} - \text{V} - \frac{80}{20} - \text{IV} - \begin{Bmatrix} \dfrac{50}{50} \\ \dfrac{80}{20} \end{Bmatrix} - \text{III} - \frac{44}{44} \times \frac{26}{58} - \text{IX} \cdots\cdots \text{XVIII（丝杠）}$$

● 车非标准和较精密螺纹　车非标准和较精密螺纹时,需将进给箱中的离合器 M3、M4、M5 全部合上,使轴 XII、XIV、XVII 和丝杠连成一体,运动由挂轮直接传给丝杠。被加工螺纹的导程 Ph 则依靠调整挂轮架上挂轮实现。由于传动路线大为缩短,车出的螺纹精度也较高。

(3) 纵向和横向进给传动链　在进行外圆车削与端面车削时,可使用纵、横向进给传动链。机动进给用光杠经溜板箱传动。传动链的两端件是主轴和刀架,但两端件之间不需要严格传动比要求。

传动路线　从主轴至进给箱中轴 XVII 的传动路线与车螺纹相同。将轴 XVII 上的滑移齿轮 z28 与离合器 M5 脱开,与轴 XIX 左端的 z56 相啮合,经光杠传入溜板箱,再经溜板箱中的传动机构,分别传至齿轮齿条机构和横向进给丝杠 XXVII,使刀架作纵向或横向进给运动,其传动路线表达式如下(轴 XVII 的前面传动路线与车螺纹相同):

$$\cdots\cdots \text{XVII} - \frac{28}{56} - \text{XIX} - \frac{36}{32} \times \frac{32}{56} - \text{XX} - \frac{4}{29} - \text{XXI} -$$

$$\text{快速电动机}(0.25\ \text{kW},\ 2\,800\ \text{r/min}) - \frac{13}{29} $$

$$\begin{Bmatrix} \text{M8} \uparrow \dfrac{40}{48} \\ \text{M8} \downarrow \dfrac{40}{30} \times \dfrac{30}{48} \end{Bmatrix} - \text{XXII} - \frac{28}{80} - \text{XXIII} - z12/\text{齿条（纵向进给）}$$

$$\begin{Bmatrix} \text{M9} \uparrow \dfrac{40}{48} \\ \text{M9} \downarrow \dfrac{40}{30} \times \dfrac{30}{48} \end{Bmatrix} - \text{XXV} - \frac{48}{48} - \text{XXVI} - \frac{59}{18} - \text{横向丝杠 XXVII（横向进给）}$$

式中,双向牙嵌式离合器 M8、M9 和齿轮副 $\dfrac{40}{48}$、$\dfrac{40}{30} \times \dfrac{30}{48}$ 组成了换向机构,用于变换纵、横向进给的方向。

(4) 刀架的快速移动传动链 在溜板箱中装有 0.25 kW、2 800 r/min 的快速电动机,按下快速移动按钮,快速电动机经齿轮副 13/29 使轴 XX 快速旋转。再经蜗杆蜗轮副与机动进给相同的传动路线传至纵、横向进给机构,使刀架作相应方向的快速移动。离合器 M8、M9 仍控制运动方向。

快速移动时,由超越离合器 M6 保证快速移动与机动进给不发生干涉。快速电动机停转时,机动进给传动链又自动重新接通。

三、车床附件

车床附件

车削加工中,广泛使用通用夹具,很多通用夹具已成为机床附件,由专门的机床附件厂统一生产,制成不同的规格以满足用户需要。

车床附件主要有卡盘、拨盘、顶尖、花盘、中心架和跟刀架等。

1. 三爪自定心卡盘

三爪自定心卡盘的结构如图 2-15 所示,可通过法兰盘安装在主轴上。卡盘体中有一个大锥齿轮,它与 3 个均布且带有扳手孔的小锥齿轮啮合。用扳手插入扳手孔中使小锥齿轮转动,可带动大锥齿轮旋转,大锥齿轮背面的平面螺纹与 3 个卡爪背面的平面螺纹相啮合。卡爪随着大锥齿轮的转动可以做向心或离心径向移动,从而使工件被夹紧或松开。

三爪自定心卡盘装夹工件可自动定心,不需找正,特别适合夹持横截面为圆形、正三角形、正六边形等工件。但是,三爪自定心卡盘夹持力小,传递扭矩不大,只适于装夹中小型工件。

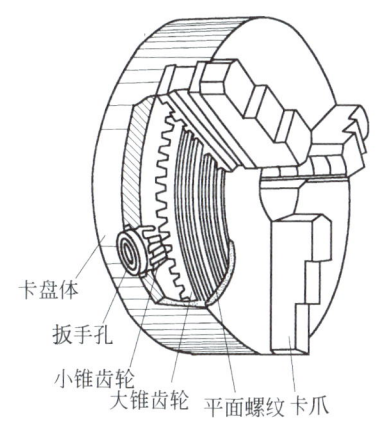
图 2-15 三爪自定心卡盘

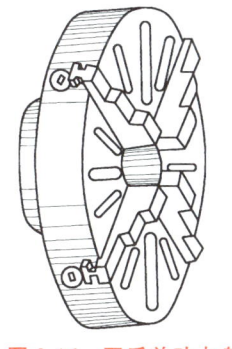
图 2-16 四爪单动卡盘

2. 四爪单动卡盘

四爪单动卡盘的结构如图 2-16 所示,其 4 个卡爪互不相关,每个卡爪的背面有半瓣内螺纹与丝杆啮合,可以独立进行调整,因此,四爪单动卡盘不但能够夹持横截面为圆形的工件,还能够夹持横截面为矩形、椭圆形及其他不规则形状的工件。

四爪单动卡盘对工件的夹紧力较大。因其不能自动定心,装夹工件时应进行仔细找正,因此,对工人的技术水平要求较高,在单件、小批生产及大件生产中应用较多。

3. 花盘、弯板

花盘是安装在主轴上的一个大圆盘,其端面平整且与主轴轴线垂直。如果端面不平整,也不与主轴轴线垂直,可在使用的车床上精车一下。花盘端面上有许多长槽,用以穿放螺栓以压紧工件。

花盘主要用于加工平面对基准面 A 有平行度要求、回转表面对基准面 A 有垂直度要求的形状不对称的复杂工件,如图 2-17 所示。工件在花盘上安装之前,可预先加工出基准面 A,以 A 面靠在花盘上,按画线找正孔的位置,夹紧后即可车削孔以及与 A 面平行的平面。

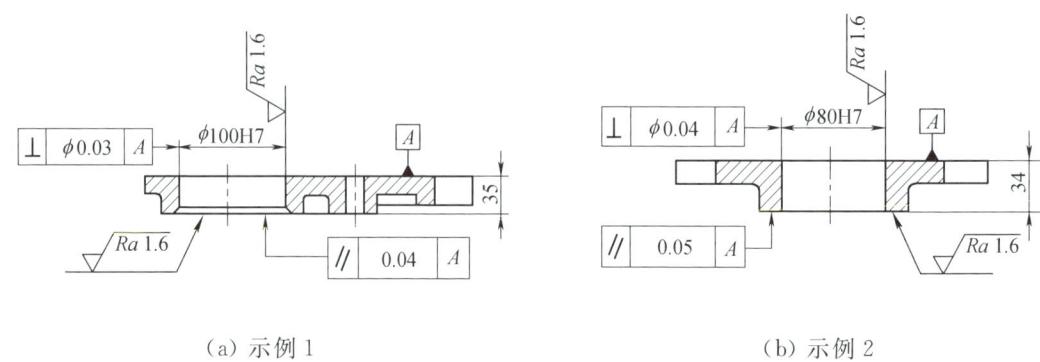

(a) 示例 1　　　　　　　　　　　　(b) 示例 2

图 2-17　适合在花盘上加工的工件示例

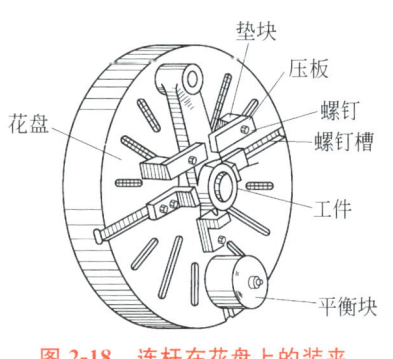

图 2-18　连杆在花盘上的装夹

图 2-18 为连杆在花盘上的装夹示意图。连杆两端面要求平行,大头孔轴线与端面要求垂直,因而应以连杆的一个端面为基准与花盘平面接触,加工孔及另一端面,装夹时应选择适当部位安放压板,以防止工件变形。若工件偏于一边,则应安放平衡块。

当工件上需加工的平面相对基准面 A 有垂直度要求,或加工的孔或外圆的轴线相对基准面 A 有平行度要求时,如图 2-19 所示的工件,可以采用在花盘-弯板上装夹。在花盘-弯板上装夹工件的实例如图 2-20 所示。

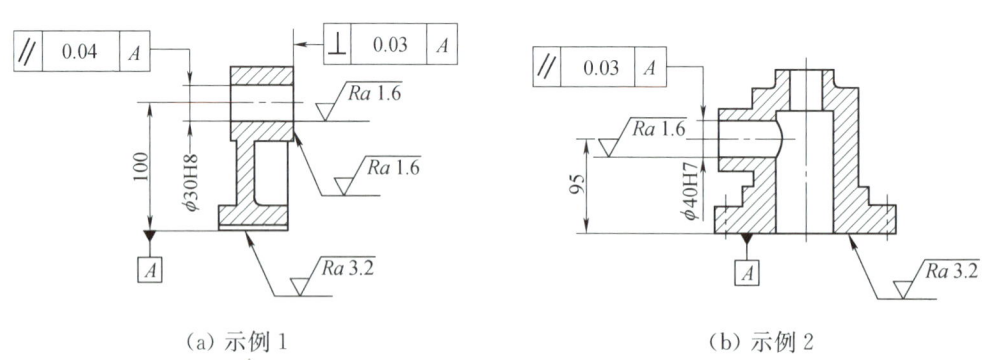

(a) 示例 1　　　　　　　　　　　　(b) 示例 2

图 2-19　适合在花盘-弯板上装夹的工件示例

4. 顶尖、卡箍、拨盘

车削轴类工件时，一般常用顶尖、卡箍（其中有一种也称鸡心夹头）、拨盘装夹工件，如图 2-21 所示。

顶尖的结构如图 2-22 所示。顶尖是加工轴类工件经常采用的附件。工件由装在主轴内的顶尖和装在尾座中的顶尖支承，由拨盘、卡箍带动旋转。前顶尖随主轴一起转，后顶尖不随或随工件一起转动。不随工件一起转动的顶尖称为死顶尖，随工件一起转动的顶尖称为活顶尖。

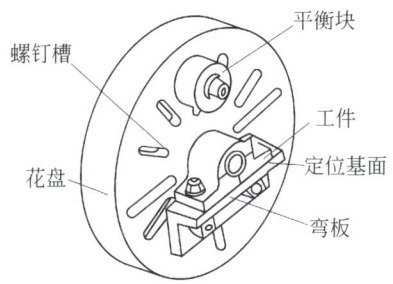

图 2-20　在花盘-弯板上装夹工件

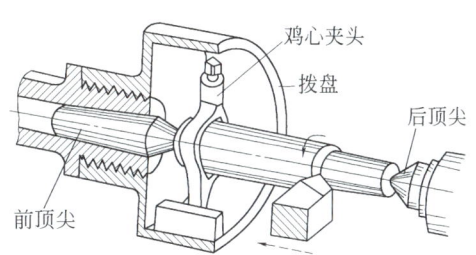

图 2-21　顶尖、卡箍、拨盘装夹工件

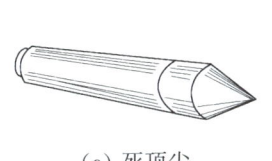

(a) 死顶尖

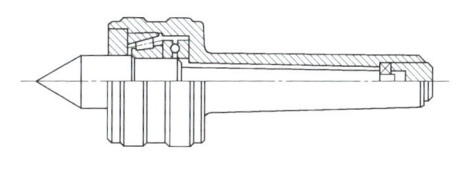

(b) 活顶尖

图 2-22　顶尖

死顶尖的优点是定心较准确，刚性好，装夹工件比较稳固，但发热多，转速高时可能烧坏顶尖和顶尖孔。死顶尖适合切削速度较低、精度要求高的加工。活顶尖适于高速切削，但加工精度较低。用顶尖装夹工件，应先在工件的端面上钻出顶尖孔。顶尖孔是用专用的中心钻在车床上或专用机床上加工的。

5. 心轴

在一次装夹中加工带孔的盘套类工件的外圆和端面时，常把工件套在心轴上进行加工。心轴的种类很多，常用的有锥度心轴、圆柱心轴和可胀心轴。

锥度心轴如图 2-23a 所示，工件压入后靠摩擦力与心轴固紧。其定心精度高，但装卸不太方便，不能承受过大的力矩，多用于精车。

圆柱心轴如图 2-23b 所示，工件以内孔定位，用螺母和垫圈压紧在心轴上。这种心轴如果做长些，一次也可装夹多个工件，但加工精度不高。

可胀心轴如图 2-23c 所示，其柄部锥体与车床主轴的锥孔配合，常用拉紧螺杆拉紧，防止心轴转动,心轴壁上开有4条均匀分布的槽。工件套在心轴上,拧紧带有锥面的螺钉,使心轴外圆胀大,以胀紧工件。拆卸工件时,松开螺钉,就可取下工件。

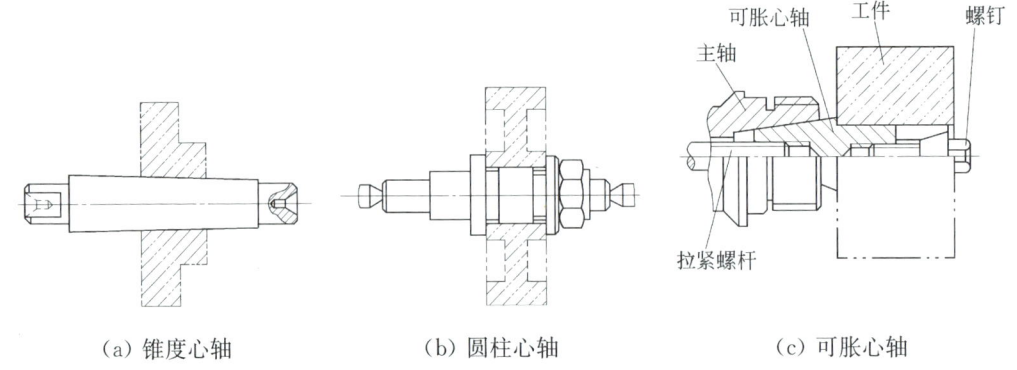

（a）锥度心轴　　　　（b）圆柱心轴　　　　（c）可胀心轴

图 2-23　心轴及其工作

6. 中心架与跟刀架

中心架与跟刀架

中心架与跟刀架的结构如图 2-24 所示。车削细长轴时,由于工件的刚性很差,在自重、离心力、切削力作用下会产生弯曲和振动,使加工很难进行,故需采用辅助夹紧机构中心架、跟刀架等。

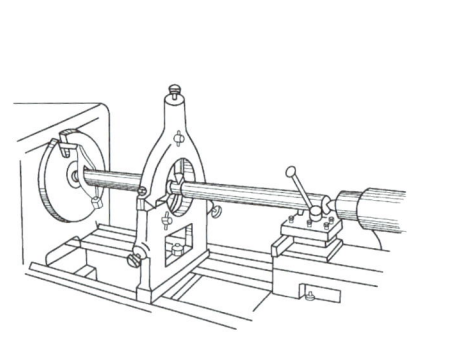 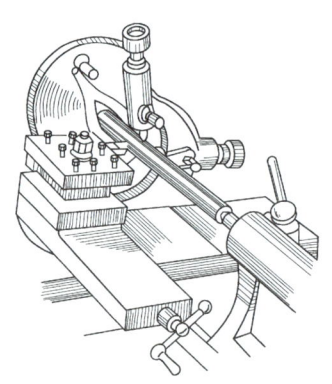

（a）应用中心架车长轴　　　　（b）应用跟刀架车长轴

图 2-24　中心架与跟刀架

大师绝活——郑贵有车削细长轴

中心架的底部用螺钉、压板固定在床身上,中心架上有 3 个可单独调整的支承爪用以支承工件。支承爪常用铸铁、铜等材料制成。当工件表面较粗糙时,应先在安装支承爪处车出一段光滑轴颈,支承爪应支撑在光滑轴颈处。使用中心架可有效地提高细长轴的支承刚度,从而提高加工精度。在长轴、长套类工件的端面加工、镗孔、切断等工作中也可应用中心架。

跟刀架固定在车床的床鞍上,同刀具一起移动。使用跟刀架是抵抗背向力,防止工件弯曲变形的有效措施。使用跟刀架粗车时,应先在工件右端车出一段外圆,根据外圆调整跟刀架支承爪的松紧,车刀位于支承爪的左侧,并尽量靠近支承爪,然后进行车削。当精车光轴时,车刀应放在支承爪的右侧,也应尽量靠近支承爪,以防止支承爪擦伤精车后的表面。

使用中心架、跟刀架时,主轴转速不宜过高,并需在支承爪处加注机油润滑。

第三节 车 刀

车刀是金属切削加工中应用最广的一种刀具。它可用在各种类型的车床上加工外圆、端面、内孔、倒角、切槽与切断、螺纹以及其他的成形面等。

车刀的种类很多,按用途的不同可分为外圆车刀、内孔车刀等多种(图 2-25)。按结构不同又可分为整体式、焊接式、机夹式、可转位式和成形车刀等(图 2-26)。

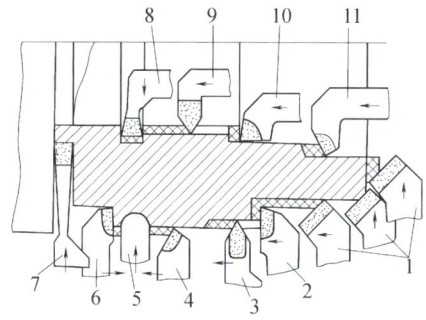

1—45°弯头车刀;2—90°外圆车刀;3—外螺纹车刀;4—75°外圆车刀;5—成形车刀;
6—90°左外圆车刀;7—车槽刀;8—内孔车槽刀;9—内螺纹车刀;10—闭(盲)孔车刀;11—通孔车刀。

图 2-25 按用途分类的车刀

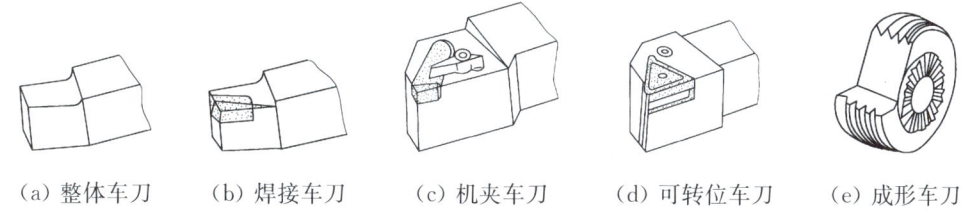

(a) 整体车刀　　(b) 焊接车刀　　(c) 机夹车刀　　(d) 可转位车刀　　(e) 成形车刀

图 2-26 按结构分类的车刀

一、常用车刀

按照用途的不同,常用车刀可分为 8 类。

车刀种类

1. 直头外圆车刀

直头外圆车刀只用来车削外圆柱表面。它有两种形式,即右偏车刀(切削刃在左,进给方向向左)和左偏车刀(切削刃在右,进给方向向右)。一般直头外圆车刀的主偏角 $\kappa_r = 45° \sim 75°$,副偏角 $\kappa_r' = 10° \sim 15°$。图 2-27 为加工钢件的硬质合金主偏角 75°粗车外圆车刀。

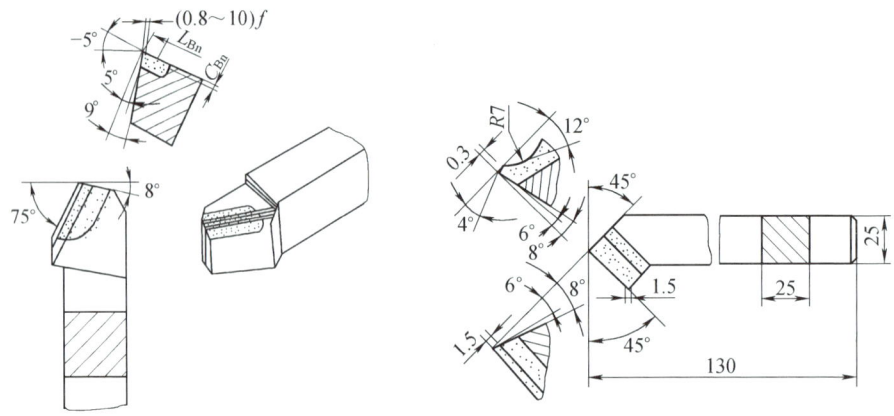

图 2-27 主偏角 75°粗车外圆车刀　　　图 2-28 45°弯头右偏车刀

2. 45°弯头车刀

45°弯头车刀用途很多,既可以车圆柱面,又可以车端面,还可以进行内外倒角。完成上述加工时,不需转刀架,也不需换刀,可减少辅助时间,提高生产率。它也分为左、右弯刀两种,常用于粗车和半精车,图 2-28 为 45°弯头右偏车刀。

3. 90°偏刀

90°偏刀它的主偏角 $\kappa_r = 90°$,主要用来车削外圆柱表面以及阶梯轴的台阶端面。由于主偏角大,切削时,产生的背向力小,故适合车细长的轴类工件。它也有左、右偏刀之分。其结构如图 2-29 所示。

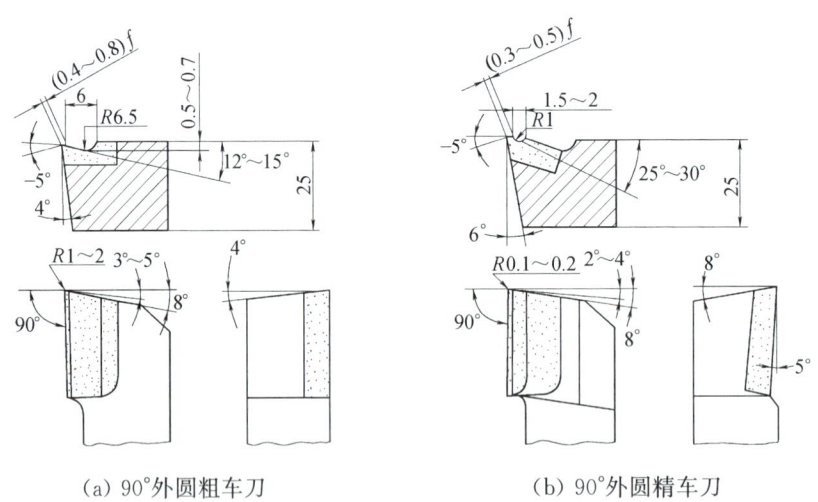

(a) 90°外圆粗车刀　　　(b) 90°外圆精车刀

图 2-29 90°偏刀

4. 螺纹车刀

螺纹车刀实质上是一种成形刀,刀刃的轮廓形状与被加工螺纹轮廓母线相符,也就是说螺纹车刀的刀尖角等于螺纹的牙型角(如米制螺纹的牙型角为60°)。螺纹车刀的刀具角度视工件材料、螺纹精度以及刀具材料不同而有所区别,如图2-30所示。

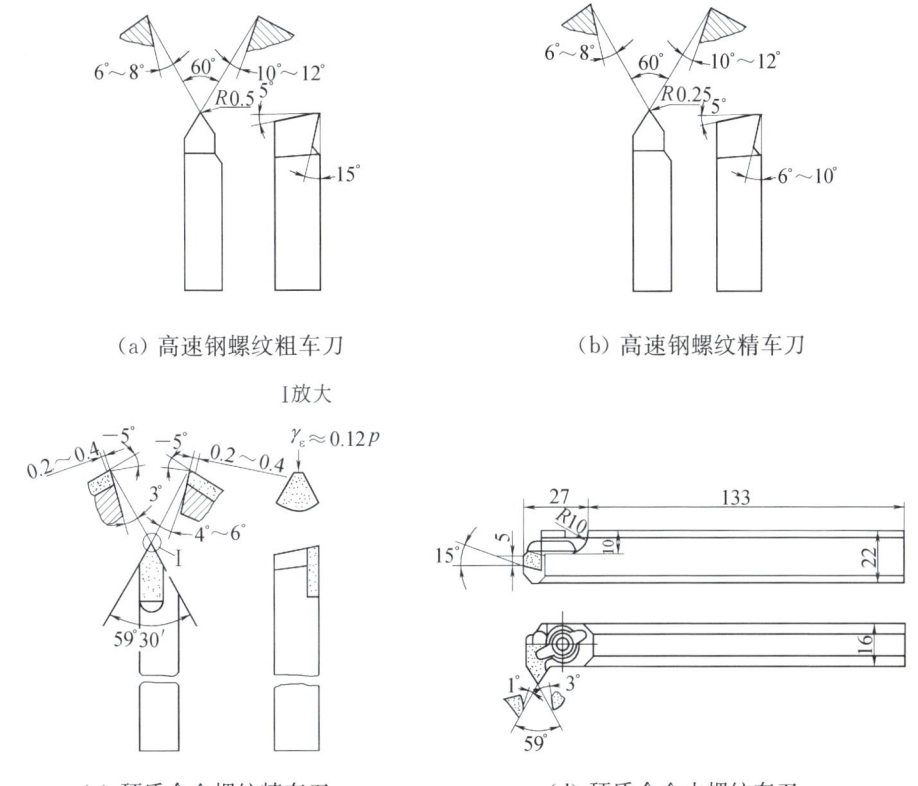

(a) 高速钢螺纹粗车刀　　(b) 高速钢螺纹精车刀

(c) 硬质合金螺纹精车刀　　(d) 硬质合金内螺纹车刀

图 2-30　螺纹车刀

5. 端面车刀

端面车刀只用来加工端平面,如图2-31所示。主切削刃与工件轴线的夹角成5°,副切削刃与工件端面的夹角成15°~20°。

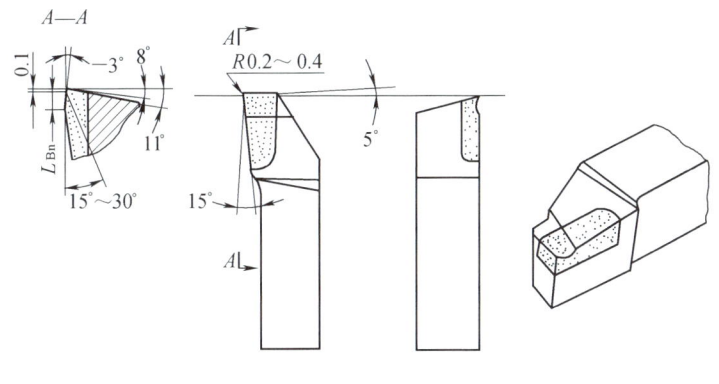

图 2-31　端面车刀

6. 内孔车刀

内孔车刀是用来加工内孔的刀具,它分为通孔车刀、盲孔车刀、内槽车刀3种。一般通孔车刀的主偏角 $\kappa_r = 45° \sim 75°$,副偏角 $\kappa_r' = 20° \sim 45°$;盲孔车刀的主偏角大于 $90°$,一般内孔车刀的后角比外圆车刀的后角稍大些,如图 2-32 所示。

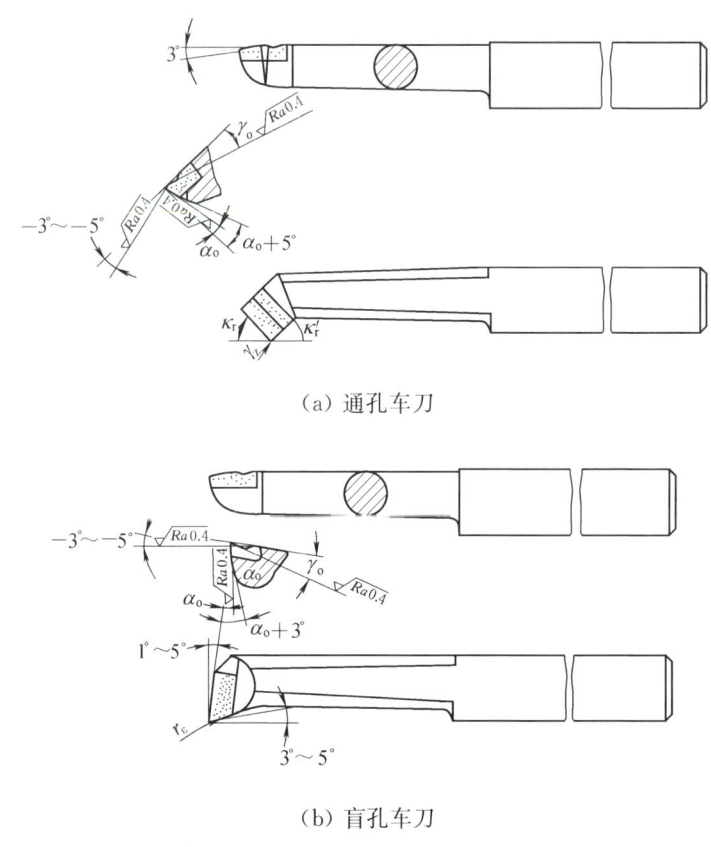

图 2-32 内孔车刀

7. 成形车刀

成形车刀是用来加工回转成形面的车刀,其主切削刃完全与工件轮廓母线相一致。这种刀具的切削效率较高,常在成批生产中使用,图 2-33 所示为几种常见的成形车刀。

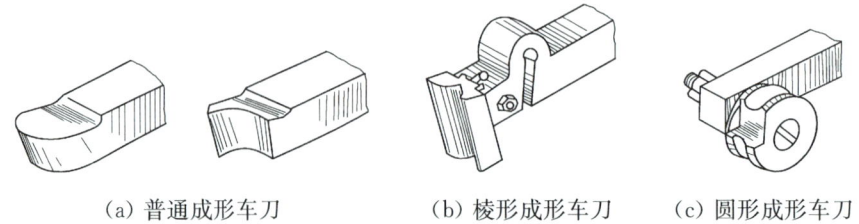

图 2-33 成形车刀

8. 切断刀（或车槽刀）

切断刀（或车槽刀）主要用来切断或车削外圆表面上的圆环形沟槽。其刀头窄而长,强度较低。有一条主切削刃,两条副切削刃,副偏角 $\kappa_r' = 1° \sim 2°$,切削钢材时选前角 $\gamma_o = 10° \sim 20°$,切削铸铁时选小一些 $\gamma_o = 3° \sim 10°$,如图 2-34 所示。

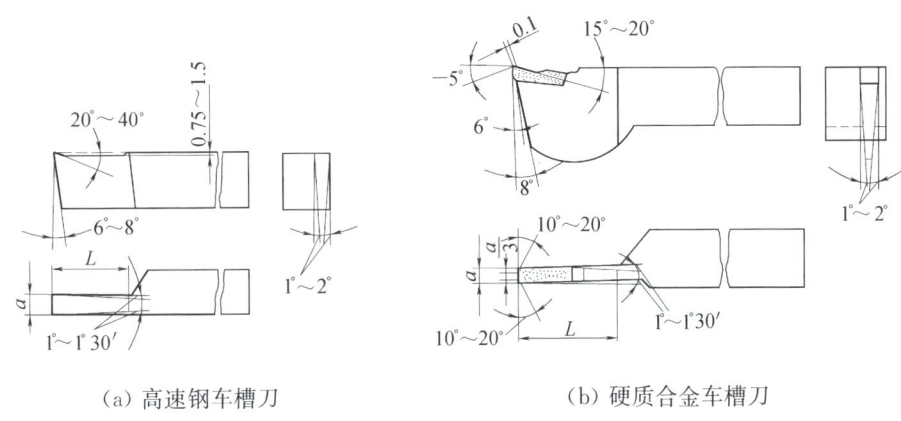

(a) 高速钢车槽刀　　　　　　　　(b) 硬质合金车槽刀

图 2-34　切断刀（车槽刀）

二、焊接车刀

焊接车刀是由刀片和刀柄通过镶焊连接成一体的车刀。一般刀片选用硬质合金,刀柄选用 45 钢。焊接车刀的优点是结构简单,制造方便,刀具刚度高,使用比较灵活。

刀杆的截面形状有矩形、正方形和圆形 3 种。矩形和正方形刀杆常用于外圆、端面、切断等车刀,圆形刀杆主要用于内孔车刀。矩形和正方形刀杆截面尺寸一般可按车床中心高选取,见表 2-3。

表 2-3　常用车刀刀杆截面尺寸

车床中心高/mm	150	180～200	260～300	350～400
矩形刀杆/mm	12×20	16×25	20×30	25×40
正方形刀杆/mm	16×16	20×20	25×25	30×30

刀头形状分为直头与弯头两大类。直头车刀简单,便于制造；弯头车刀通用性好,典型的是 45°弯头车刀。

三、硬质合金机械夹固式车刀

硬质合金机械夹固式车刀分为机夹式重磨车刀（机夹车刀）与可转位车刀两种。其共同之处是刀片不经焊接,而是用机械夹固的方式将刀片夹持在刀杆上。

1. 机夹式重磨车刀（机夹车刀）

机夹式重磨车刀是将普通硬质合金刀片夹固在刀杆上。切削刃用钝后,只要卸下刀片刃磨，重新安装之后即可继续使用。

此种车刀的主要优点是由于刀片不经高温焊接，可避免因此而产生的硬度下降、裂纹、崩刃等缺陷，提高了刀具耐用度，刀杆可多次重复使用，刀片可集中刃磨，能保证刃磨质量，有利于生产质量和效率的提高，也降低了成本。

机夹式车刀的结构形式很多，按刀片的夹紧方式分有以下3种。

（1）上压式　利用螺钉和压板将刀片紧固在刀杆上，如图2-35所示。

（2）侧压式　利用刀片的斜面，由楔块和螺钉从侧面进行夹紧，如图2-36所示。

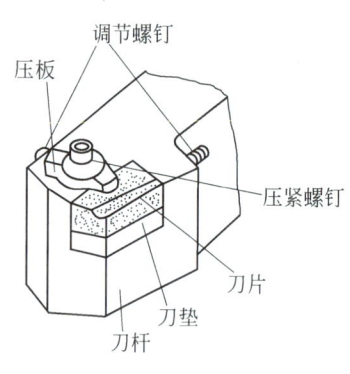

图2-35　上压式车刀

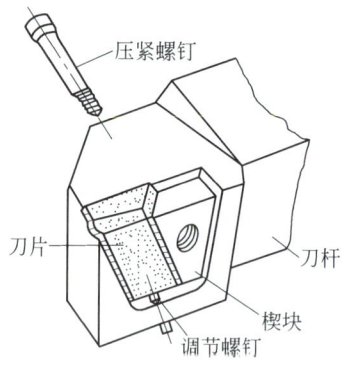

图2-36　侧压式车刀

（3）切削力夹紧式　车刀在车削时，利用切削力将刀片夹紧在1∶30的斜槽中，其结构简单，使用方便，但要求刀槽与刀片配合精度高，切削时无冲击和振动，如图2-37所示。

2. 可转位车刀

可转位车刀是将硬质合金或陶瓷可转位刀片利用机械方法进行夹固的车刀，如图2-38所示。所用的硬质合金、陶瓷刀片由专门的生产厂模压成形。刀片的种类很多，每种刀片均具有3个以上供转位切削用的刀刃和供切削时选用的几何参数。当一个刀刃用钝后，松开夹紧装置，将刀片转换一个新刃口，夹紧后即可继续切削，直到所有的刀刃都用钝后，才需更换新刀片。换下的刀片也不再需重新刃磨，这样刀具的参数不受磨刀水平影响，是当前重点推广的刀具。

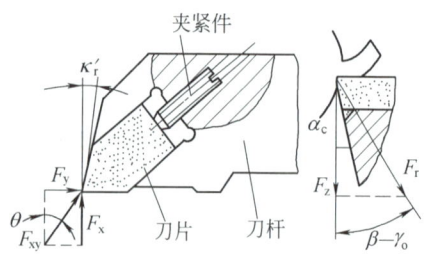

图2-37　切削力夹紧式车刀

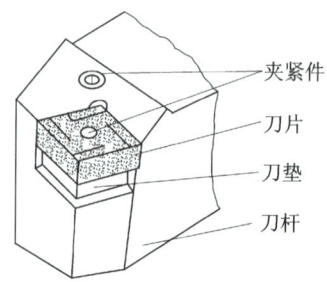

图2-38　可转位车刀

(1) 可转位刀片的型号　GB/T 2076—2021《切削刀具用可转位刀片 型号表示规则》规定了可转位刀片的型号。型号由按顺序排列的字母和数字组成,共有 10 位代号,从左至右分别表示刀片形状、法后角、精度等级、结构特征、切削刃长度、刀片厚度、刀尖圆弧半径、刃口形式、切削方向、断屑槽型号和宽度。

(2) 夹紧机构　夹紧机构有偏心式、杠杆式、上压式和孔压式等结构。

① 偏心式　偏心式夹紧机构是利用螺钉上部的偏心销将刀片夹紧,如图 2-39 所示。自锁靠螺钉,其结构简单、紧凑、操作方便,但不能双边定位。当偏心量过小时,要求刀片制造的精度高;若偏心量过大,则在切削力冲击下容易使刀片松动。因此,偏心式夹紧机构适用于连续、平稳的切削场合。

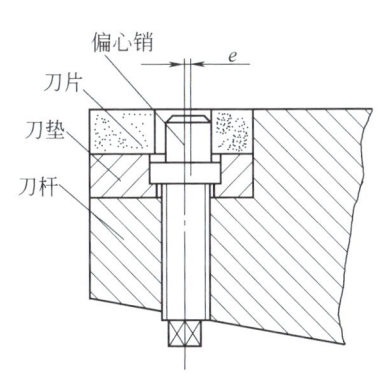

图 2-39　偏心式夹紧机构

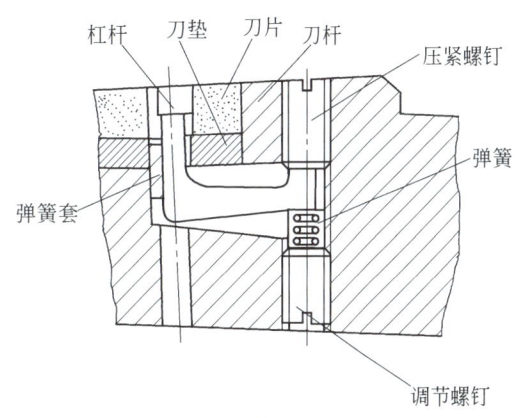

图 2-40　杠杆式夹紧机构

② 杠杆式　杠杆式夹紧机构是利用杠杆原理夹紧刀片的,如图 2-40 所示。当转动压紧螺钉时,推动杠杆产生夹紧力,将刀片定位夹紧在刀槽侧面上。该结构的特点是定位精度高、夹固可靠,但结构复杂。

虽然可转位车刀不需重磨,有很多优点,是发展的必然趋势,但目前它还不能全部取代机夹式重磨车刀,其灵活性和适应性不如可重磨车刀好。此外,由于结构的限制,可转位车刀难以加工一些尺寸较小的内表面。

四、车刀的手工刃磨

1. 砂轮的合理选择

常用的磨刀砂轮有两种:一种是白色氧化铝砂轮,另一种是绿色碳化硅砂轮。白色氧化铝砂轮用来刃磨高速钢车刀和硬质合金车刀的刀杆部分,绿色碳化硅砂轮用来刃磨硬质合金车刀。

2. 车刀的刃磨方法

现以 90°焊接式硬质合金外圆车刀为例,说明车刀刃磨方法。

(1) 磨去车刀上的焊渣及磨平车刀底面。

(2)磨刀杆后面和副后面　磨刀杆后面时,按车刀主偏角的大小使刀杆向左偏斜,使刀杆与砂轮轴线保持平行,将刀头翘起一个比后角大 2°~3°的角度;磨刀杆副后面时,按车刀副偏角的大小使刀杆向右偏斜,将刀头翘起一个比副后角大 2°~3°的角度。刃磨时,车刀要左右缓慢移动,使砂轮磨损均匀,如图 2-41 所示。

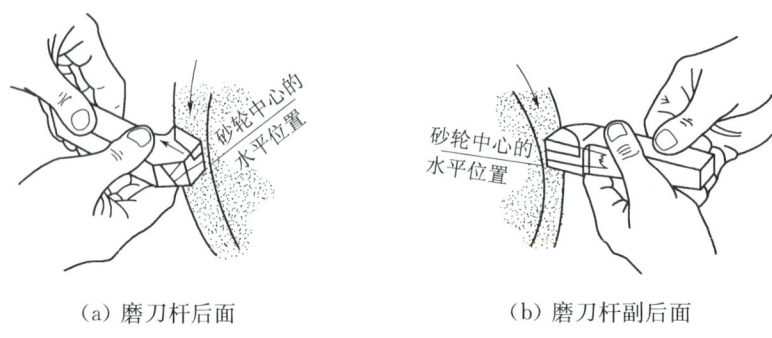

(a)磨刀杆后面　　　　　　　(b)磨刀杆副后面

图 2-41　磨刀杆后面和副后面

(3)磨车刀后面和副后面　磨后面时,按车刀主偏角大小使刀杆向左偏斜,使刀杆与砂轮轴线保持平行,将刀头翘起一个后角大小的角度,使后面自上而下慢慢接触砂轮刃磨;磨副后面时,按车刀副偏角大小使刀杆向右偏斜,将刀头翘起一个副后角大小的角度,使副后面自下而上慢慢接触砂轮刃磨。刃磨时,车刀要左右缓慢移动,使砂轮磨损均匀,如图 2-42 所示。

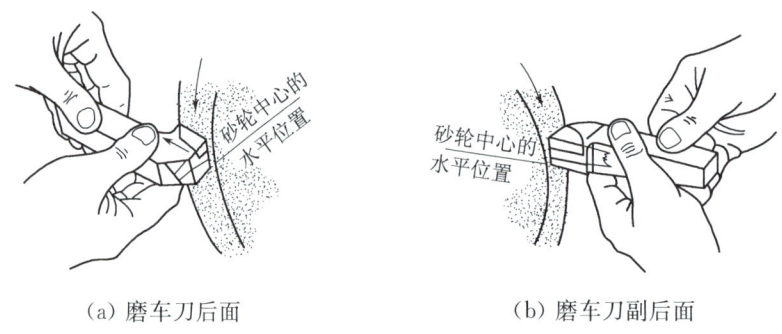

(a)磨车刀后面　　　　　　　(b)磨车刀副后面

图 2-42　磨车刀后面和副后面

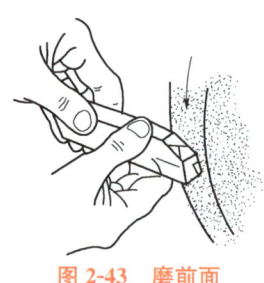

图 2-43　磨前面

(4)磨前面　刃磨前面时,一般采用砂轮圆周面磨削,如图 2-43 所示,刀杆尾部下倾,按前角大小倾斜前面,主切削刃以刀尖为中心,旋转一个刃倾角后,使前面自下而上慢慢接触砂轮刃磨。

(5)磨断屑槽　刃磨圆弧形断屑槽时,须先将砂轮外圆和端面的交角处用金刚石笔(或用硬砂条)修磨成相应的圆弧;刃磨时,刀尖可向下磨或向上磨,如图 2-44 所示,选择刃磨的部位时,应考虑留出刀头倒棱的宽度。刃磨的起点位置应该与刀尖和主切削刃离开一定距离(等于断屑槽宽度的 1/2 再加上倒棱的宽度),以防止主切削刃和刀尖被磨塌。磨削时,不能用力过大,车刀应沿刀杆方向作上下缓慢移动。

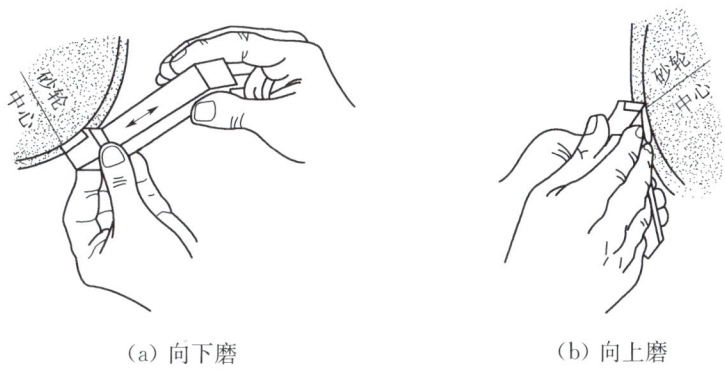

(a) 向下磨　　　　　　　　(b) 向上磨

图 2-44　磨断屑槽

(6) 磨倒棱　磨倒棱可采用直磨法和横磨法。采用直磨法时,刀杆竖直放置,前面面向砂轮端面并旋转一个等于刃倾角值的角度,使主切削刃与砂轮端面平行,然后再使刀杆逆时针旋转一个等于倒棱前角值的角度,如图 2-45a 所示。采用横磨法时,刀杆水平放置,前面面向砂轮端面并旋转一个等于刃倾角值的角度,使主切削刃与砂轮端面平行,然后再使刀杆顺时针旋转一个等于倒棱前角值的角度,如图 2-45b 所示。刃磨时,用力要轻微,车刀要沿主切削刃的后端向刀尖方向摆动,当磨出的倒棱与断屑槽相接,并且其宽度约等于所要求的宽度的 1.5～2 倍时,即可结束刃磨。否则,将会影响断屑槽的形状、尺寸或影响下一道刃磨工序。为了保证切削刃的质量最好采用直磨法。

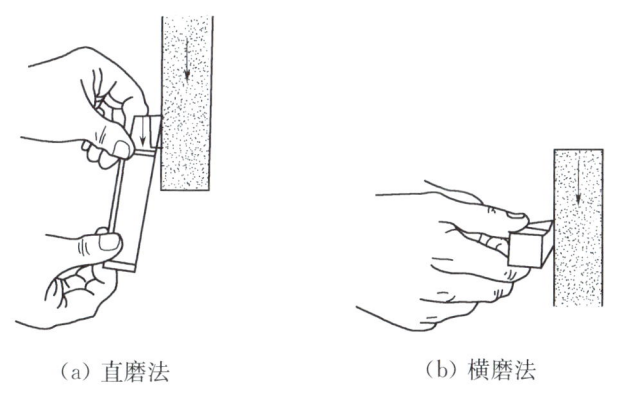

(a) 直磨法　　　　　　　　(b) 横磨法

图 2-45　磨倒棱

(7) 磨刀尖过渡刃　过渡刃有直线形和圆弧形两种。刃磨直线形过渡刃时,刀尖上翘一个等于后角的角度,车刀主切削刃与砂轮端面成一个大致等于主偏角一半值的角度,然后,再用很小的力,缓慢地把刀尖向砂轮推进,左右移动或摆动刃磨。当磨出的过渡刃长度符合要求时(一般等于背吃刀量的 1/3～1/4)即可结束刃磨。刃磨圆弧形过渡刃时,刀尖上翘一个等于后角的角度,车刀刀尖与砂轮端面轻微接触后,刀杆基本上以刀尖为圆心,在主、副切削刃与砂轮端面的夹角大致等于15°的范围内,缓慢、均匀地转动,此时用力要轻微,推进要慢。当磨出的刀尖圆角符合刀尖圆弧半径的要求,即可结束刃磨,如图2-46所示。

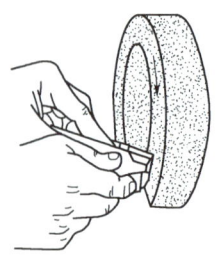 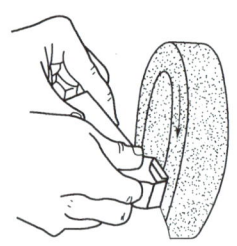

(a) 磨直线形过渡刃　　　　　(b) 磨圆弧形过渡刃

图 2-46　磨刀尖过渡刃

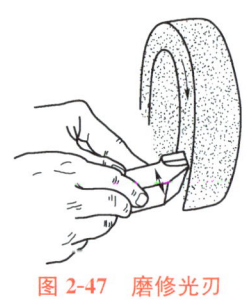

（8）磨修光刃　刀尖上翘一个等于副后角值的角度,使主切削刃与砂轮端面垂直(即使主切削刃与砂轮端面所交的角度等于主偏角值),然后沿着与砂轮端面垂直的方向,用极轻微的力,缓慢地推动刀杆进行刃磨,如图2-47所示。

（9）研磨刀刃　研磨时,常用油石加些机油,然后在刀刃附近的前面和后面以及刀尖处贴平进行研磨,直到车刀表面光洁,看不出磨削痕迹为止。这样既可以使刀刃锋利,又能增加刀具的耐用度。

图 2-47　磨修光刃

3. 刃磨车刀时的注意事项

（1）新安装的砂轮必须经过严格检查,经试转合格后才能使用。

（2）磨刀时须戴防护镜,砂轮必须装有防护罩。

（3）砂轮磨削表面须经常修整。

（4）磨刀时,操作者应尽量避免正对砂轮,应站在砂轮的侧面。

（5）磨刀时,不要用力过猛,以防打滑而伤手。

（6）在平形砂轮上刃磨刀具时,尽量避免使用砂轮的侧面。

（7）刃磨高速钢车刀时,应及时冷却,以防刀刃退火,致使硬度降低。而刃磨硬质合金车刀时,则不能把刀头部分置于水中冷却,以防刀片因骤冷而崩裂。

第四节　车削加工方法

一、车外圆

车外圆是车削加工中基本的操作。

1. 车外圆常用的车刀

90°偏刀、45°弯头车刀、75°直头外圆车刀是车外圆的3种基本刀具。

车削加工时，车刀应正确安装才能保证合理的几何角度，发挥刀具的效能。**首先，刀具在方刀架上伸出的长度应尽量短一些**，以提高刀具的刚度；**其次，车刀的刀尖应和机床主轴中心等高**，才能保证工作时刀具的前角、后角不发生变化，与刃磨出的角度相等。如果将车刀装得高于机床主轴中心会使车刀前角增大，后角减小；如果将车刀装得低于机床主轴中心会使车刀前角减小，后角增大。在粗车时有时为了提高切削效率，以使前角增大些，可使车刀稍装高于机床主轴中心；精车时可使车刀稍装低于机床主轴中心。如果将车刀装偏会使主偏角及副偏角发生变化。

2. 工件装夹方式的选择

车外圆时工件的装夹有几种不同的方式，每种装夹方式都具有各自的特点，各有利弊，应根据工件的尺寸、形状、加工要求、生产批量等情况综合考虑选择装夹方式。主要注意以下方面。

（1）形状不规则、尺寸较大的单件或小批量毛坯工件，应当采用四爪单动卡盘装夹，当四爪单动卡盘上不便装夹时，可考虑在花盘或花盘弯板上装夹；中批以上生产中，应考虑采用专用夹具进行装夹。

（2）对于车外圆后，尚需铣削、磨削等加工较长的轴类或丝杠类工件，应当采用双顶尖装夹，并用拨盘、鸡心夹头配合。

（3）对于较重的长轴类工件，粗车外圆时应采用一端用卡盘，另一端用顶尖的装夹方式。

（4）对于已加工有内孔，且内孔与外圆有同轴度要求、长度较短的工件，可采用心轴进行装夹。

（5）对于车削长径比较大、或需调头加工的长轴，可采用中心架装夹。

（6）对于切削余量较小且不允许调头加工的细长光轴精车，可采用跟刀架装夹。

3. 外圆车削的步骤

（1）外圆车削可分粗车、半精车、精车。车削开始前应首先确定粗车、半精车、精车余量。

（2）粗车时应在充分发挥刀具和机床性能的条件下，背吃刀量尽可能取得大些，尽可能在一次工作行程中车完粗加工余量。对于锻、铸件外圆，因表皮较硬或有型砂，为避免刀具磨损，应先在工件上倒角，然后选较大背吃刀量车削。

（3）在精加工时，用试切法控制尺寸。切削时，仅靠刻度盘定切削时的背吃刀量，难以保证精度，在单件小批生产中，试切法是获得尺寸精度的常用方法。精车时，可采用硬质合金刀具高速精车，或者用高速钢宽刃刀具低速精车。

（4）粗车后需经调质或正火的工件，应考虑热处理变形对工件的影响，留出1.5～2.5 mm余量。

（5）需磨削加工的工件，可不必精车，半精车时留出磨削余量即可。单件小批生产中对只需精车的工件，如果表面粗糙度达不到要求，可适当地用砂布或锉刀抛光。

（6）开始车外圆前，应先车一刀端面，以便加工时确定长度方向尺寸。

（7）车阶梯轴时，应先加工较大直径外圆，后加工小直径外圆。

二、车圆锥面

车圆锥面是车削加工中一项较难的操作,它除了对尺寸精度、几何精度和表面粗糙度有要求外,还有角度或锥度的精度要求。对于要求较高的圆锥面,要用圆锥量规进行涂色法检验,以接触面积大小和尺寸评定其精度。

在车床上加工圆锥面常用以下 2 种方法。

车短锥

1. 小滑板转位法

小滑板转位法车锥面如图 2-48 所示,当内、外锥面的圆锥角度为 α 时,将小刀架转位 $\dfrac{\alpha}{2}$ 就可以加工。此方法操作简单,可加工任意锥角的内外圆锥面。但它只能手动进给,加工长度较短。

由于小滑板转的角度不可能那么准确,因此车锥面是在边车,边测量,边调小滑板角度情况下进行的。当车外锥时,检测工具可用套规,万能角度尺;车内锥时,用塞规涂色法检测。

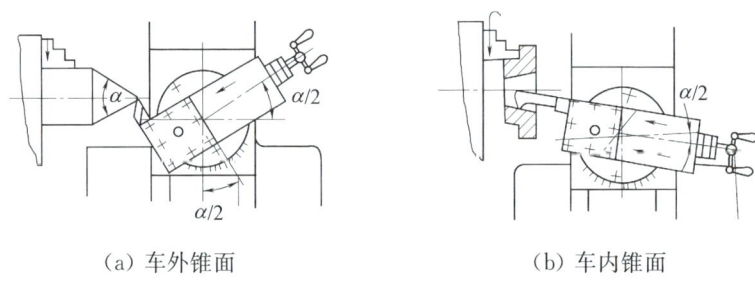

(a) 车外锥面　　　　　(b) 车内锥面

图 2-48　小滑板转位法车锥面

车长锥

2. 尾座偏移法

尾座偏移法车锥面如图 2-49 所示,这种办法只能加工轴类工件或者安装在心轴上的盘套类工件的锥面。将工件或心轴装夹在前、后顶尖之间,把后顶尖向前或向后偏移一定距离 s,使工件回转轴线与车床主轴轴线的夹角等于圆锥半角 $\dfrac{\alpha}{2}$,即可自动走刀车削锥面。这种方法只适宜加工长度较长,锥度较小,精度要求不高的工件,而且不能加工内锥面。

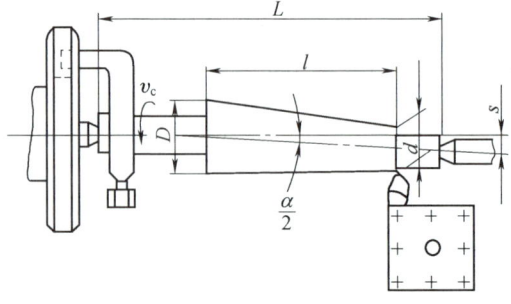

图 2-49　尾座偏移法车锥面

三、车螺纹

车螺纹是车削加工中常见的操作。虽然螺纹的种类很多,但是加工的原理都是相同的。

螺纹加工

1. 刀具的刃磨

(1) 三角形螺纹车刀的刃磨 普通螺纹车刀的刀尖角应为 60°,英制螺纹为 55°,刀具背前角 γ_p 应为 0°,车刀的后角受螺纹螺旋升角的影响,两侧的后角应磨得不同,但螺距不大时可以相同。

用高速钢刀具低速车螺纹时,前角小很难把螺纹车光滑,当采用背前角 $\gamma_p = 5° \sim 15°$ 时,加工很顺利。但是由于刀刃不通过工件轴线,被车出螺纹牙型不是直线,是曲线,这种误差对要求不高的螺纹可以不考虑;但是较大的前角对刀尖角影响较大。当 $\gamma_p = 10° \sim 15°$ 时,车刀的刀尖角应减少 40′~1°40′。当螺纹精度要求较高时,高速钢车刀背前角 γ_p 取 0°~5°,硬质合金车刀背前角 γ_p 取 0°。硬质合金刀适用于高速车削螺纹,但会使螺纹的牙型角扩大,因此,刀尖角应减少 30′。当车削硬度较高的螺纹时,在两条切削刃上应磨出宽 0.2~0.4 mm 的倒棱,其前角 $\gamma_o = -5°$。磨刀是否正确可用样板检查。

(2) 矩形、梯形螺纹车刀的刃磨 车螺纹时,因受螺旋线的影响,切削平面与基面的位置将发生变化,使工作时的前角和后角与刃磨出的前角和后角不同,变化的程度取决于螺纹升角的大小。矩形螺纹、梯形螺纹、多线螺纹往往导程较大,螺纹升角较大,因此在刃磨时要注意这一问题。

① 车刀两侧后角的变化 车刀两侧工作后角一般取 3°~5°,如图 2-50 所示。当车削右旋螺纹时,由于切削平面的倾斜,会使车刀左侧工作后角减少螺纹升角 ψ,可能使车刀不能正常工作。因此,车刀左侧刃磨后角 α_{oL} 应等于工作后角加上螺纹升角 ψ。为了保证车刀强度,车刀右侧刃磨后角 α_{oR} 应等于工作后角减去螺纹升角 ψ。

$$\alpha_{oL} = (3° \sim 5°) + \psi$$
$$\alpha_{oR} = (3° \sim 5°) - \psi$$

车削左旋螺纹时,情况相反。

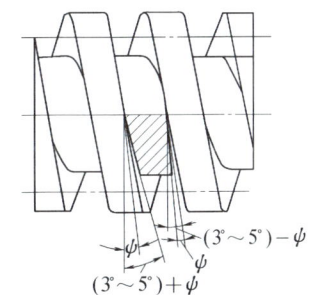

图 2-50 螺纹升角对车刀两侧后角的影响

② 车刀两侧前角的变化 由于基面位置的变化,车刀两侧的工作前角变得与刃磨前角不相等,如图 2-51 所示。若车削右旋螺纹,车刀两侧的刃磨前角为 0°,则右侧工作前角 γ_{oeR} 成为负值,切削困难。为了改善切削状态,将车刀的前面垂直于螺纹螺旋线装夹,即法向安装,则刀具的左右工作前角相等,$\gamma_{oeL} = \gamma_{oeR} = 0°$;也可水平安装刀具,在前面两侧刃处磨出大的卷屑槽以增大前角,使加工顺利。但加工导程大的蜗杆时,整体式车刀做到法向安装比较困难,用如图 2-52 所示的回转刀杆,可实现法向装刀,即将头部相对刀杆回转一个螺纹升角,然后用螺钉紧固。

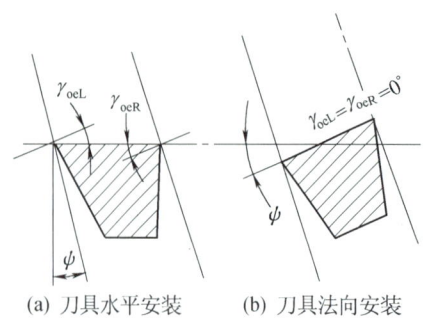

图 2-51 螺纹升角对车刀两侧前角的影响

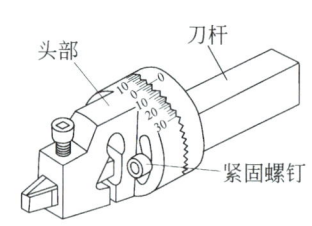

图 2-52 可回转刀杆

2. 刀具的安装

螺纹车刀安装时,刀尖应与工件螺纹轴线等高,刀尖角的平分线应与工件的轴线垂直,这样才能保证螺纹牙型的正确。螺纹车刀常用样板找正刀具位置进行安装,如图 2-53 所示。

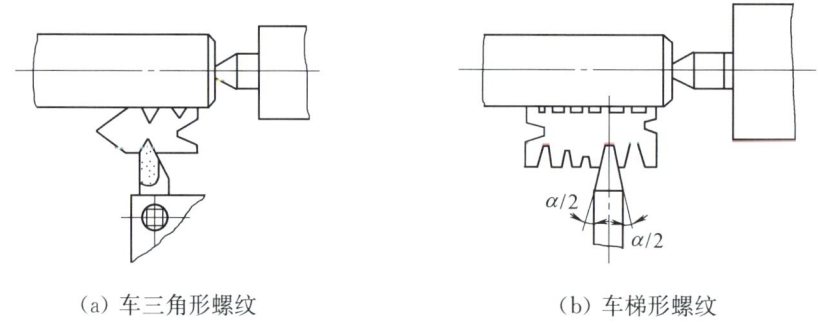

图 2-53 螺纹车刀的安装

3. 螺纹的车削方法

(1) 直进法 车削过程中,在车刀每次纵向进给后,车刀沿横向进刀,通过多次纵向进给与横向进刀完成车削工作。用该方法车削时,车刀两侧刃同时切削,容易产生扎刀现象,常用于切削小螺距的三角形螺纹。

(2) 左右切削法 车削过程中,车刀除横向进刀外,还利用小滑板把车刀向左或向右微量进给,这样重复几次把螺纹车好。这种方法是使车刀单刃进行切削,受力得到改善,可获得表面粗糙度值较小的表面。粗车时,为操作方便,小滑板可向一个方向移动,而精车时必须使小滑板一次向左一次向右移动,以修光两侧面,精车最后一两刀可采用直进法,以保证牙型正确。

4. 乱扣及预防乱扣的方法

一般车削螺纹需要经过反复多次纵向进给切削来完成,如果后一次走刀时车刀刀尖不正对着前一刀车出的螺纹槽,而存在着偏左或偏右现象时,将会车乱螺纹,这种现象称为乱扣。

产生乱扣的主要原因是当丝杠转一转时，工件没转过整数转。车螺纹时，工件和丝杠都在旋转，提起开合螺母之后，至少要等丝杠转一转，才能重新按下。当丝杠转过一转时，工件转了整数转，车刀就能进入前一刀车出的螺旋槽内而不乱扣。如丝杠转一转之后，工件没有转整数转，就会产生乱扣。当 $\dfrac{P_丝}{P_工}$ =整数时不乱扣，不是整数时是乱扣的。

此外，在 CA6140 型卧式车床上车英制螺纹、模数螺纹也都是乱扣的。

车不乱扣的螺纹时，可以打开开合螺母进行退刀。

预防乱扣的方法是在车削过程中不能随意打开、合上开合螺母，而是采用开正反车的方法。即在第一次行程结束时，继续保持开合螺母闭合状态，把刀沿径向退出后，将主轴反转，使车刀沿纵向退回，再进行下一次切削。这样在往复过程中，因主轴、丝杠和刀架之间的传动始终没有分离过，就不会产生乱扣现象。

5. 多线螺纹的分头方法

多线螺纹分头方法很多，比较简单的是小滑板刻度分头法，如图 2-54a 所示，即先把小滑板导轨校准与主轴轴线平行，在车好一条螺旋槽后，利用小滑板刻度，使车刀沿轴向移动一个轴向齿距（螺距）。此方法分头精度不高，适用于精度要求不高的螺纹。对于精度要求高的多线螺纹，可用百分表分头法，如图 2-54b 所示，即当车好一条螺旋槽后，用百分表控制小滑板的轴向移动距离。

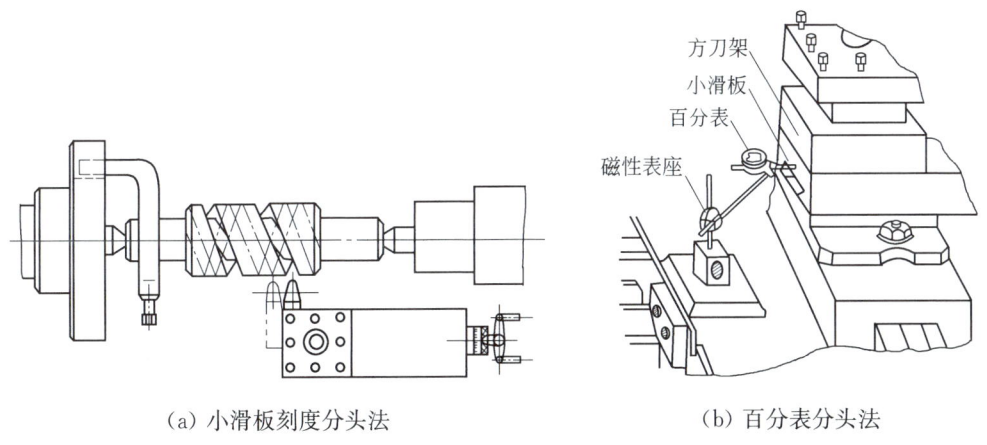

(a) 小滑板刻度分头法　　　　(b) 百分表分头法

图 2-54　多线螺纹分头方法

6. 对刀方法

在车削过程中如换刀或磨刀后，均应重新对刀，对刀方法如图 2-55 所示，先闭合开合螺母，使车刀处于位置 1，开车将刀架向前移一段距离，使车刀处于位置 2，以消除丝杠与螺母之间间隙，再摇小滑板和中滑板使车刀落入原来的螺纹槽中，车刀处于位置 3，横向退刀后，再将车刀移至工件右端面外，以便继续车削。

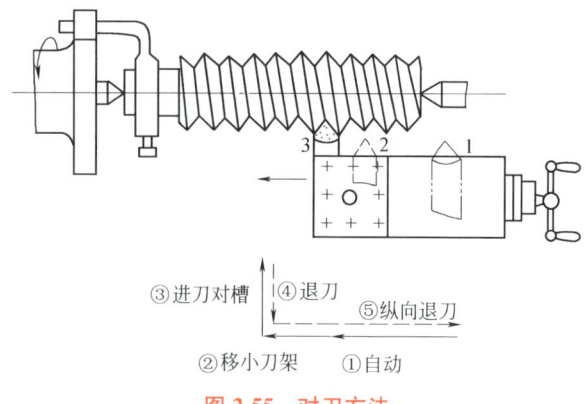

图 2-55 对刀方法

7. 普通螺纹的高速切削

普通螺纹如果采用高速钢车刀加工,只能用比较低的切削速度,而且背吃刀量小,走刀次数多,如车削螺距 2 mm 的螺纹,一般至少需 12 次走刀。如果用硬质合金车刀,可采用很高的切削速度,较少的走刀次数,故生产率大大提高,加工质量也好,其具体方法如下:

用硬质合金车刀,采用切削速度为 50~100 m/min,用直进法进刀,切屑垂直轴线排出或呈球状较为理想。切削加工时不能用左右进刀法,这样切屑会把另一侧螺纹表面拉毛。

当高速切削外螺纹时,受车刀的挤压会使螺纹的径向尺寸胀大。因此,车螺纹前的外圆直径应比螺纹大径小。例如,材料为中碳钢,车削公制螺纹,螺距为 1.5~3.5 mm 时,外径可小 0.2~0.4 mm。

拓展阅读

螺纹加工方法拓展

当高速切削内螺纹时,车削内螺纹前的孔径应比内螺纹小径大一些,可按下列公式近似计算。

塑性金属　　$D_孔 \approx d - P$

脆性金属　　$D_孔 \approx d - 1.05P$

为确保加工出合格的零件,需要按牙型高度公式 $h_1 = 0.5413P$,计算出牙型高度,分配每次的背吃刀量,开始粗车大一些,一般为 0.2~0.3 mm,精车 0.1~0.15 mm。加工螺距 1.5 mm 的螺纹,只需 3~5 次走刀,即可加工完毕。螺距大时取进刀次数多些,最后一次精车背吃刀量不能小于 0.1 mm。加工完后可用量具进行检验。

四、技能训练

【项目描述】根据图 2-56 所示的螺纹轴零件图,在车床上完成该零件的加工,并对加工后的零件进行检验。毛坯选择 ϕ50 mm×80 mm 棒料。

【项目要求】

(1) 分析零件图要求。

(2) 确定合理的加工步骤。

(3) 合理选择每一个加工步骤所用设备型号、车刀、量具及切削用量。

(4) 正确安装工件与车刀。

(5) 按照已确定的加工步骤,加工出符合图纸要求的零件并检验。

(6) 严格执行车工安全操作与文明生产的各项规定。

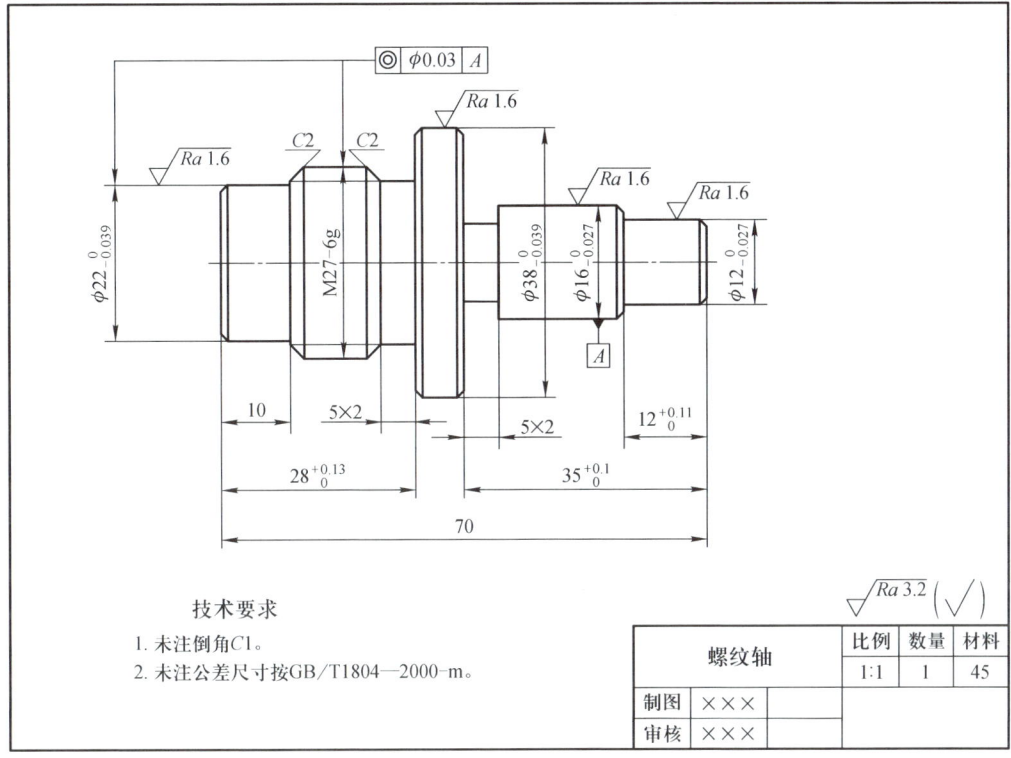

图 2-56 螺纹轴

习题与思考题

2-1 车削加工有哪些特点?

2-2 叙述互锁机构的功用以及 CA6140 型卧式车床都有哪些互锁机构类型；从纵、横机动进给操纵机构图（图 2-11）中，车螺纹如何能与纵、横向机动进给互锁？

2-3 判断下列结论是否正确，并说明理由。
  (1) 车公制螺纹转换为车英制螺纹，用同一组挂轮，但要转换传动路线。
  (2) 车模数螺纹转换为车径节螺纹，用同一组挂轮，但要转换传动路线。
  (3) 车公制螺纹转换为车模数螺纹，用英制传动路线，还要改变挂轮。
  (4) 车英制螺纹转换为车径节螺纹，用英制传动路线，但要改变挂轮。

2-4 车床上的附件有哪些？各有何用途？

2-5 叙述常用车刀的种类与应用。为什么机夹可转位车刀是当前重点推广的刀具？

2-6 车削外圆时，应如何选择工件的装夹方式？

2-7 在车床上车削圆锥面有几种方法？各有何优缺点？

2-8 车削各种螺纹，需考虑的共同问题有哪些？

技能训练

车削加工

案例分析

车削加工 1

案例分析

车削加工 2

第三章 铣削加工

知识要求

★ 掌握铣削加工的特点与工艺范围
★ 了解铣床种类,掌握 X6132 型卧式铣床的结构、组成部件及各部分功用
★ 掌握铣床常用附件的主要结构和使用方法,铣刀的种类与用途
★ 掌握铣削用量、顺铣、逆铣、周铣、端铣、对称端铣、不对称顺铣、不对称逆铣等概念
★ 掌握典型表面的铣削加工方法

技能要求

★ 具备根据生产条件和工艺要求,正确选用铣削方法、铣床、铣刀与铣削用量的能力
★ 具备安装铣刀的能力
★ 具备对典型表面进行铣削加工的能力

第一节 铣削加工概述

一、铣削加工特点

微视频
铣削加工概述

铣削加工是在铣床上使用旋转多刃刀具,对工件进行切削加工的方法。它是对平面、沟槽加工的最基本方法。铣削加工时,铣刀的旋转是主运动,铣刀或工件沿坐标方向的直线运动或回转运动是进给运动。

铣刀的每一个刀齿相当于一把车刀,同时有多个刀齿参加切削。就其中一个刀齿而言,其切削加工特点与车削基本相同;但就铣刀整体而言,铣削过程又有特殊之处。铣削加工的特点主要表现在以下方面。

1. 铣削加工生产率高

由于多个刀齿参与切削,切削刃的作用总长度长,金属切除率大,每个刀齿的切削过程不连续,刀体体积又较大,因此散热、传热情况较好。铣削速度可以很高,其切削用量也可以很大,故铣削生产率很高。

2. 断续切削

铣削时,每个刀齿依次切入和切出工件,形成断续切削,而且每个刀齿的切削厚度是变化的,使切削力变化较大,工件和刀齿受到周期性冲击和振动。铣削加工过程不平稳,这就要求机床和夹具具有较高的刚性和抗振性。

铣削力的冲击、振动和铣削温度的变化,还会降低刀具的使用寿命和工件表面质量。一般来说,铣削主要属于粗加工和半精加工的范畴。

3. 同一种表面可以选用不同的铣削方式以及不同的铣床和铣刀

同一种表面可用不同的铣刀、不同的铣削方式和不同的铣床进行加工。如铣平面，可以用面铣刀、圆柱铣刀、立铣刀等，可采用逆铣或顺铣方式，可采用卧式铣床或立式铣床。这样可以适应不同工件材料和不同切削条件的要求，以提高切削效率和刀具使用寿命。

二、铣削工艺范围

铣削加工范围很广，几乎没有一种刀具有铣刀如此多的类型和形状。如图 3-1 所示，用不同类型的铣刀，可进行平面、台阶面、沟槽、切断和成形表面等加工。此外，在铣床上还可以安装孔加工刀具，如钻头、铰刀、镗刀来加工工件上的孔。

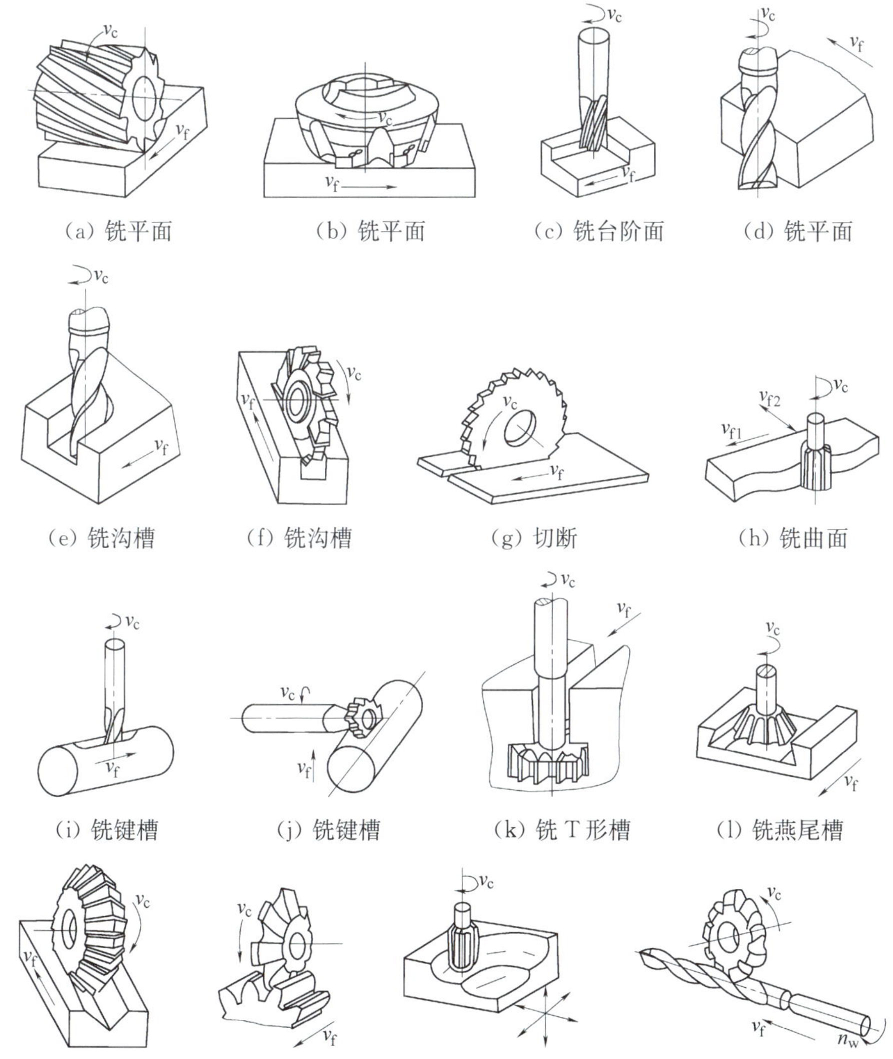

(a) 铣平面　(b) 铣平面　(c) 铣台阶面　(d) 铣平面

(e) 铣沟槽　(f) 铣沟槽　(g) 切断　(h) 铣曲面

(i) 铣键槽　(j) 铣键槽　(k) 铣 T 形槽　(l) 铣燕尾槽

(m) 铣 V 形槽　(n) 铣成形面　(o) 铣型腔　(p) 铣螺旋槽

图 3-1　铣削加工的应用

铣削可对工件进行粗加工、半精加工或精加工。铣削加工的精度范围一般为 IT7~IT13,表面粗糙度 Ra 值为 12.5~1.6 μm。

三、铣削用量

铣削加工时,铣刀上相邻两个刀齿在工件上先后形成的两个过渡表面之间的一层金属层称为切削层。铣削时切削用量决定着切削层的形状和尺寸,而切削层的形状和尺寸对铣削过程有很大的影响。

根据切削刃在铣刀上分布位置的不同,铣削可分为周铣和端铣。用分布于铣刀圆柱面上的刀齿进行的铣削称为周铣;用分布于铣刀端面上的刀齿进行的铣削称为端铣,如图3-2所示。铣削加工的切削用量称为铣削用量,铣削用量包括铣削速度、进给量、背吃刀量、铣削宽度。

1. 铣削速度 v_c

铣刀切削刃选定点相对工件的主运动的瞬时速度称为铣削速度,计算式为

$$v_c = \frac{\pi d n}{1\,000} \tag{3-1}$$

式中: v_c——铣削速度,m/min 或 m/s;
$\quad\quad d$——铣刀直径,mm;
$\quad\quad n$——铣刀转速,r/min 或 r/s。

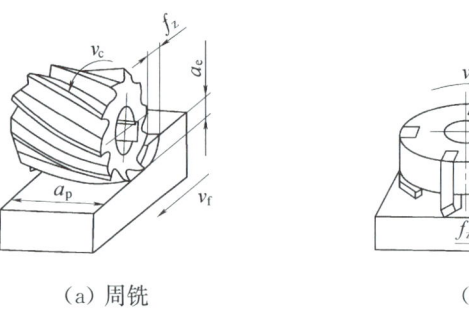

(a) 周铣　　　　　　　(b) 端铣

图3-2　铣削用量要素

2. 进给量

铣削时工件与铣刀在进给运动方向上的相对位移量称为进给量。进给量有三种表示方法。

(1) 每齿进给量 f_z　是指铣刀每转过一齿相对工件在进给运动方向上的位移量,单位为 mm/z。

(2) 每转进给量 f　是指铣刀每转过一转相对工件在进给运动方向上的位移量,单位为 mm/r。每齿进给量 f_z 与每转进给量 f 的关系为 $f_z = \dfrac{f}{z}$,其中 z 为刀具齿数。

(3) 进给速度 v_f　是指单位时间内工件与铣刀的相对位移,单位为 mm/min。

三者之间的关系为

$$v_f = fn = f_z zn \tag{3-2}$$

3. 背吃刀量 a_p

平行于铣刀轴线测量的切削层尺寸称为背吃刀量。如图 3-2 所示，端铣时，背吃刀量为切削层深度；周铣时，背吃刀量为被加工表面的宽度。

4. 铣削宽度 a_e

垂直于铣刀轴线测量的切削层尺寸称为铣削宽度。如图 3-2 所示，端铣时，铣削宽度为被加工表面宽度；周铣时，铣削宽度为切削层深度。

四、铣削加工的安全操作与文明生产

铣削加工安全操作与文明生产

1. 安全操作

（1）工作时必须穿工作服、戴防护镜，不允许戴手套操作机床，女性应戴工作帽。

（2）开机前，应认真检查各手柄位置是否正确，各进给运动方向自动停止挡铁是否紧固在最大行程以内；开动铣床后，应使主轴低速空转 1~2 min，待运转正常后才能工作。

（3）铣床开动时，不允许用手触摸工件表面，不允许测量工件；机动进给完毕，应先停止进给再停止铣刀旋转。

（4）工作完毕，应将有关操纵手柄放在"空挡"位置上，关闭电源。

2. 文明生产

（1）保持工作环境清洁，物品摆放整齐、位置合理。
（2）正确使用工具，爱护工具，保持图纸和工艺文件清洁、完整。
（3）主轴及进给变速必须先停机。
（4）工作完毕后，应将用过的物品擦净归位，清理铣床及周围卫生，按规定加注润滑油。

第二节 铣 床

一、铣床的种类

铣床的种类很多，其中升降台铣床和龙门铣床为基本类型。为适应不同的加工对象和生产类型，还派生出如摇臂及滑枕铣床、工具铣床、仿形铣床等。此外，还有各种专门化铣床、专用铣床，如钻头铣床、凸轮铣床等。

下面先对基本类型铣床作简要介绍，再重点介绍 X6132 型卧式万能升降台铣床及铣床附件。

1. 升降台铣床

这类铣床的特点是，具有能沿床身竖直导轨上下移动的升降台，工作台可实现在相互垂

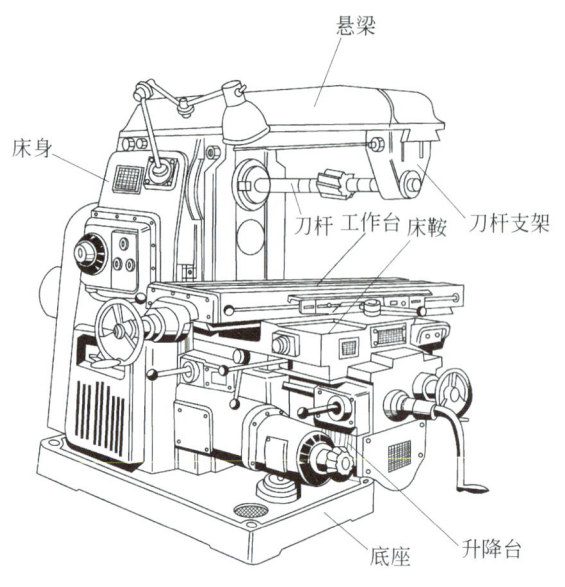

图 3-3 卧式升降台铣床

铣床结构

直的三个方向上调整位置和完成进给运动。升降台铣应用较广,主要用于加工单件、小批量生产的中小型工件。常见的升降台铣床有以下 4 种。

(1) 卧式升降台铣床　其外形及部件如图 3-3 所示。它的主轴是水平的,床身固定在底座上,内装主运动的变速机构、操纵机构和主轴等。刀杆上装有铣刀,它安装在主轴和刀杆支架之间。升降台沿床身竖直导轨升降,床鞍在升降台上作横向进给运动,工作台可在床鞍上作纵向进给运动。升降台、工作台和床鞍都可进行快速移动。

(2) 卧式万能升降台铣床　其与卧式升降台铣床的差别仅在于床鞍上装有回转盘。工作台在回转盘上的导轨中纵向移动,回转盘可绕竖直轴线在 ±45° 范围内转动,从而扩大了工艺范围。如图 3-7 所示为 X6132 型卧式万能升降台铣床。

(3) 万能回转头铣床　其与卧式升降台铣床相似,实质上也是卧铣,如图 3-4 所示,只是在它的滑座两端分别装上了电动机和万能立铣头,万能立铣头可在任意方向偏转角度进行铣削加工。

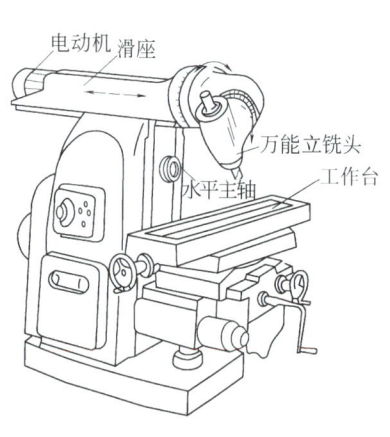

图 3-4 万能回转头铣床

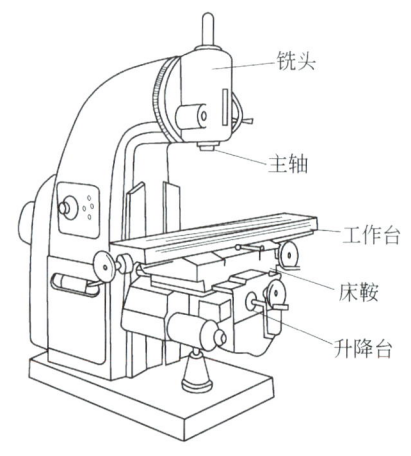

图 3-5 立式升降台铣床

(4) 立式升降台铣床　其与卧式升降台铣床的主要区别是主轴竖直布置,如图 3-5 所示。它的立铣头在竖直平面内可以向右或向左在 ±45° 范围内回转角度,以扩大工艺范围。

2. 龙门铣床

龙门铣床是一种大型高效通用铣床,主要用于加工各类大型工件上的平面、沟槽等,可以对

第三章 铣削加工

工件进行粗铣、半精铣,也可以进行精铣。如图 3-6 所示为龙门铣床的外形图。机床呈框架式结构,横梁可以在立柱上升降,以适应工件的高度。横梁上装两个立式铣削主轴箱(立铣头)。两根立柱上分别装两个卧铣头,每个铣头都是一个独立的部件,内装主运动变速机构、操纵机构和主轴。法兰式主电动机固定在铣削主轴箱的端部。工作台可在床身上作水平的纵向运动;立铣头可以在横梁上作水平的横向运动;卧铣头可在立柱上升降。这些运动可以是进给运动,也可以是调整铣头与工件间相互位置的快速调位运动。主轴装在主轴套筒内,可以手动伸缩以调整切深。

微视频

新技术——十米重型数控龙门铣床

龙门铣床可用多个铣头同时加工一个工件的几个面或同时加工几个工件,所以生产率很高,在成批和大量生产中得到广泛应用。

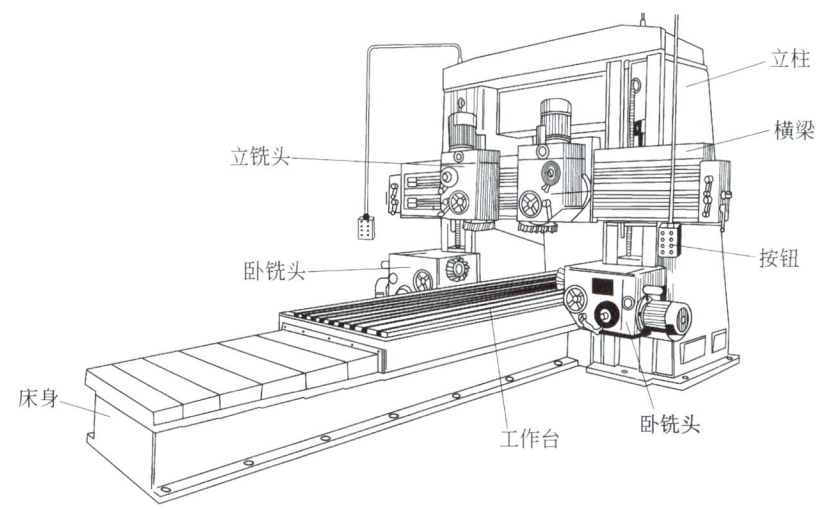

图 3-6 龙门铣床

二、X6132 型卧式万能升降台铣床

X6132 型铣床是一种常用卧式万能铣床,其外形及部件如图 3-7 所示。此铣床结构比较完善,变速范围大,刚性较好,操作方便,有纵向进给间隙自动调节装置,工作台可以回转±45°,因此工艺范围较为广泛。

1. X6132 型铣床主要技术参数

主参数为工作台宽度/mm	320
第二主参数为工作台长度/mm	1 250
工作台最大纵向行程/mm	800
工作台最大横向行程/mm	300
工作台最大升降行程/mm	400

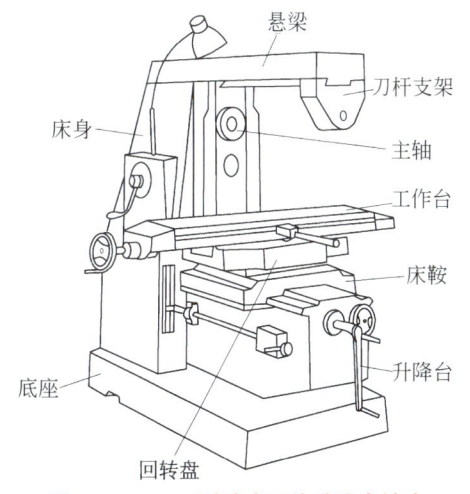

图 3-7 X6132 型卧式万能升降台铣床

工作台最大回转角度	±45°
主轴转速/(r/min)	30～1 500(有 18 级)
主轴锥孔锥度	7∶24
刀杆直径/mm	22、27、32

2. X6132 型铣床孔盘变速操纵机构

X6132 型铣床的主运动及进给运动的变速都采用孔盘变速操纵机构进行控制，这种机构较为典型，在铣床中多有应用。下面以主轴变速操纵机构为例介绍其工作原理。

图 3-8 所示为孔盘变速操纵机构工作原理。轴Ⅱ上的三联滑移齿轮有 3 个工作位置，可以分别与轴Ⅰ上的 3 个固定齿轮相啮合，使主轴得到不同的转速。三联滑移齿轮的移动是由上、下变速齿杆的轴向移动带动拨叉来操纵的，上、下变速齿杆之间的齿轮起中间传动作用，其轴线位置不变。两变速齿杆的右端为两种直径的阶梯销 A 和 B，在孔盘上则按照一定规律与变速齿杆对应的圆周上，做出与销 A 和销 B 相配合的大孔和小孔。变速时，先将孔盘向右移，孔盘脱离变速齿杆，然后根据变速需要，将孔盘转过一定角度，再将孔盘推回，由于孔盘上对应上下变速齿杆的孔的组合不同，将推动变速齿杆和拨叉移动到不同位置，从而改变三联滑移齿轮的位置，实现了变速。

当孔盘处在图 3-8a 所示位置时，孔盘对应上、下变速齿杆的孔组合为无孔、大孔。当将孔盘向左推回时，上变速齿杆将左移，下变速齿杆将右移，销 A 进入孔盘的大孔中，轴Ⅱ的三联滑移齿轮移至最左位。

当孔盘处在图 3-8b 所示位置时，孔盘对应上、下变速齿杆的孔组合为两个小孔。当将孔盘向左推回时，两变速齿杆的销 B 将插入孔盘中，使三联滑移齿轮移至中位。

当孔盘处在图 3-8c 所示位置时，孔盘对应上、下变速齿杆的孔组合为大孔、无孔。当将孔盘向左推回时，将使三联滑移齿轮移至右位。

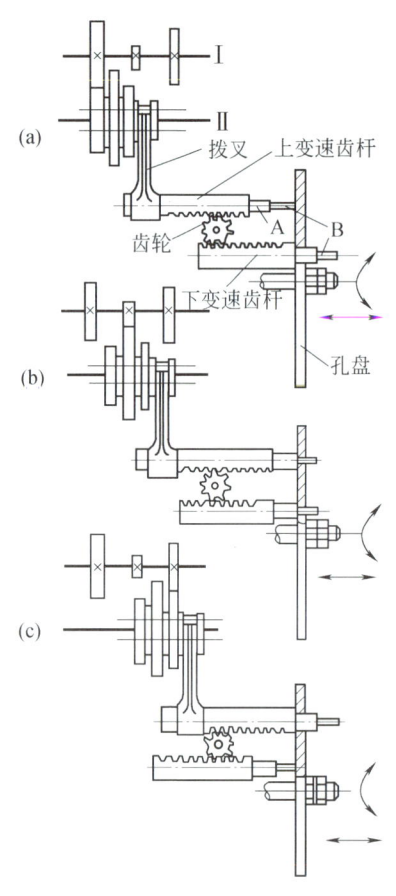

图 3-8 主轴变速操纵机构的工作原理

X6132 型铣床是通过两个三联滑移齿轮和一个双联滑移齿轮变速组实现 18 级转速的，它们采用相同的操作方法，因此在整个变速机构中错开地装有 3 套上述机构，共有 6 个上、下变速齿杆。

由于主轴有 18 级转速，孔盘也分为 18 等份。6 个上、下变速齿杆对应着孔盘的不同圆周，而在每一圆周的每一位置上，或者为大孔，或者为小孔、无孔。孔盘向左移动的同时控制 3 套机构，可完成 18 种组合，实现了主轴变速。

孔盘的左右移动和转动,由伸在机床床身外面的两个手柄操纵。

3. X6132型铣床传动系统

X6132型铣床的传动系统如图3-9所示,由主运动传动链、工作台纵向进给运动传动链、工作台横向进给运动传动链、竖直升降台进给传动链和快速空行程传动链组成。

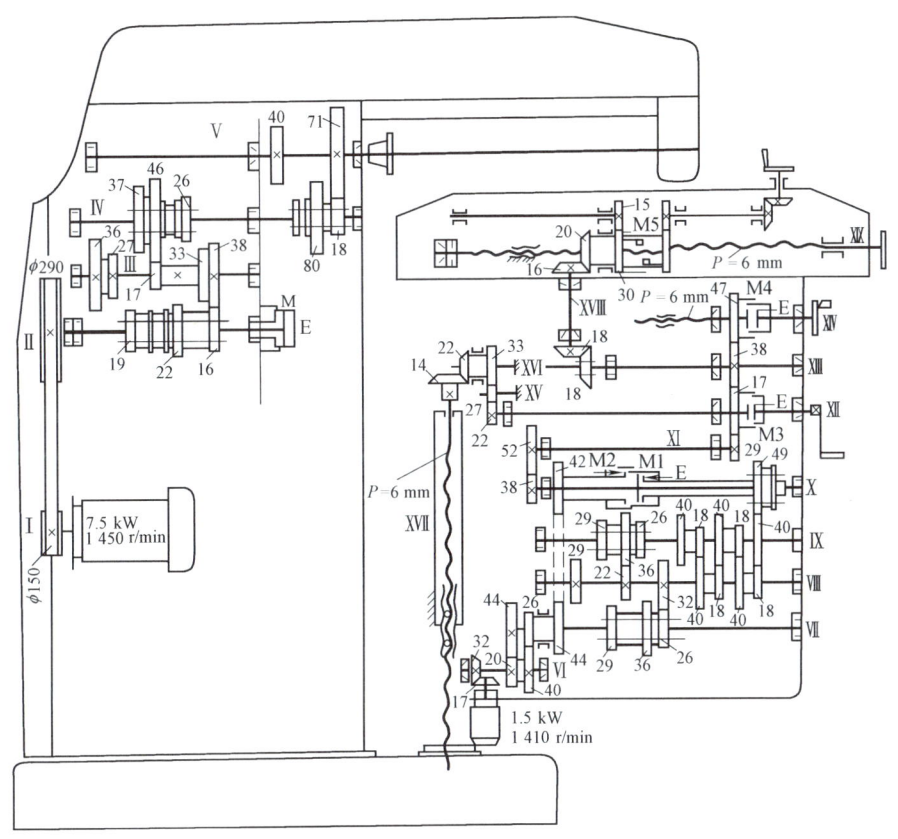

图3-9 X6132型卧式万能升降台铣床传动系统

（1）主运动 主运动传动链由主电动机(7.5 kW、1 450 r/min)驱动,经$\frac{\phi 150}{\phi 290}$带轮传至轴Ⅱ,再由轴Ⅱ-Ⅲ间和轴Ⅲ-Ⅳ间两组三联滑移齿轮变速组,以及轴Ⅳ-Ⅴ间双联滑移齿轮变速组,使主轴Ⅴ得到18级转速(30～1 500 r/min)。主轴旋转方向由电动机转向控制。主轴制动由安装在轴Ⅱ上的电磁制动器控制。

（2）进给运动 进给运动传动链是由进给电动机(1.5 kW、1 410 r/min)驱动,经一对圆锥齿轮$\frac{17}{32}$传至轴Ⅵ,然后根据轴Ⅹ上电磁离合器M1、M2的结合情况,分两条路线传动。如轴Ⅹ上的离合器M1脱开,M2啮合,轴Ⅵ的运动经齿轮副$\frac{40}{26}$、$\frac{44}{42}$及离合器M2传至轴Ⅹ,这条路线可使工作台作快速移动。如轴Ⅹ上的离合器M2脱开,M1啮合,轴Ⅵ的运动经齿

轮副 $\frac{20}{44}$ 传至轴Ⅶ,并经轴Ⅶ-Ⅷ-Ⅸ间的三联滑移齿轮变速组及轴Ⅷ-Ⅸ间的曲回机构变速组,经离合器 M1,将运动传至轴Ⅹ。这一条路线为正常进给路线。

三、常用铣床附件

铣床附件

1. 机用平口虎钳

机用平口虎钳的外形和部件如图 3-10 所示,其规格见表 3-1。它可用于装夹矩形工件,也可以装夹圆柱形工件,是铣床常用的通用夹具。平口虎钳的规格应根据工件的外形尺寸进行选取。使用平口虎钳装夹工件前,先将虎钳安装在铣床工作台面上,定位键 14 嵌入铣床工作台的倒 T 形槽内,用螺栓紧固。工件在固定钳口铁 3 和活动钳口铁 4 之间装夹,先选择工件上较平整的一个面(即定位基准面)与固定钳口铁 3 接触,再在方头 9 上套入专用的手柄,用手搬动手柄使活动钳口铁 4 靠近固定钳口铁 3 夹紧工件。注意不能用重物敲击手柄,以免损坏虎钳的丝杆 6 和螺母 7。

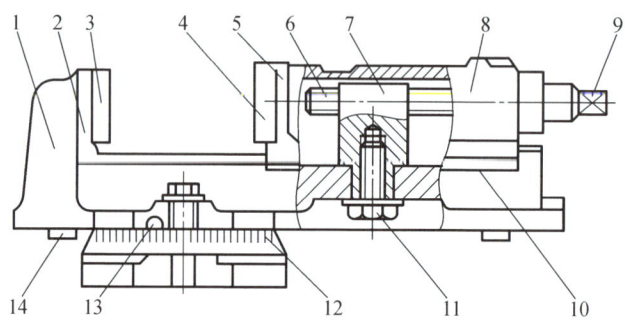

1—虎钳体;2—固定钳口;3—固定钳口铁;4—活动钳口铁;5—活动钳口;6—丝杆;7—螺母;
8—活动座;9—方头;10—压板;11—紧固螺钉;12—回转底盘;13—钳座零线;14—定位键。

图 3-10 机用平口虎钳

表 3-1 机用平口虎钳的规格　　　　　　　　　　　　　单位:mm

参　　数	规　　格							
	60	80	100	125	136	160	200	250
钳口宽度 B	60	80	100	125	136	160	200	250
钳口最大张开度 A	50	60	80	100	110	125	160	200
钳口高度	30	34	38	44	36	50(44)	60(56)	56(60)
定位键宽度 b	10	10	14	14	14	18(14)	18	18
回转角度	360°							

2. 回转工作台

回转工作台也称圆转台,是铣床常用的附件之一。它的主要功用是分度及铣圆弧曲线外形工件。它的规格是以转台的直径来确定的,有 500 mm、400 mm、320 mm、200 mm 等规格。回转工作台分手动进给和机动进给两种。

(1) 手动进给回转工作台　如图 3-11 所示,底座 1 上的耳座与铣床工作台上的 T 形槽对齐后,可用固定螺钉把回转工作台固定在铣床工作台上。回转工作台由蜗杆蜗轮传动,蜗杆装在手轮 4 的轴 3 上,蜗轮与转台 2 紧固在一起。所以转动手轮 4,轴 3 上的蜗杆就带动蜗轮转动,从而转台也围绕自己的中心旋转。在回转工作台的外圆表面上刻有每格 1°的刻线,铣削时用于观察转台转过的角度或进行分度。如进行直线铣削时,可旋紧紧固螺钉 5,使转盘锁紧。此外,如松开内六角螺钉 6,拔出偏心套插销 7,插入另一条槽内,则可使蜗杆蜗轮脱开。此时,可直接用手推动转台旋转,便于进行工件对转台的同轴度的校准工作。

回转工作台面上的 T 形槽可用来固定工件、夹具。转台 2 中心有一个和转台旋转轴线同轴的带阶台的锥孔,用以安装心轴。

(2) 机动进给回转工作台　如图 3-12 所示,机动进给回转工作台的构造和手动回转工作台基本相同,差别仅在于机动进给回转工作台可利用万向联轴器由铣床传动装置带动其传动轴 3,这时传动轴上的锥齿轮就带动手轮轴上的锥齿轮,使蜗杆带动蜗轮和转台转动。若不需机动时,可将离合器手柄 2 处于中间位置,直接转动手轮 1。机动时,转台 5 旋转的方向则由离合器手柄的位置来决定。转台 5 的外圆有一条 T 形槽,用于装置限位挡铁 4,适当调节挡铁的位置,就能使转台在所需要的位置上自动停止机动进给。如松开螺母 6,转动偏心环 7 可使蜗杆蜗轮脱开。这种机动回转工作台在切削过程中也可用机动进给,以减轻操作者劳动强度,并使进给均匀,提高加工质量。

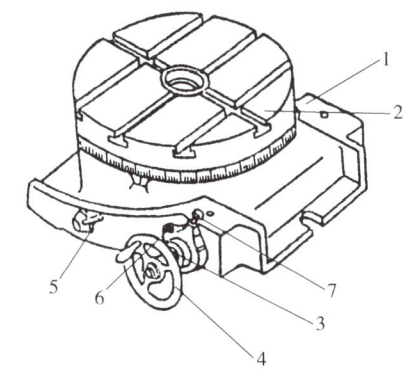

1—底座；2—转台；3—轴；4—手轮；
5—紧固螺钉；6—内六角螺钉；7—偏心套插销。

图 3-11　手动进给回转工作台

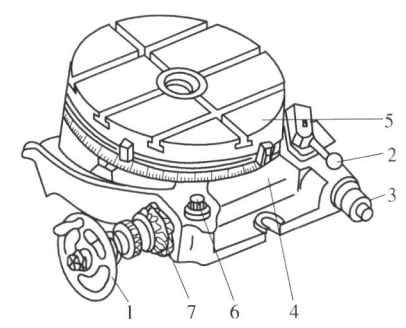

1—手轮；2—离合器手柄；3—传动轴；
4—限位挡铁；5—转台；6—螺母；7—偏心环。

图 3-12　机动进给回转工作台

3. 万能分度头及使用方法

万能分度头是铣床的主要附件,许多机械零件,如花键、离合器、齿轮等在铣削时,需要利用分度头进行圆周等分,才能铣出等分齿槽。分度头安装在铣床工作台上,被加工工件支承在分度头主轴顶尖与尾架顶尖之间或安装于卡盘上。利用万能分度头可进行以下工作。

(1) 使工件周期地绕自身轴线回转一定的角度,以完成等分或不等分的圆

万能分度头
的使用

周分度工作，如加工方头、六角头、齿轮以及刀具刀齿等。

（2）通过配换挂轮，可使分度头主轴随纵向工作台的进给运动作连续旋转，并保持一定运动关系，以铣削螺旋槽、螺旋齿轮及阿基米德螺旋线凸轮等。

（3）利用卡盘夹持工件，使工件轴线相对铣床工作台倾斜一定角度，以加工与工件轴线相交成一定角度的平面、沟槽及锥齿轮。

图 3-13 为 FW250 型万能分度头的外形及传动系统。分度头主轴 9 安装在回转体 8 内，回转体 8 以两侧的轴颈支承在底座 10 上，并可绕其轴线沿底座 10 的环形导轨转动，使主轴在水平线以下 6°至水平线以上 90°范围内调整倾斜角度。分度头主轴是空心的，前端有一莫氏锥孔与一个定位锥面，用于安装顶尖或卡盘。后端莫氏锥孔可装入心轴，作为差动分度或作直线移距分度用。分度头侧轴 5 可装上配换挂轮，以建立与工作台丝杠的运动联系。在分度头侧面可装上分度盘 3，分度盘上有若干不同圆周上均布的孔圈，每一孔圈上孔

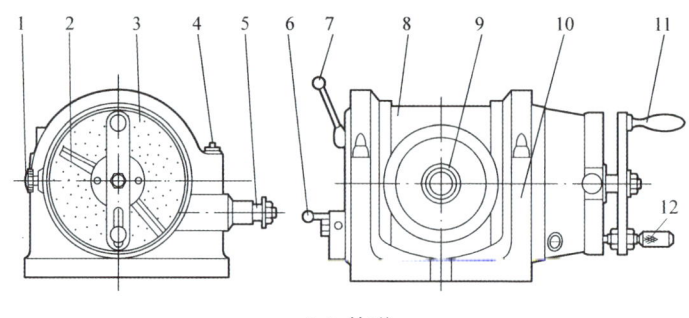

(a) 外形

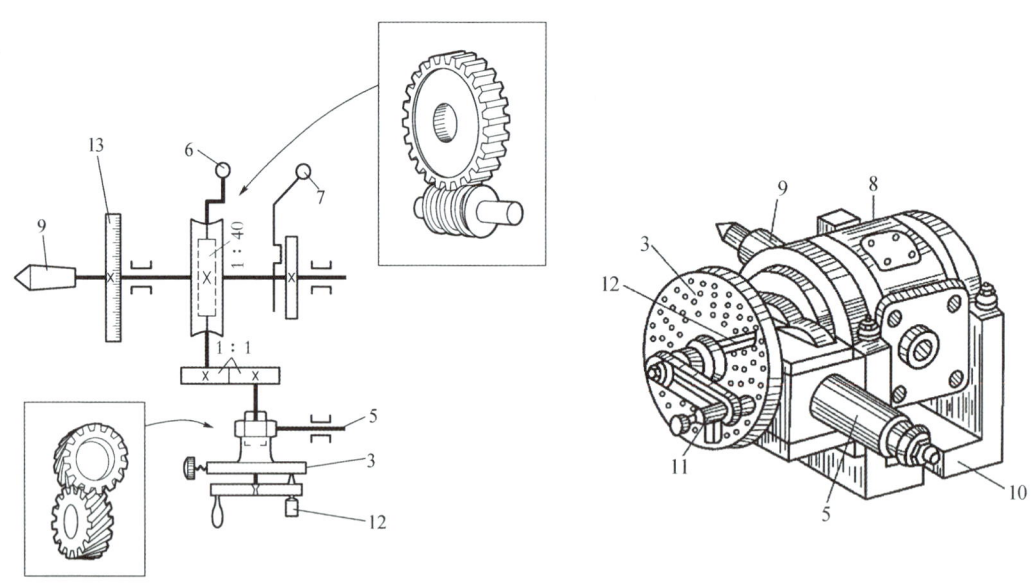

(b) 传动系统　　　　　　　　(c) 轴测图

1—紧固螺钉；2—分度叉；3—分度盘；4—螺母；5—侧轴；6—蜗杆脱落手柄；7—主轴锁紧手柄；8—回转体；9—主轴；10—底座；11—分度手柄；12—分度定位销；13—刻度盘。

图 3-13　FW250 型分度头的外形及传动系统

的数量不同。转动分度手柄11,经传动比1∶1的螺旋齿轮副和1∶40的蜗杆蜗轮副,带动主轴9回转。通过分度手柄11转过的转数,及装在手柄槽内分度定位销12插入分度盘上孔的位置,就可以使主轴转过一定角度进行分度。万能分度头的应用如图3-14所示。

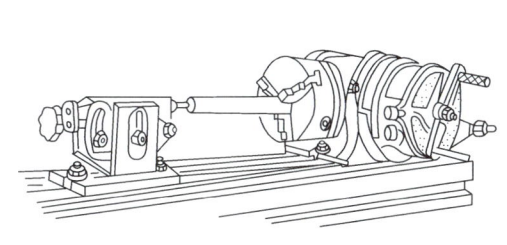
(a) 长轴的装夹方法

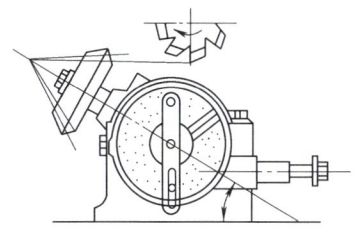
(b) 锥齿轮的装夹方法

图 3-14　万能分度头的应用

万能分度头分度方法有以下3种。

(1) 直接分度法　用直接分度法时,需用主轴锁紧手柄7松开主轴锁紧机构,用蜗杆脱落手柄6脱开蜗杆与蜗轮的啮合,然后用手直接转动主轴,主轴所需转角由刻度盘直接读出。分度完毕后,需通过锁紧机构将主轴锁紧,以免加工时转动。直接分度法一般用于加工精度不高且分度数较少的工件,如需2、3、4、6等分进行加工的工件。

(2) 简单分度法　分度数目较多时,可用简单分度法进行分度,这是最常用的分度方法。分度前应使蜗杆蜗轮啮合并用紧固螺钉将分度盘锁紧。分度计算方法如下。

设工件每次需分度数为 z,则每次分度时主轴应转过 $1/z$ 转。由传动系统得分度手柄每次分度时应转过的转数 n_k 为

$$n_k = \frac{1}{z} \times \frac{40}{1} \times \frac{1}{1} = \frac{40}{z}$$

上式可写成如下形式:

$$n_k = \frac{40}{z} = a + \frac{p}{q} (\text{转}) \tag{3-3}$$

式中:a——每次分度时,分度手柄 K 应转的整数转(当 $z > 40$, $a = 0$);

　　　q——所选用孔圈的孔数;

　　　p——分度定位销在 q 个孔的孔圈上应转的孔距数。

FW250型万能分度头备有两个分度盘,第一个分度盘正面各孔圈的孔数依次为24、25、28、30、34、37,反面依次为38、39、41、42、43;第二个分度盘正面各孔圈的孔数依次为46、47、49、51、53、54,反面依次为57、58、59、62、66。

例 3-1　在铣床上利用分度头分度加工 $z = 35$ 的直齿圆柱齿轮,用简单分度法分度,试选用分度盘孔圈并确定分度手柄 K 每次应转的转数。

解　由 $n_k = \dfrac{40}{z} = a + \dfrac{p}{q}$ 得

$$n_k = \frac{40}{35} = 1 + \frac{5}{35}$$

因没有 35 孔的孔圈,所以

$$n_k = 1 + \frac{5}{35} = 1 + \frac{1}{7} = 1 + \frac{4}{28} = 1 + \frac{7}{49}$$

第一块分度盘正面有 28 孔的孔圈,第二块分度盘的正面有 49 孔的孔圈,故上述两种方案都可以进行分度。现选 49 孔的孔圈,分度手柄 K 每次应转一整转,再转 7 个孔距。

为了保证分度不出错误,应调整分度盘上的分度叉两叉间的孔数,使两叉间在 49 孔的孔圈上包含 7+1=8 个孔(即 7 个孔距),分度时,拔出分度定位销 12,转动分度手柄 K 一整转,再转分度叉内的孔距数,然后重新将插销插入孔中定位。最后顺时针转动分度叉,使其左叉紧靠插销,为下次分度做好准备。

(3)差动分度法　简单分度法虽然解决了大部分的分度问题,但由于分度盘的孔圈有限,一些分度数如 73、83、109 等不能与 40 约简,或工件的等分数 z 和 40 约简后,分度盘上没有所需要的孔圈。此时可采用差动分度法。差动分度法的工作原理如下:

设工件要求的等分数 $z=109$,按简单分度公式,分度手柄应转过 $n=\frac{40}{z}=\frac{40}{109}$,但此时不能约简,分度盘也没有相应的孔圈,故不能按简单分度法。为了借用分度盘上的孔圈,可以选取 z_0 值来计算手柄的转数。这个 z_0 值应与 z 相近,能从分度盘上直接选到相应孔圈,或能与 40 约简后选到相应孔圈。z_0 选定后,则分度手柄的转数为 $\frac{40}{z_0}$,即插销从点 A 转到点 B,用点 B 定位;然而此时工件应转过 $\frac{40}{z}$ 转,即插销应由点 A 转到点 C,用点 C 定位(如图 3-15b 所示)。这时,如果分度盘不动,则手柄转数产生 $\frac{40}{z}-\frac{40}{z_0}$ 转的误差。为了补偿这一误差,可在分度头主轴尾部插一根心轴 I,并在心轴 I 和侧轴 II 之间配上 $\frac{ac}{bd}$ 挂轮,如图 3-15a 所示,并松开分度盘紧固螺钉,使分度手柄在转过 $\frac{40}{z_0}$ 转的同时,通过 $\frac{ac}{bd}$ 挂轮和 1∶1 的圆锥齿轮,使分度盘也相应地转动,以使 B 点的小孔在分度的同时转到点 C,供插销定位并补偿上述差值。当插销自点 A 转 $\frac{40}{z}$ 转至点 C 时,分度盘应补充转 $\frac{40}{z}-\frac{40}{z_0}$ 转,以使孔恰好与插销对准。因此,分度手柄与分度盘之间的运动关系为

手柄转 $\frac{40}{z}$ —— 分度盘补转 $\frac{40}{z}-\frac{40}{z_0}$

则传动平衡方程式为

$$\frac{40}{z} \times \frac{1}{1} \times \frac{1}{40} \times \frac{ac}{bd} \times \frac{1}{1} = \frac{40}{z} - \frac{40}{z_0}$$

化简后即得挂轮公式为

$$\frac{ac}{bd} = \frac{40(z_0-z)}{z_0} \tag{3-4}$$

式中：z——所要求分度数；

z_0——选定的分度数。

从式(3-4)可知，当 $z_0 < z$ 时，配换齿轮传动比是负值，反之为正值。式中的正负号仅说明分度盘的转向与分度盘手柄转向相同还是相反。不难看出，若 $z_0 < z$，两者转向应相反；而 $z_0 > z$ 时，转向应相同。转向的调整决定于配换齿轮中加不加中间轮。

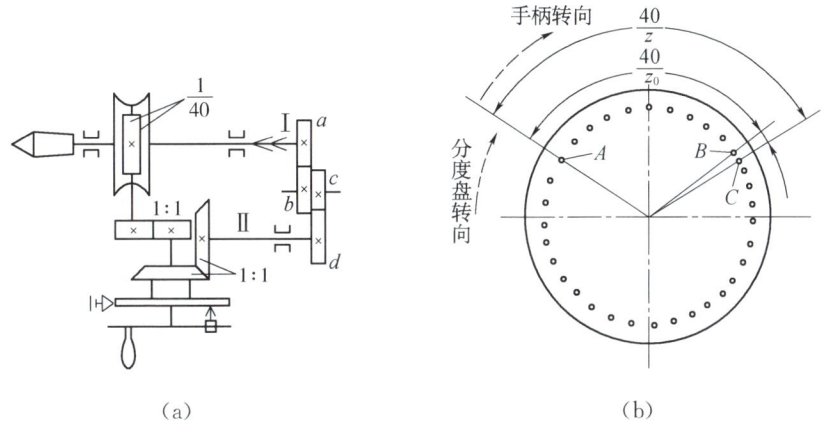

(a)　　　　　　　　　　(b)

图 3-15　差动分度原理

FW250 型分度头有一套 5 倍数的挂轮，共 12 个，齿数分别为 20、25、30、35、40、50、55、60、70、80、90、100。

例 3-2　在铣床上利用 FW250 型万能分度头分度加工 $z=97$ 的直齿圆柱齿轮，试确定分度方法，并进行分度调整计算。

解　因 97 不能与 40 化简，且选不到孔圈，故确定用差动分度法进行分度。设假定等分数 $z_0 = 96$，则

$$n_0 = \frac{40}{z_0} = \frac{40}{96} = \frac{5}{12} = \frac{10}{24}$$

可选用第一个分度盘正面的 24 孔圈，分度手柄每次应转过 10 个孔距。

$$\frac{ac}{bd} = \frac{40(z_0 - z)}{z_0} = \frac{40 \times (96 - 97)}{96} = -\frac{40}{96} = -\frac{25}{60}$$

即 $a = 25$，$d = 60$，$b = c$。

因 $z_0 < z$，故传动比为负值，表示分度盘和分度手柄转向相反。

4. 立铣头

立铣头装在卧式铣床上，如图 3-16 所示，可以使卧式铣床起到立式铣床的作用，扩大其加工范围。立铣头可以在竖直平面内回转 360°，其主轴与铣床主轴之间的传动比一般为 1∶1，故两者的转速相同。

5. 万能铣头

万能铣头也是装在卧式铣床上使用的,如图 3-17 所示,它可以在相互垂直的两个竖直平面内回转 360°。因此,它可以使铣头主轴与工作台面成任何角度,在工件的一次装夹中可以完成工件上各个表面的铣削加工。其主轴与铣床主轴之间的传动比也是 1∶1。

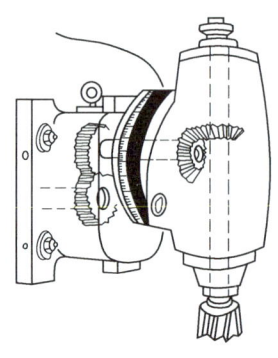
图 3-16 立铣头

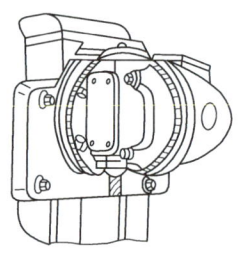
图 3-17 万能铣头

第三节 铣 刀

一、铣刀的种类

铣刀是一种多齿回转刀具,种类繁多。按照用途,铣刀可分类如下。

1. 加工平面用铣刀

(1) 圆柱铣刀　圆柱铣刀的形状如图 3-18 所示,可用于在卧式铣床上加工较窄的平面,有高速钢整体制造的(图 3-18a),也有镶焊硬质合金的(图 3-18b)。为提高铣削时的平稳性,以螺旋形的刀齿居多。该铣刀有两种类型:粗齿铣刀和细齿铣刀。粗齿铣刀齿数少、刀齿强度高、容屑空间大、重磨次数多,适用于粗加工;细齿铣刀齿数多、刀齿强度低、容屑空间小、工作平稳,适用于精加工。

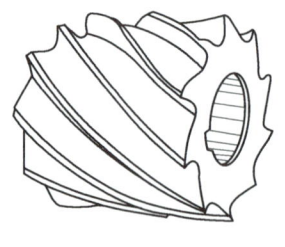
(a) 整体式

(b) 镶焊式

图 3-18 圆柱铣刀

（2）**面铣刀** 又称端铣刀，如图 3-19 所示，小直径面铣刀用高速钢做成整体式（图 3-19a），大直径的面铣刀是在刀体上装夹焊接式硬质合金刀头（图 3-19b），或采用机械夹固式可转位硬质合金刀片（图 3-19c）。硬质合金面铣刀适用于高速铣削平面。由于它刚度高、切削效率高、加工质量好，故得到广泛应用。

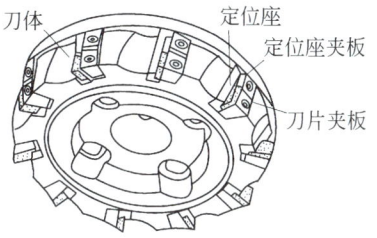

(a) 整体式面铣刀　　(b) 焊接式硬质合金面铣刀　　(c) 机械夹固式可转位硬质合金面铣刀

图 3-19　面铣刀

2. 加工沟槽用铣刀

（1）**三面刃铣刀** 又称盘铣刀，三面刃铣刀除圆周表面具有主切削刃外，两侧面还具有副切削刃，从而改善了切削条件，提高了切削效率和降低了表面粗糙度。它主要用于加工凹槽和台阶面。三面刃铣刀可分为直齿三面刃铣刀、错齿三面刃铣刀和镶齿三面刃铣刀。

图 3-20a 所示为直齿三面刃铣刀，它制造简单，但切削条件较差；图 3-20b 所示为错齿三面刃铣刀，与直齿三面刃铣刀相比，它具有切削平稳、切削力小、排屑容易等优点。直径较小的三面刃铣刀常用高速钢制成整体式，直径较大的三面刃铣刀常采用镶齿结构。镶齿三面刃铣刀结构如图 3-20c 所示。

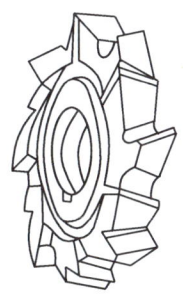
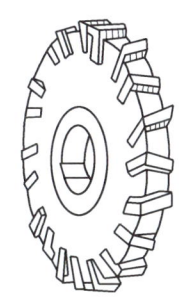

(a) 直齿三面刃铣刀　　(b) 错齿三面刃铣刀　　(c) 镶齿三面刃铣刀

图 3-20　三面刃铣刀

（2）**锯片铣刀** 如图 3-21 所示，锯片铣刀较薄，只在圆周上有切削刃，主要用于切断工件和在工件上铣削窄槽。

（3）**立铣刀** 如图 3-22 所示，立铣刀相当于带柄的小直径圆柱铣刀，既可用于加工凹槽，也可加工平面、台阶面，利用靠模还可加工成形表面。当立铣刀直径较小时，柄部制成直柄；直径较大时，柄部制成锥柄。立铣刀圆柱面上的切削刃是主切削刃，端面上的切削刃没有通过中心，是副切削刃。立铣刀工作时不宜作轴向运动。

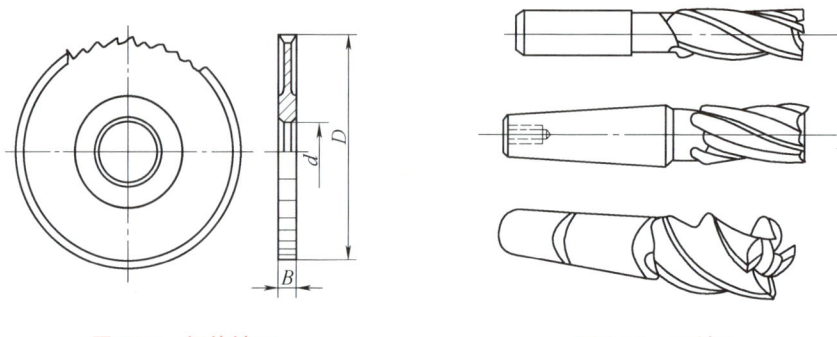

图 3-21　锯片铣刀　　　　　　　　图 3-22　立铣刀

（4）**键槽铣刀**　如图 3-23 所示，键槽铣刀主要用于加工轴上的键槽。图 3-23a 所示的键槽铣刀的外形与立铣刀相似，不同的是它只有两个刀齿，端面切削刃延伸至中心，是主切削刃，圆柱面上的切削刃是副切削刃，在加工两端不通的键槽时能沿轴向作适量的进给。图 3-23b 所示的键槽铣刀专用于在轴上加工半圆键槽。

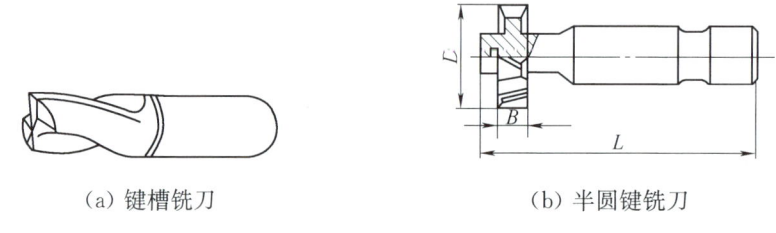

（a）键槽铣刀　　　　　　　　（b）半圆键铣刀

图 3-23　键槽铣刀

（5）**角度铣刀**　如图 3-24 所示，角度铣刀主要用于加工带角度的沟槽和斜面。图 3-24a 所示为单角铣刀，圆锥切削刃为主切削刃，端面切削刃为副切削刃。图 3-24b 所示为双角铣刀，两圆锥面上的切削刃均为主切削刃。它分为对称双角铣刀和不对称双角铣刀。

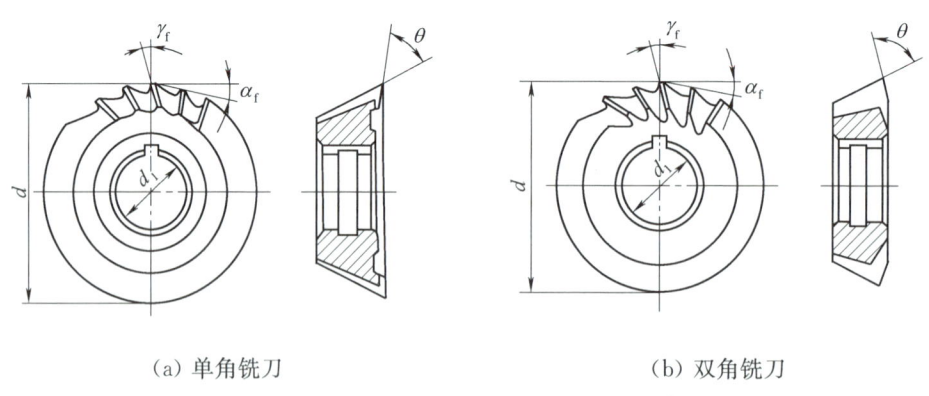

（a）单角铣刀　　　　　　　　（b）双角铣刀

图 3-24　角度铣刀

3. 加工成形面用铣刀

（1）成形铣刀　如图 3-25 所示，成形铣刀是在铣床上加工成形表面的专用铣刀，其刃形是根据工件加工表面的廓形设计的。它具有较高的生产率，并能保证工件形状和尺寸的互换性，因此得到广泛使用。

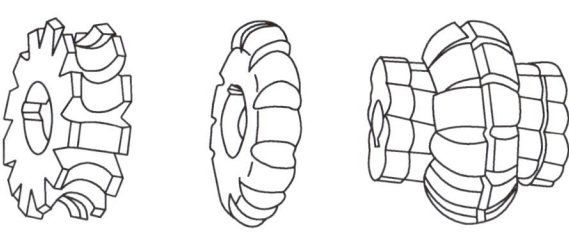

图 3-25　成形铣刀

（2）模具铣刀　如图 3-26 所示，模具铣刀用于加工模具型腔或凸模成形表面，在模具制造中广泛应用。它由立铣刀演变而成，主要分为圆锥形立铣刀、圆柱形球头立铣刀和圆锥形球头立铣刀。模具铣刀类型和尺寸按工件形状和尺寸选择。

硬质合金模具铣刀可取代金刚石锉刀和磨头加工淬火后硬度小于 65HRC 的各种模具，它的切削效率较高。

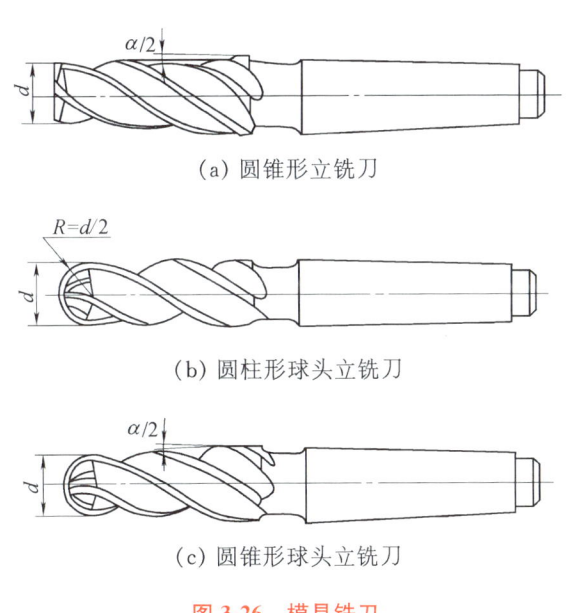

（a）圆锥形立铣刀

（b）圆柱形球头立铣刀

（c）圆锥形球头立铣刀

图 3-26　模具铣刀

二、铣刀的安装

铣刀按刀体结构的不同，其在主轴上的安装方法也有所不同。

1. 带孔铣刀的安装

（1）刀杆　带孔类铣刀一般都是利用刀杆安装在铣床主轴上的，刀杆上装有垫圈、止动键、衬套、螺母等，如图3-27a所示。刀杆直径尺寸是根据常用铣刀的内孔而设计制造的，一般有 $\phi16$ mm、$\phi22$ mm、$\phi27$ mm、$\phi32$ mm、$\phi40$ mm 和 $\phi50$ mm 6种。图3-27b所示为一种不带衬套的刀杆，使用这种刀杆时，刀杆的轴颈直接支承在刀杆支架上。而前一种刀杆是通过衬套支承在刀杆支架上的。

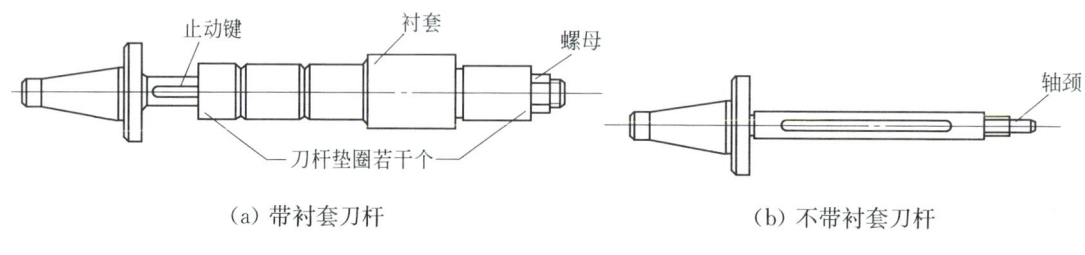

(a) 带衬套刀杆　　　　　　(b) 不带衬套刀杆

图 3-27　两种刀杆

（2）拉杆　刀杆装在主轴上之后，必需用拉杆拉紧后方能使用。拉杆的形状和使用如图3-28所示。

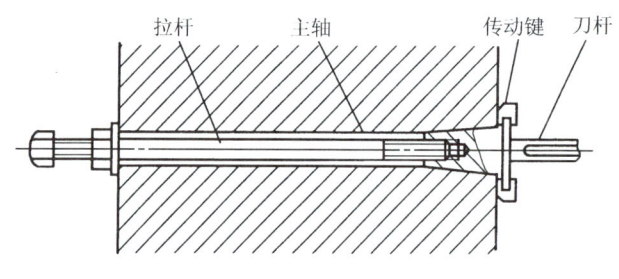

图 3-28　拉杆

（3）铣刀安装　先将刀杆装入主轴孔中，并用拉杆拉紧。刀杆里端装入几个适当长度的垫圈以确定铣刀位置。套入铣刀时，在铣刀和刀杆之间放入止动键，再在铣刀外侧装上适当长度的垫圈、衬套，拉出悬梁至适当位置，刀杆支架装在悬梁上并和刀杆衬套配合（用如图3-27b所示的刀杆时，刀杆的轴颈直接插入刀杆支架的支承孔内），旋紧悬梁、刀杆支架的紧固螺母及刀杆螺母。

2. 带柄铣刀的安装

（1）锥柄铣刀安装　锥柄铣刀的锥度一般都是莫氏锥度，若铣刀柄部锥度和主轴锥孔锥度相同，可以直接装在主轴孔内，若铣刀柄部锥度和主轴锥孔锥度不同，则不能直接装在主轴孔内，必须利用中间套筒过渡安装，再用拉杆拉紧，其装卸过程如图3-29a、b所示。

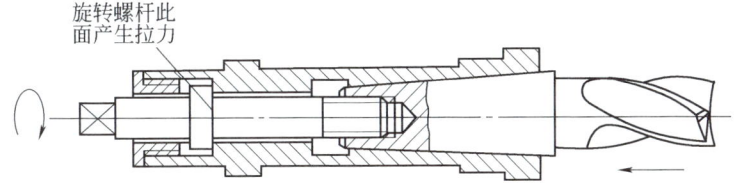

(a) 拉紧锥柄铣刀

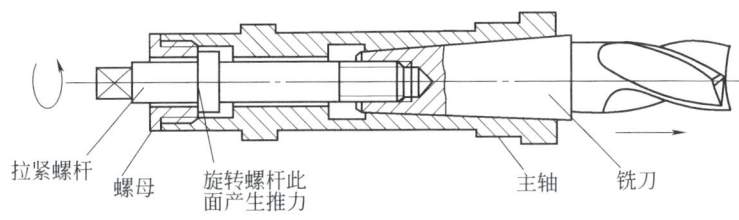

(b) 拆卸锥柄铣刀

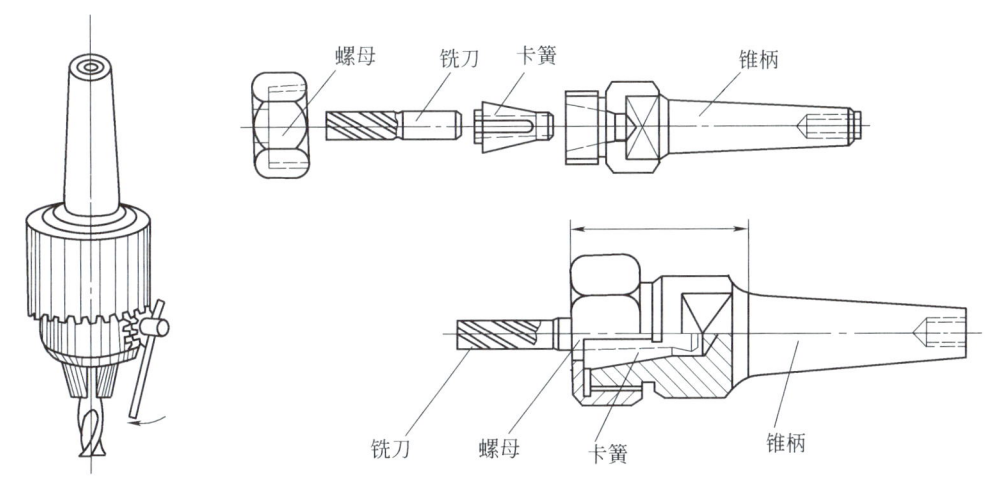

(c) 用钻夹头安装直柄铣刀　　　　(d) 用弹簧夹头安装直柄铣刀

图 3-29　带柄铣刀的安装

（2）直柄铣刀的安装　当铣刀为直柄时，则要利用钻夹头或弹簧夹头安装，如图 3-29c、d 所示。

3. 硬质合金面铣刀的安装

硬质合金面铣刀的夹持部分可分为两种形式：一种是带柄结构，另一种是套式结构。小直径面铣刀一般做成带柄结构，锥柄和主轴锥孔相配合，用做定位和传递扭矩。柄部末端的螺孔用以拉紧铣刀，其安装方式与立铣刀类似。大直径面铣刀均做成套式结构，它们与主轴的定心及安装方式有 3 种。图 3-30a 所示为在刀体端面上做有止口与铣床主轴前端配合；图 3-30b 所示为用安装在主轴锥孔中的心轴与刀体的内孔相配合作为定心；图 3-30c 所示为采用装配环使刀具定心。刀具在主轴上定位后用螺钉紧固在主轴上。

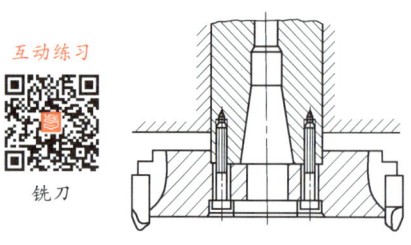
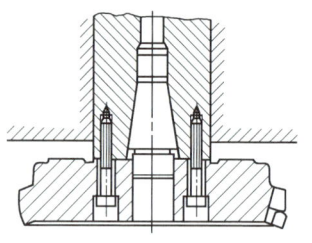
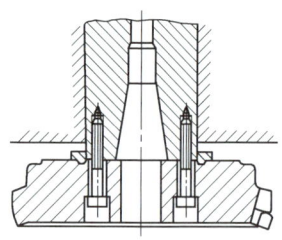

（a）利用止口安装面铣刀　　（b）利用心轴安装面铣刀　　（c）利用装配环安装面铣刀

图 3-30　硬质合金面铣刀的安装

第四节　铣削加工方法

一、铣削方式

采用合适的铣削方式可减少振动，使铣削过程平稳，并可提高工件表面质量、铣刀使用寿命以及铣削生产率。

1. 端铣和周铣

端铣与周铣相比，更容易使加工表面获得较小的表面粗糙度值和较高的劳动生产率。因为端铣时副切削刃、倒角刀尖具有修光作用，而周铣时只有主切削刃工作。此外，端铣时主轴刚度高，并且面铣刀易于采用硬质合金可转位刀片，因而切削用量较大，生产率高，在平面铣削中端铣基本上代替了周铣，但周铣可以加工成形表面和组合表面。

2. 逆铣和顺铣

圆周铣削有逆铣和顺铣两种方式。

（1）逆铣　如图 3-31a 所示，铣削时，铣刀切入工件时的切削速度方向和工件的进给方向相反，这种铣削方式称为逆铣。

逆铣时，刀齿的切削厚度从零逐渐增大至最大值。刀齿在开始切入时，由于切削刃钝圆半径的影响，刀齿在工件表面上打滑，产生挤压和摩擦，滑行到一定程度后，刀齿方能切下一层金属层。这样将使刀齿容易磨损，工件表面产生严重的冷硬层。而且，下一个刀齿又在前一个刀齿所产生的冷硬层上重复一次滑行、挤压和摩擦的过程，加剧刀齿磨损，增大了工件表面粗糙度值。此外，刀齿开始切入工件时，垂直铣削分力 F_z 向下，当铣刀继续转过一定角度后，垂直铣削分力 F_z 向上，易引起振动，有把工件抬起来的趋势，需较大夹紧力。逆铣时，纵向铣削分力 F_x 与纵向进给方向相反，使丝杠与螺母间传动面始终贴紧，故工作台不会发生窜动现象，铣削过程较平稳。故在生产中一般都采用逆铣。

（2）顺铣　如图 3-31b 所示，铣削时铣刀切出工件时的切削速度方向与工件的进给方向相同,这种铣削方式称为顺铣。

顺铣时刀齿的切削厚度从最大逐渐递减至零,没有逆铣时的刀齿滑行现象,加工硬化程度大为减轻,已加工表面质量也较高,刀具使用寿命也比逆铣时高。

从图 3-31b 中可看出,顺铣时刀齿在不同位置时作用在其上的切削力也是不等的。但是,在任一瞬时垂直分力 F_z 始终将工件压向工作台,避免了上下振动,铣削比较平稳。另一方面,纵向分力 F_x 在不同瞬时尽管大小不等,但是方向始终与进给方向相同,因为在工作台下的丝杠与螺母传动副中存在间隙,所以当纵向分力 F_x 逐渐增大到一定程度时,铣刀会使工作台带动丝杠向右窜动,造成工作台振动。由于铣削加工采用多刃刀具,切削力不断变化,从而使工作台在丝杠与螺母间隙范围内纵向左右窜动和进给不均匀,严重时会使铣刀崩刃。因此,如采用顺铣,必须要求铣床工作台进给丝杠螺母副有消除侧向间隙机构,或采取其他有效措施。

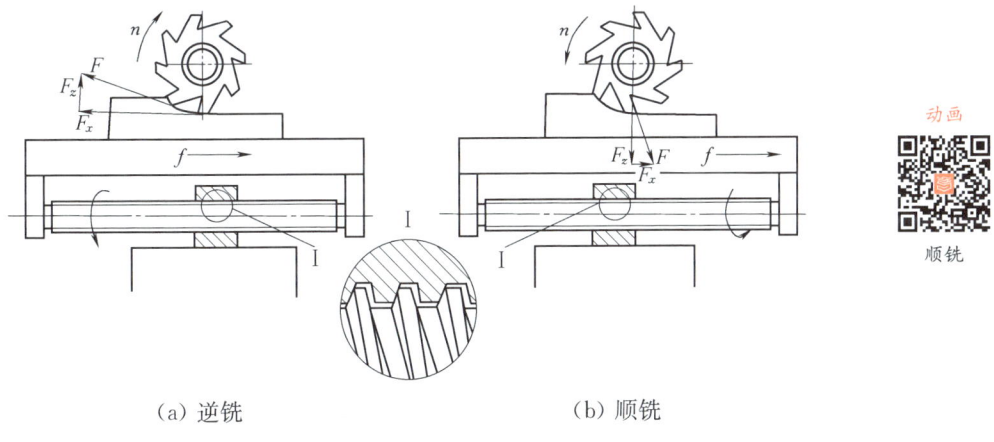

(a) 逆铣　　　　　　(b) 顺铣

图 3-31　逆铣和顺铣

X6132 型万能铣床设有顺铣机构,可以消除工作台进给丝杠螺母副中的侧向间隙,解决了顺铣时工作台左右窜动问题。

3. 对称铣削和不对称铣削

端铣时,根据铣刀与工件相对位置的不同,可分为对称铣削、不对称逆铣和不对称顺铣 3 种方式,如图 3-32 所示。

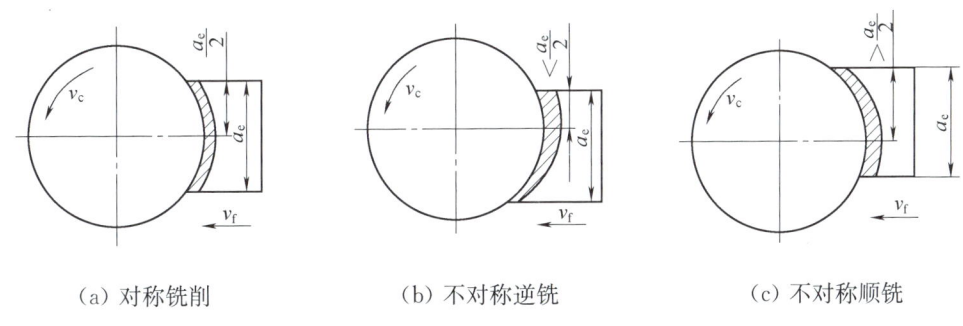

(a) 对称铣削　　　　(b) 不对称逆铣　　　　(c) 不对称顺铣

图 3-32　端铣的三种方式

（1）对称铣削　铣削过程中,面铣刀轴线始终位于铣削弧长的对称中心位置,上面的顺铣部分等于下面的逆铣部分,此种铣削方式称为对称铣削,如图 3-32a 所示。采用该方式时,由于铣刀直径大于铣削宽度,故刀齿切入和切离工件时切削厚度均大于零,这样可以避免下一个刀齿在前一刀齿切过的冷硬层上工作。一般端铣多用此种铣削方式,尤其适用于铣削淬硬钢。

（2）不对称逆铣　面铣刀轴线偏置于铣削弧长对称中心的一侧,且逆铣部分大于顺铣部分,这种铣削方式称为不对称逆铣,如图 3-32b 所示。该种铣削方式的特点是刀齿以较小的切削厚度切入,又以较大的切削厚度切出。这样,切入冲击较小,适用于端铣普通碳钢和高强度低合金钢。这时刀具使用寿命较对称铣削可提高一倍以上。此外,由于刀齿接触角较大,同时参加切削的齿数较多,切削力变化小,切削过程较平稳,加工表面粗糙度值较小。

（3）不对称顺铣　面铣刀轴线偏置于铣削弧长对称中心的一侧,且顺铣部分大于逆铣部分,这种铣削方式称为不对称顺铣,如图 3-32c 所示。该种铣削方式的特点是刀齿以较大的切削厚度切入,而以较小的切削厚度切出。它适合于加工不锈钢等中等强度和高塑性的材料。这样可减小逆铣时刀齿的滑行、挤压现象和加工表面的冷硬程度,有利于提高刀具的使用寿命。在其他条件一定时,只要偏置距离选取合适,刀具使用寿命可大幅度提高。

二、典型表面的铣削方法

1. 铣平面

铣平面可以在卧式铣床上进行,也可在立式铣床上进行;既可用面铣刀,也可用圆柱铣刀,甚至用立铣刀等。图 3-33 所示为用面铣刀在卧式和立式铣床上铣削平面的示例。

新技术——
镜面加工

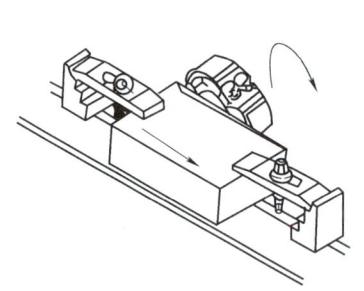

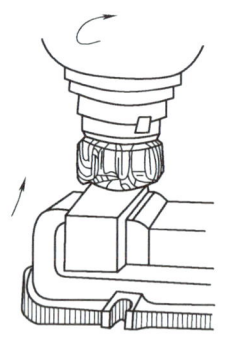

（a）卧式铣床上铣削平面　　　　　　　　（b）立式铣床上铣削平面

图 3-33　用面铣刀铣削平面

2. 铣斜面

铣削斜面实质上也是铣削平面,只是需要把工件或铣刀倾斜一个角度,或者采用角度铣刀铣削。

(1) 倾斜工件铣斜面

① 按划线铣斜面 划线后的工件可用虎钳装夹铣斜面,如图 3-34 所示。

② 用虎钳装夹铣斜面 图 3-35a 所示为工件装在万能虎钳上铣斜面的方法,图 3-35b 所示为用机用平口虎钳在卧式铣床上铣斜面的方法。此外,还可利用万能回转台、倾斜垫铁、专用夹具等铣斜面。

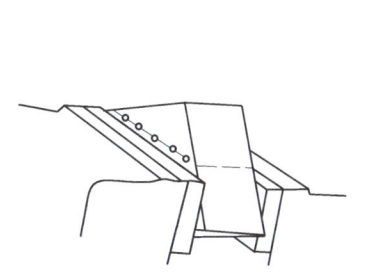

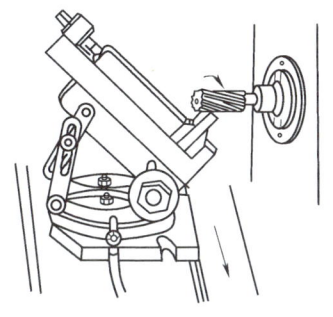

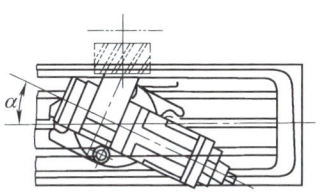

(a) 用万能虎钳铣斜面　　(b) 用机用平口虎钳铣斜面

图 3-34 按划线加工斜面　　图 3-35 利用万能虎钳和机用平口虎钳铣斜面

(2) 倾斜铣刀铣斜面

① 用面铣刀铣斜面 如图 3-36 所示,在立铣头的主轴上装面铣刀,立铣头的主轴倾斜了一个角度,那么面铣刀也随之倾斜了一个相同的角度。倾斜角度的大小根据工件加工表面而定。

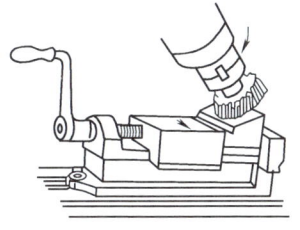

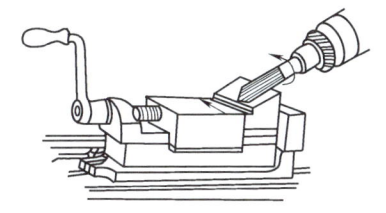

图 3-36 用面铣刀铣斜面　　图 3-37 用立铣刀铣斜面

② 用立铣刀铣斜面 如果将立铣头转动一定角度,此时铣刀轴线与工作台不垂直,铣刀旋转,工作台带动工件作横向进给,则可铣斜面,如图 3-37 所示。

(3) 用角度铣刀铣斜面

图 3-38a 所示为单把角度铣刀铣斜面的工作情况。角度铣刀只适用于铣削标准角度(30°、45°、60°等)的斜面和宽度较窄的斜面。当工件上有两个斜面时,可用两把角度铣刀组合起来铣削,以提高生产率,如图 3-38b 所示。

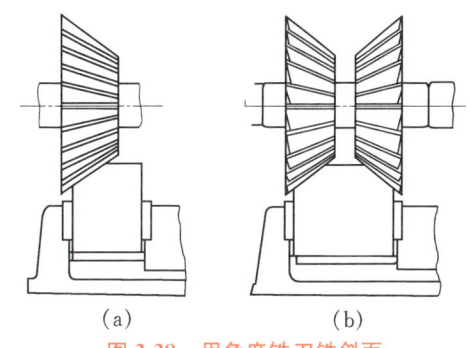

图 3-38 用角度铣刀铣斜面

3. 铣台阶与沟槽

（1）台阶的铣削　用卧式铣床铣台阶，如图 3-39 所示，尺寸不大的台阶可用三面刃铣刀，尺寸较大的用组合铣刀铣削。台阶的铣削也可以在立式铣床上加工。在立式铣床上加工时常采用直径较大的立铣刀。

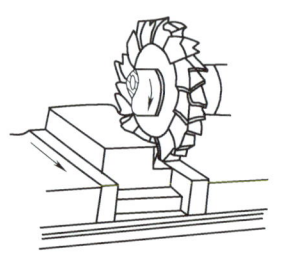
（a）用三面刃铣刀铣台阶

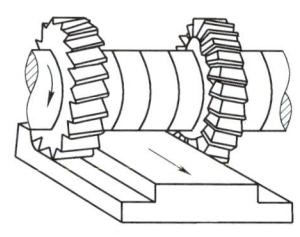
（b）用组合铣刀铣台阶

图 3-39　铣台阶

（2）直角沟槽、键槽的铣削　直角沟槽分通槽、封闭式和半封闭式 3 种。直角通槽主要用三面刃铣刀在卧式铣床上铣削，也可用立铣刀在立式铣床上铣削。封闭式和半封闭式槽只能用键槽铣刀和立铣刀铣削，如图 3-40b 和图 3-41 所示。

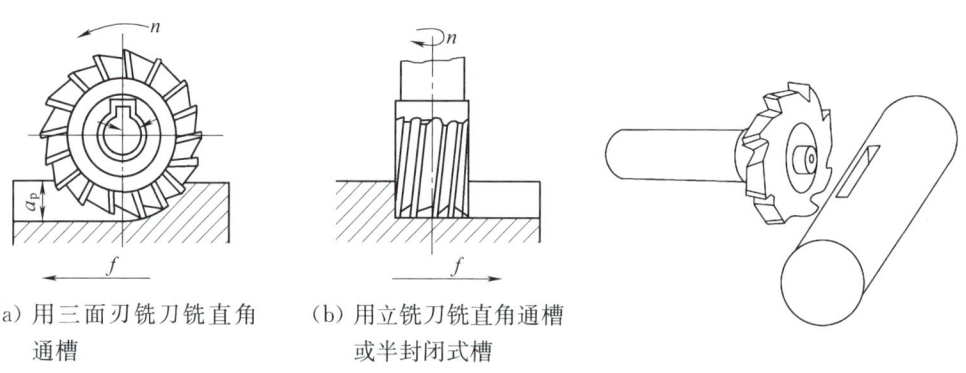

（a）用三面刃铣刀铣直角通槽　　（b）用立铣刀铣直角通槽或半封闭式槽

图 3-40　铣直角沟槽　　　　图 3-41　半圆键槽及铣刀

各类传动轴上安装键的沟槽称为键槽。键槽按其槽底形状可分为平键槽及半圆键槽。铣平键槽实质上是在轴上铣直角沟槽。铣削键槽时，应根据键槽形状选择铣刀。轴上两端封闭或半封闭的圆头键槽，主要用键槽铣刀在立式铣床或键槽铣床上加工，通槽大多采用三面刃盘铣刀在卧式铣床上加工，而半圆键槽主要在卧式铣床上用半圆键槽铣刀铣削。在卧式铣床上加工时铣刀在工件上方，操作者目测方便，另外可在刀杆支架上安装顶尖，顶住半圆键铣刀前端的顶尖孔，以增加铣刀刚性。

键槽的主要技术要求除了键宽尺寸精度要求较高外，键槽对轴线有对称度要求。键宽尺寸精度主要由铣刀保证，在工件装夹及加工中，要保证键槽中心与轴线重合。

（3）特形沟槽的铣削　有些零件具有特殊形状的沟槽,如铣床上的T形槽,其铣削步骤如图3-42所示,先在立式铣床上用立铣刀(或在卧式铣床上用三面刃铣刀)铣一条直角通槽,然后用T形槽铣刀在立式铣床上铣出T形槽,最后采用倒角铣刀进行倒角。

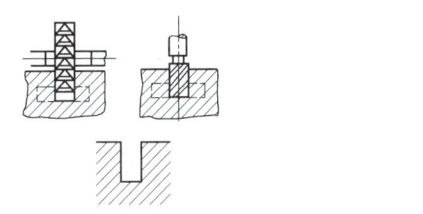
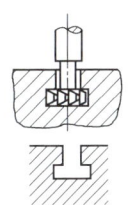
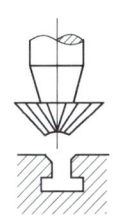

(a) 用立铣刀铣直角通槽　　　　(b) 用T形槽铣刀铣T形槽　　　　(c) 用倒角铣刀铣倒角

图3-42　铣T形槽步骤

如图3-43所示,具有燕尾槽和燕尾块零件的加工方法和步骤,与加工T形槽基本相同,第一步用立铣刀或盘铣刀铣直角槽,第二步用角度铣刀铣燕尾槽或燕尾块。

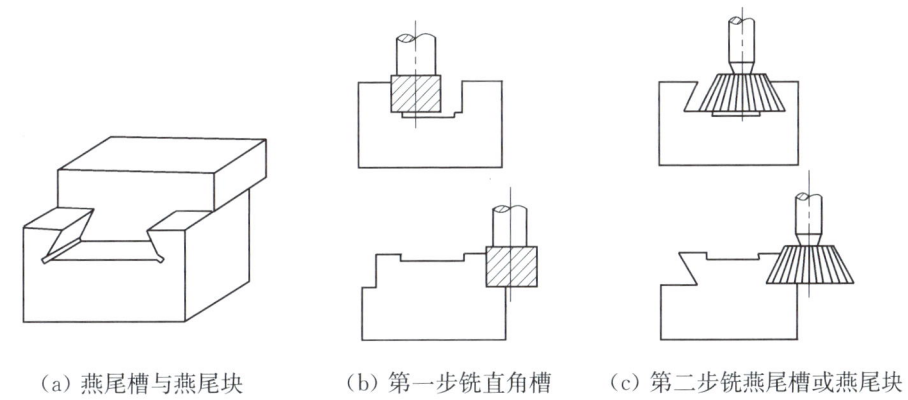

(a) 燕尾槽与燕尾块　　　　(b) 第一步铣直角槽　　　　(c) 第二步铣燕尾槽或燕尾块

图3-43　燕尾槽和燕尾块及其铣削方法与步骤

4. 铣螺旋槽

在万能分度头的侧轴与工作台进给丝杠之间配上一组挂轮,使工作台的进给丝杠按一定的传动比带动万能分度头主轴转动,就可使工作台的纵向进给运动与万能分度头主轴的旋转运动得到合成,形成螺旋运动,以加工螺旋槽,如图3-44所示。

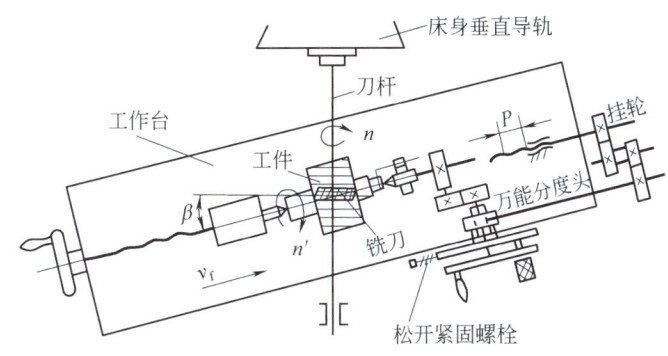

图3-44　利用万能分度头铣削螺旋槽示意图

为保证工件的直线移动与其绕自身轴线回转保持一定的运动关系,必须保证工作台纵向移动1个螺旋槽导程L时工件旋转1转。根据图3-45所示的传动系统,可列出运动平衡方程式

$$\frac{z_1}{z_2} \times \frac{z_3}{z_4} = \frac{40 P_{丝}}{L} \tag{3-5}$$

式中:$P_{丝}$——铣床工作台纵向丝杠导程,mm;

L——工件螺旋槽导程,mm。

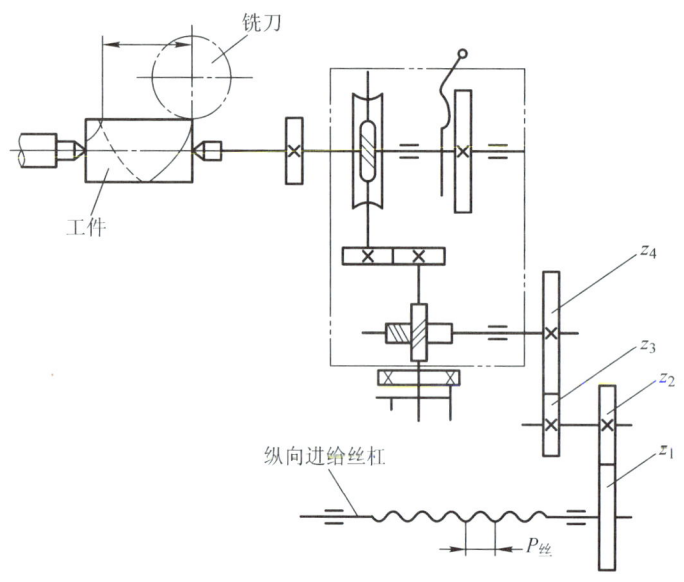

图3-45 铣螺旋槽的传动关系　　　　图3-46 螺旋线导程

工件螺旋槽螺旋线导程由图3-46所示可知

$$L = \pi D \cot \beta$$

式中:D——工件计算直径,mm;

β——工件螺旋角,(°)。

三、技能训练

【项目描述】根据图3-47所示的V形块零件图,在铣床上完成该零件的加工,并对加工后的零件进行检验。毛坯选择ϕ90 mm×95 mm棒料。

【项目要求】

(1) 分析零件图要求。

(2) 确定合理的加工步骤。

(3) 合理选择每一个加工步骤所用铣床型号、铣刀、量具及铣削用量。

(4) 正确安装工件与铣刀。

(5) 按照已确定的加工步骤,加工出符合图纸要求的零件并检验。

（6）严格执行铣工安全操作与文明生产的各项规定。

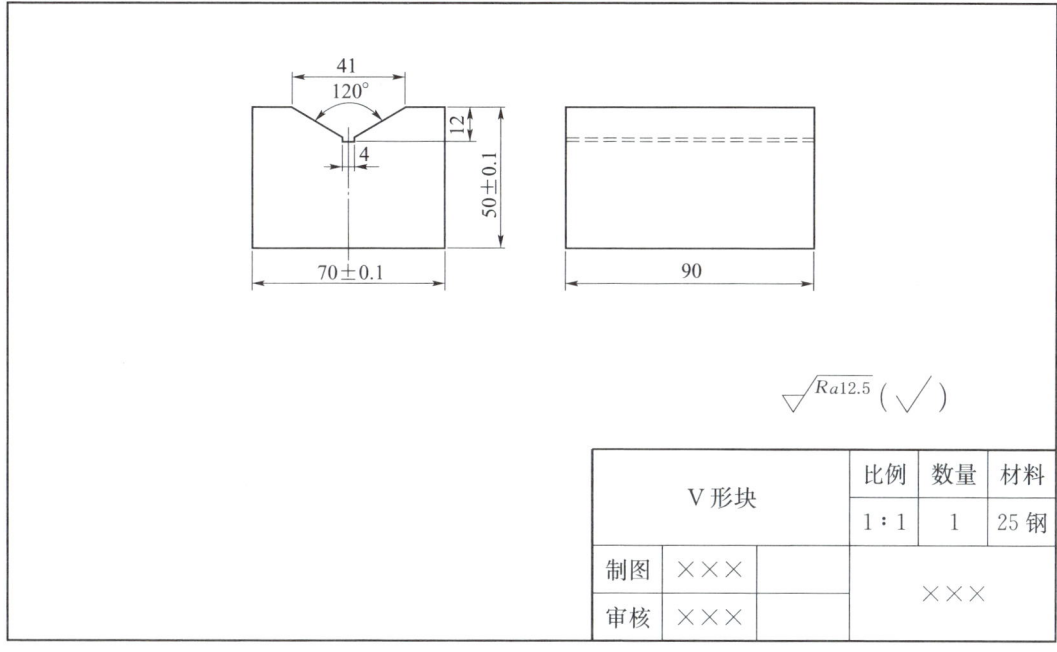

图 3-47　V 形块

习题与思考题

3-1　与车削相比，铣削过程有哪些特点？铣削加工一般可完成哪些工作？

3-2　铣床主要有哪些类型？各用于什么场合？

3-3　常用铣床附件有哪些？各适合于什么场合？

3-4　常用铣刀有哪些？各适合于什么场合？

3-5　试分析比较周铣时顺铣和逆铣的优缺点？

技能训练

铣削加工

第四章 钻削与镗削加工

知识要求

★ 掌握钻削、镗削加工的特点与工艺范围
★ 了解钻床与镗床的种类、组成部件及各部分功用
★ 掌握孔加工刀具的种类及用途
★ 掌握钻孔、扩孔、铰孔、攻丝、镗孔的方法

技能要求

★ 具备根据生产条件和工艺要求，正确选用孔加工方法、孔加工设备、孔加工刀具及切削用量的能力
★ 具备对麻花钻进行刃磨的能力
★ 具备钻孔、扩孔、铰孔、攻丝的能力

第一节 钻削加工

钻削加工是用钻头、扩孔钻等刀具在工件上加工孔的方法。用钻头在实体材料上加工孔的方法称为钻孔，用扩孔钻扩大已有孔径的方法称为扩孔。在钻床上加工孔的过程中，工件固定不动，刀具的旋转是主运动，同时沿其轴向的移动是进给运动。

一、钻削概述

1. 钻削加工的特点

(1) 钻削加工时，钻头在半封闭的状态下进行工作，钻头转速高，切削量大，排屑困难。
(2) 钻削过程中，刀具与工件摩擦严重，产生热量多，散热困难。
(3) 钻削过程中，切削温度高，致使钻头磨损严重。
(4) 刀具与工件挤压严重，所需切削力大，容易产生孔壁的冷作硬化。
(5) 孔加工刀具细而悬伸长，加工时容易产生弯曲和振动。
(6) 钻孔精度低，尺寸公差等级为 IT11～IT13，表面粗糙度值 Ra 为 50～12.5 μm。

2. 钻削加工的工艺范围

钻削加工的工艺范围较广，在钻床上采用不同的刀具，可以完成钻孔、扩孔、铰孔、攻螺纹、锪孔和锪平面等，如图 4-1 所示。在钻床上钻孔精度低，但也可通过钻孔-扩孔-铰孔加工出精度要求很高的孔，即公差等级为 IT6～IT8，表面粗糙度值 Ra 为 1.6～0.4 μm 的孔。

还可以利用夹具加工出有较高位置精度要求的孔系。

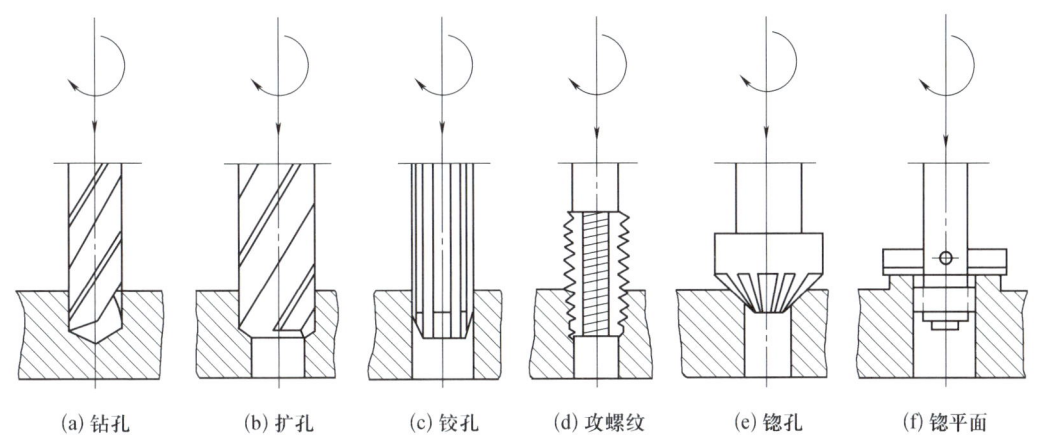

图 4-1　钻削工艺范围

3. 钻削加工安全操作与文明生产

（1）安全操作

① 工作时必须穿工作服，戴防护镜，不允许戴手套操作钻床，女性应戴工作帽。

② 开动钻床前，应认真检查各手柄位置是否正确；开动钻床后，应使主轴低速空转 1～2 min，待运转正常后才能工作。

③ 安装完刀具后，钻夹头钥匙必须随即从钻夹头上取下。

④ 钻床开动时，不允许用手触摸工件的表面，不允许测量工件。

⑤ 清除切屑用刷子或铁钩，不允许用手、棉纱或用嘴吹来清除切屑。

⑥ 工作完毕，应将有关操作手柄放在"空挡"位置上，关闭电源。

（2）文明生产

① 保持工作环境清洁，物品摆放整齐，位置合理。

② 正确使用工具，爱护工具，保持图样和工艺文件的清洁完整。

③ 工作中需要变速时，必须先停车再变速。

④ 工作结束后，将用过的物品擦净归位，清理钻床及周围卫生，按规定加注润滑油。

二、钻床

钻床的主要类型有台式钻床、立式钻床、摇臂钻床以及专门化钻床等。下面介绍 3 种应用广泛的钻床。

1. 台式钻床

台式钻床简称台钻，是一种小型钻床，适用于加工小型工件，加工孔径一般小于 12 mm。如图 4-2 所示，电动机通过 5 挡 V 形带传动，使主轴得到 5 种转速。本体 10 可沿立柱 5 上下移动，并可绕其转动到适当位置，然后用手柄锁紧。保险环 4 位于本体下端，用螺钉 3 锁紧在立柱上,以防止本体锁紧失灵而突然下滑。工作台 9 也可沿立柱上下移动或转动一定角度,由手柄 6 锁紧在适当位置。松开转盘 8 的螺钉,工作台在水平面内可左右倾斜,最大倾斜角度为 45°,底座 7 固定在钳台上。

2. 立式钻床

立式钻床又分为圆柱立式钻床、方柱立式钻床和可调多轴立式钻床 3 个系列。如图 4-3 所示为方柱立式钻床,<u>其主轴是垂直布置的,在水平方向上的位置固定不动,需要通过工件的移动,找正被加工孔的位置。</u>

主轴箱、工作台都装在方形立柱的垂直导轨上,并可调整位置以适应不同高度工件的加工需要。调整好位置后,加工时它们的相互位置就不再动了。主轴除有旋转的主运动外,还沿轴向作进给运动。利用装在主轴箱上的操纵机构,可实现主轴的快速升降、手动进给,以及接通、断开机动进给。

变换主轴回转方向靠电动机的正反转实现,其进给量是以主轴每转一转时主轴的轴向位移来表示,单位为 mm/r。

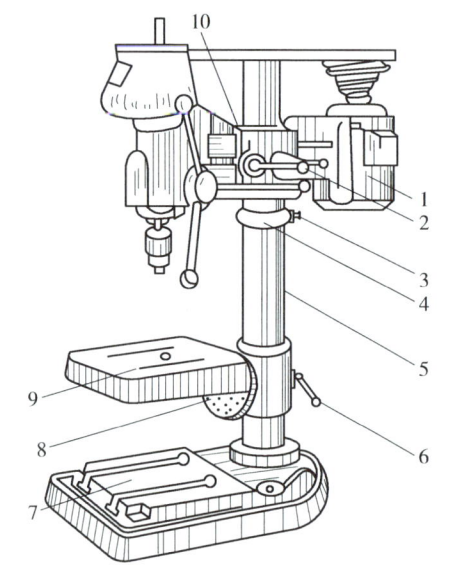

1—电动机;2、6—手柄;3—螺钉;4—保险环;
5—立柱;7—底座;8—转盘;9—工作台;10—本体。

图 4-2 台式钻床

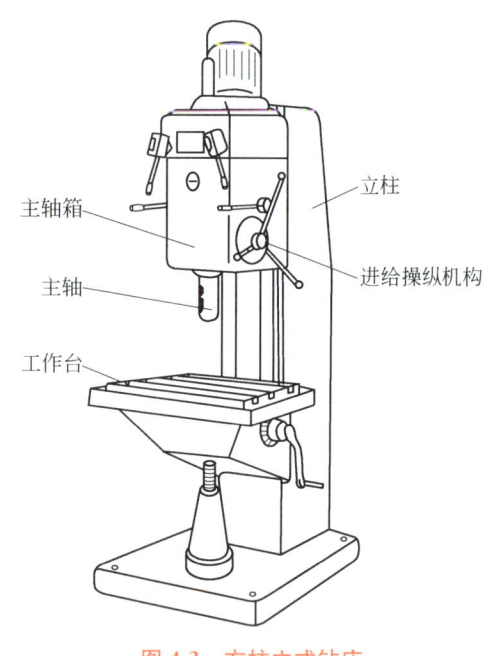

图 4-3 方柱立式钻床

3. 摇臂钻床

在大型工件上钻孔,希望<u>工件不动,钻床主轴能任意调整其位置</u>,这就需要用摇臂钻床来完成,摇臂钻床如图 4-4 所示。底座上装有立柱,立柱分为两层,内层内立柱固定在底座上,外层外立柱由滚动轴承支承,可绕内层转动,如图 4-4b 所示。摇臂可沿外立柱升降。主轴箱可沿摇臂的导轨作水平移动。这样,就可很方便地调整主轴的位置。工件可以装夹在工作台上。如工件较大,也可卸下工作台,直接装在底座上。摇臂钻床广泛应用于加工大、中型工件。

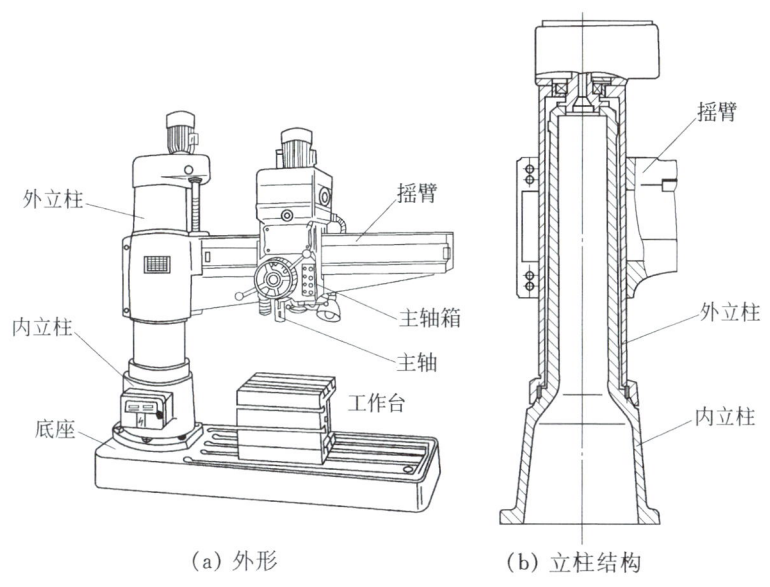

(a) 外形　　(b) 立柱结构

图 4-4　摇臂钻床外形

三、钻孔

钻削加工使用的钻头是定尺寸刀具,按其结构特点和用途可分为扁钻、麻花钻、深孔钻和中心钻等,钻孔直径为 0.1～100 mm,钻孔深度变化范围也很大。钻削加工广泛应用于孔的粗加工,也可以作为不重要孔的最终加工。

1. 麻花钻及其应用

(1) 麻花钻的组成

麻花钻是生产中应用最多的钻头。标准麻花钻结构如图 4-5 所示,由柄部、颈部和工作部分组成。

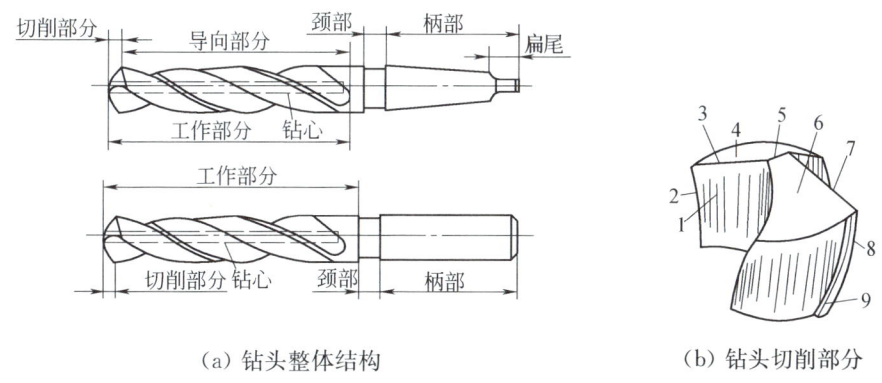

(a) 钻头整体结构　　(b) 钻头切削部分

1—前面;2、8—副切削刃(棱边);3、7—主切削刃;4、6—主后面;5—横刃;9—副后面。

图 4-5　麻花钻结构

① 柄部 柄部是钻头的夹持部分,钻孔时用于传递转矩。麻花钻的柄部有直柄和锥柄两种。直柄主要用于直径小于 12 mm 的小麻花钻,一般是利用钻夹头安装在主轴上。锥柄用于直径较大的麻花钻,能直接插入主轴锥孔或通过锥套插入主轴锥孔中,扁尾用于传递转矩,并通过它方便地拆卸钻头。

② 颈部 麻花钻的颈部凹槽是磨削钻头柄部时砂轮的越程槽,槽底通常刻有麻花钻的规格及厂标。

③ 工作部分 工作部分是麻花钻的主要部分,由切削部分和导向部分组成。

切削部分担负着切削工作,由两个前面、主后面、副后面、主切削刃、副切削刃及一个横刃组成。横刃为两个主后面相交形成的刃口,副后面是钻头的两条刃带,工作时与工件孔壁(已加工表面)相对。

导向部分是当切削部分切入工件后起导向作用,也是切削部分的备磨部分。为了减少导向部分与孔壁的摩擦,其外径磨有倒锥。同时,为了保持钻头有足够强度,需要有一个钻芯,钻芯向钻柄方向做成正锥体。

(2) 麻花钻的主要几何角度(图 4-6)

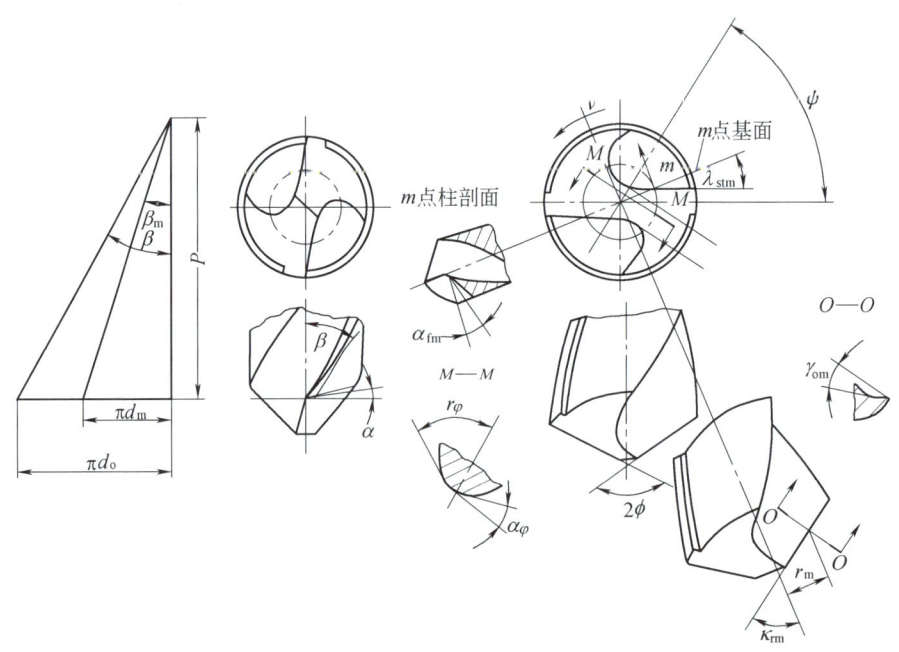

图 4-6 麻花钻的主要几何角度

① 螺旋角 β 麻花钻螺旋角是螺旋槽上最外缘的螺旋线展开成直线后与钻头轴线的夹角。增大螺旋角则前角增大,有利于排屑,但钻头刚度下降。对于直径较小的钻头,螺旋角应取较小值,以保证钻头的刚度。

② 锋角(顶角)2ϕ 锋角是两主切削刃在与其平行的平面上投影的夹角。锋角较小时,刀具容易切入工件,刀具所受轴向抗力较小,且使切削刃工作长度增加,切削层公称厚度减小,有利于散热和提高刀具使用寿命;但锋角过小,则钻头强度减弱,切削变形增加,刀具所

受扭矩增大,钻头易折断。因此,应根据工件材料的强度和硬度来刃磨合理的锋角,标准麻花钻的锋角 2ϕ 为 $118°$。

③ 前角 γ_{om} 由于麻花钻的前面是螺旋面,主切削刃上各点的前角是不同的。沿主切削刃从外圆到中心,前角逐渐减小。转角处前角约为 $30°$,接近横刃处则为 $-30°$ 左右。横刃前角为 $-54°\sim-60°$。

④ 后角 α_{fm} 麻花钻主切削刃上选定点的后角,是以通过该点柱剖面中的进给后角 α_{fm} 来表示的。柱剖面是过主切削刃选定点 m,做与钻头轴线平行的直线,该直线绕钻头轴心旋转所形成的圆柱面。α_{fm} 沿主切削刃也是变化的,越接近中心 α_{fm} 越大。麻花钻的后角通过刃磨形成,最外圆处一般为 $8°\sim10°$,接近横刃处后角为 $20°\sim25°$。这样能弥补由于麻花钻轴向进给运动而使主切削刃上各点实际工作后角减小所产生的影响,并能与前角变化相适应,以改善横刃处的切削条件。

⑤ 主偏角 κ_{rm} 主偏角是主切削刃选定点 m 的切线在基面上的投影与进给运动方向的夹角。麻花钻的基面是过主切削刃选定点包含钻头轴线的平面。由于钻头主切削刃不通过轴心线,故主切削刃上各点基面不同,各点的主偏角也不同。

⑥ 横刃斜角 ψ 横刃斜角是横刃与主切削刃之间的夹角。当麻花钻后面磨出后,ψ 自然形成。由图 4-6 可知,横刃斜角 ψ 增大,则横刃长度减小。标准麻花钻的横刃斜角为 $50°\sim55°$。

(3) 麻花钻的刃磨与修磨

① 麻花钻的刃磨(图 4-7)   麻花钻的刃磨步骤如下:

- 右手握住麻花钻前端,离钻尖约 30 mm 处,左手握住钻柄尾部;刃磨前,麻花钻中心要高于砂轮中心,主切削刃置于水平位置,麻花钻尾部略低于钻尖。
- 将主切削刃慢慢靠向砂轮,与砂轮接触产生火花。
- 向前轻轻施压,并使钻柄向下摆动,同时做顺时针转动,磨出后角。
- 放松压力,锥柄向上并逆时针转动复位。
- 重复刃磨几次,即可磨好一面的主切削刃。
- 将麻花钻转过 $180°$,用相同的方法刃磨出另一面主切削刃。

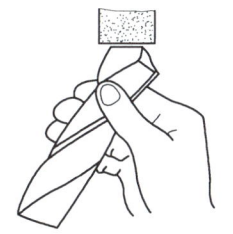
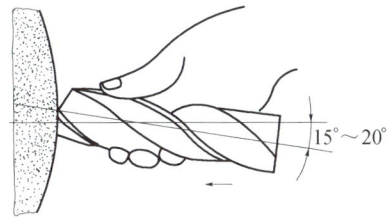

图 4-7 麻花钻的刃磨

② 刃磨麻花钻时的注意事项   在刃磨麻花钻过程中,要随时进行目测检查。目测方法如下:

- 主切削刃、锋角检查   目测时把钻头切削部分向上竖直,两眼平视,切削刃应对称、长度应相等,要多次旋转180°后反复看几次,锋角约为118°(稍大于90°)。

● 横刃斜角检查　横刃应从中间把两条主切削刃和两后面平均分开,横刃斜角为50°～55°。

● 后面检查　两后面应光洁平整,高度从主切削刃开始逐渐降低并对称。

③ 麻花钻的修磨

a. 标准麻花钻的缺陷　标准麻花钻由于本身结构的原因,存在以下缺陷:

● 主切削刃上各点前角相差较大,从外缘到靠近中心处,由+30°～-30°,切削性能相差很大。

● 横刃较长,又为负前角,钻削时轴向力大,定心性差。

● 主切削刃长,切削刃上各切削速度的大小和方向差别很大,使切屑卷曲和排出困难。

● 主切削刃与棱边转角处切削速度最高,副后角为零,因此磨损最快。

b. 麻花钻的修磨　针对标准麻花钻存在的一些缺陷,通常对麻花钻的切削部分进行修磨,改善切削性能。常见的修磨项目如下:

● 修磨双重顶刃　在麻花钻转角处磨出过渡刃 $2\phi'=70°\sim75°$,使麻花钻具有双重顶刃,如图4-8所示。由于顶角减小,使轴向力减小,同时使转角处刀尖角 ε_r' 增大,改善了散热条件,提高了刀具的使用寿命和已加工表面的质量。

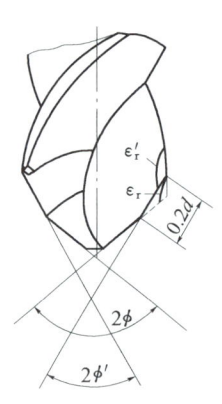

图4-8　修磨双重顶刃

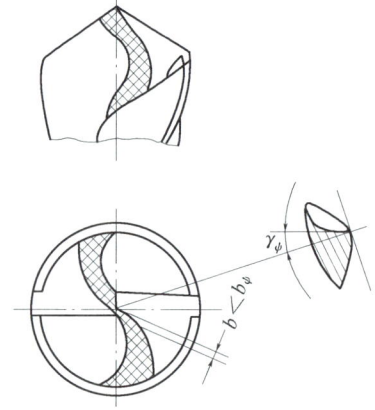

图4-9　修磨横刃

● 修磨横刃　修磨横刃主要是将横刃磨短,并修磨出正前角。修磨后的横刃长度为原来长度的1/3～1/5,以减少轴向阻力和挤刮现象,提高麻花钻的定心作用和切削稳定性,如图4-9所示。

● 修磨棱边　由于麻花钻的副后角为零,在较软材料上钻削大于 $\phi12$ mm 孔时,为减少棱边与孔壁的摩擦,应在靠近主切削刃的一段棱边上,磨出副后角,如图4-10所示。修磨后可减少麻花钻磨损和提高麻花钻的使用寿命。

● 磨出分屑槽　在钻削韧性材料时,为使切屑排出顺利,可在主切削刃上交错磨出分屑槽,将切屑分割成窄条,如图4-11所示。

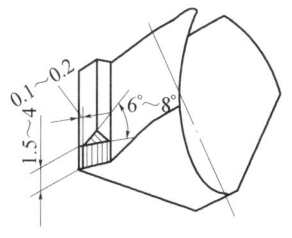
图 4-10　修磨棱边

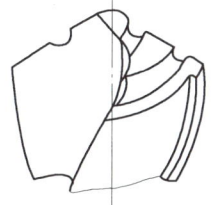
图 4-11　磨出分屑槽

(4) 麻花钻钻孔的方法

① 按划线位置钻孔　钻孔开始时,应进行试钻,其方法是用钻头尖在孔的中心样冲眼上钻一浅孔(约占孔径的 1/4),然后检查孔的中心是否正确,如果发现偏离中心要及时纠正。钻通孔时,在孔将钻透时,进给量要减小,以提高钻孔质量并防止小直径钻头折断。钻不通孔时应注意掌握钻削深度。常用的控制方法是调整钻床上的深度标尺挡块或做标记等。

② 钻较深孔　当孔的深度超过孔径 3 倍时,钻孔时要经常退出钻头及时排屑和冷却,否则容易造成切屑堵塞或使钻头过度磨损甚至折断,影响孔的加工质量。

③ 在硬材料上钻孔　钻孔速度不能过高,手动进给量要均匀,特别是孔即将钻通时,应注意适当降低切削速度和进给量。

④ 钻削孔径较大的孔　当钻孔直径较大(通常＞30 mm)时,应分两次钻削。第一次用 0.6~0.8 倍孔径的钻头先钻,然后再钻到所要求的直径。这样既有利于减小钻头的轴向抗力,也有利于提高钻削质量。

⑤ 钻高塑性材料上的孔　在塑性好、韧性高的材料上钻孔时,断屑常成为影响加工的突出问题。如切屑缠绕钻头,影响工作质量;不利于切削液进入切削区,降低钻头耐用度;影响操作工人及工艺系统安全等。当出现此类问题时,可通过改变钻头的几何角度、降低切削速度、提高进给量、及时退出钻头排屑和冷却等措施加以改善。

⑥ 在斜面上钻孔　如图 4-12 所示,在斜面上钻孔时,往往因斜面引起的径向力使钻头引偏,造成孔轴线歪斜(图 4-12a),甚至折断钻头。为防止钻头引偏,钻孔前可在斜面上先锪出平面后再进行钻孔(图 4-12b),或采用特殊钻套来引导钻头,以增加钻头的刚度,保证孔的加工精度(图 4-12c)。

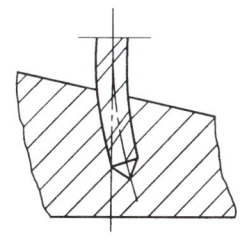
(a) 钻头引偏

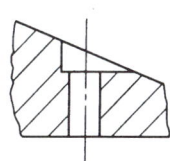
(b) 先锪出平面后再进行钻孔

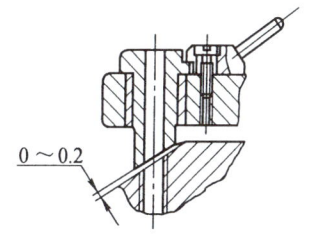
(c) 采用特殊钻套来引导钻头

图 4-12　钻头引偏及防止钻头引偏的措施

钻削钢材常采用乳化液或机油进行冷却润滑,钻削铸铁常使用煤油进行冷却润滑,钻削有色金属使用乳化液、煤油进行冷却润滑。

2. 深孔钻

深孔一般是指长径比大于 5 的孔。钻深孔时,由于切削液不易到达切削区域,钻头的冷却散热条件差,切削温度升高,钻头的使用寿命降低;因钻头细长,刚度较差,钻孔时容易发生引偏和振动。为保证深孔加工质量和钻头的使用寿命,钻头的结构需要解决断屑排屑、冷却润滑及导向三大问题。

常用的深孔钻有接长麻花钻、扁钻、枪钻(外排屑)、错齿内排屑深孔钻、喷吸钻等。

单件小批生产中的深孔钻削,常采用接长的麻花钻在卧式车床上进行。在加工中,钻头需频繁进退,既影响钻孔效率又增加工人的劳动强度。

枪钻因最早用于钻枪管而得名,多用于加工直径较小(5～13 mm)、深度较大(100～250 mm)的深孔。钻削时具有良好的导向性,径向振动小,因而可防止孔中心线偏斜和孔径扩大。

错齿内排屑深孔钻的断屑排屑效果较好,钻杆外径较大,刚性较好,适用于加工直径 15～180 mm 的深孔。钻孔时可选用较大的进给量,从而可提高生产率。

喷吸钻是一种新型的内排屑深孔钻。它的切削部分与错齿内排屑钻头基本相同。冷却、润滑和断屑排屑效果均较好。

四、扩孔与锪孔

1. 扩孔

扩孔是利用扩孔钻扩大工件孔径的加工方法。扩孔常用于已铸出、锻出或钻出孔的扩大。扩孔可作为铰孔、磨孔前的预加工,也可以作为精度要求不高的孔的最终加工,常用于直径在 10～100 mm 范围内孔的加工。扩孔加工余量为 0.5～4 mm。

用麻花钻也可扩大工件的孔径,但不能提高孔的精度,用扩孔钻扩大工件孔径的同时还可以提高孔的精度。

(1) 扩孔钻

扩孔钻的结构如图 4-13 所示。扩孔钻与麻花钻相似,不同的是主切削刃较多,通常为 3～4 条,故导向性好;主切削刃不通过中心,无横刃,可以避免横刃对切削带来的不良影响;螺旋槽较浅,钻芯直径较大,刀体强度较高,刚性较好,扩孔时切削用量也可提高。

由于扩孔钻有以上特点,所以扩孔比钻孔的加工质量好,生产率高。扩孔对预制孔轴线的偏斜,有一定的校正作用。扩孔精度一般为 IT9～IT11,表面粗糙度值 Ra 可达 6.3～3.2 μm。

(2) 扩孔时应注意的问题

① 扩孔时切削速度和进给量不宜太大,一般切削速度约为钻孔切削速度的 1/2,进给量为钻孔进给量的 2.2～2.4 倍。

② 脆性材料以外的其他材料,扩孔时一般都需使用切削液,其中以使用乳化液最为广泛。

③ 扩孔前如没有底孔，应先用 0.5～0.7 倍孔径的麻花钻钻底孔，再用等于孔径的扩孔钻扩孔。

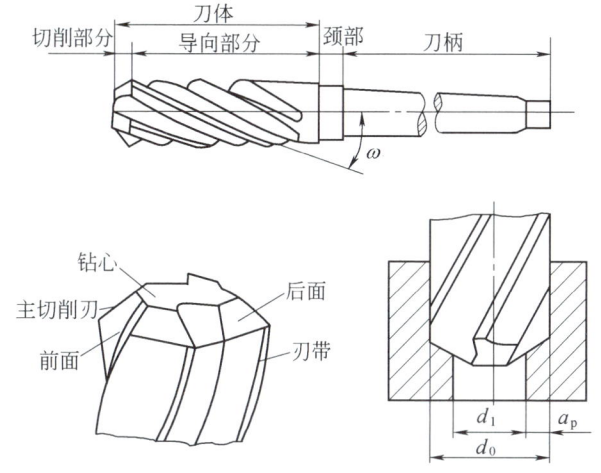

图 4-13　扩孔钻结构

2. 锪孔

锪孔是指在已加工出的孔上加工圆柱形沉头孔、锥形沉头孔和凸台端面等。锪孔时所用的刀具统称为锪钻，如图 4-14 所示。锪钻一般用高速钢制造，加工大直径凸台端面的锪

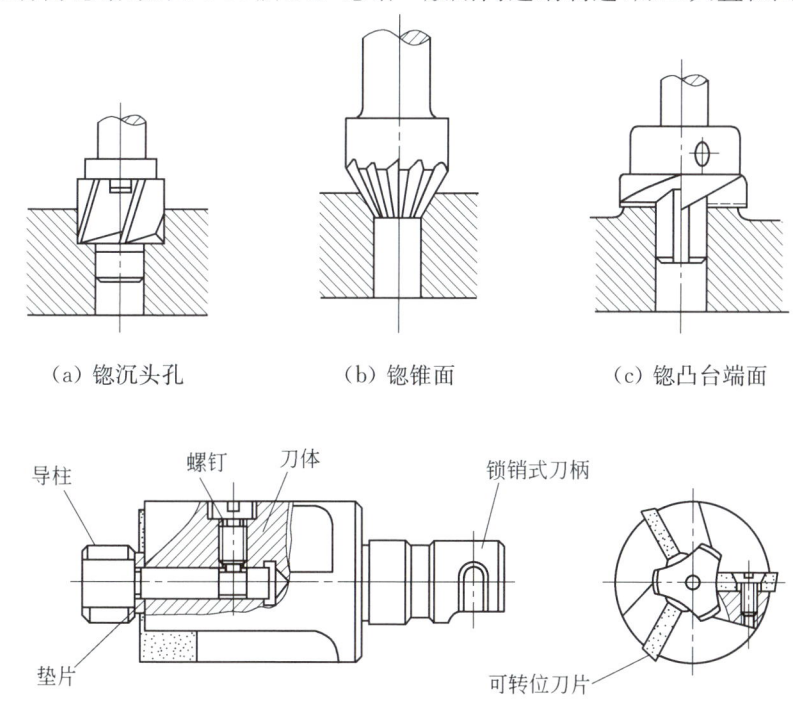

（a）锪沉头孔　　　（b）锪锥面　　　（c）锪凸台端面

（d）装配式锪钻

图 4-14　锪钻及其应用

钻,可用硬质合金刀片或可转位刀片,用镶齿或机夹的方法,固定在刀体上制成。锪钻导柱的作用是为保证被锪沉头孔与原有孔的同轴度精度。

锥锪钻的锥角有 60°、90°和 120°三种。

图 4-14d 所示的硬质合金可转位平底锪钻,用于在直径大于 15 mm 的孔上锪凸台端面。导柱与原有孔之间采用间隙配合,并用螺钉固定在刀体中。垫片的作用是保护刀片不受损坏。它的锁销式刀柄具有快速装拆的功能。这种锪钻结构简单,制造方便,切削平稳,加工质量好,生产率高。

五、铰孔

铰孔是利用铰刀从工件孔壁切除微量金属层,以提高孔的尺寸精度和降低表面粗糙度值的方法。它适用于孔的半精加工与精加工,也可用于磨孔或研孔前的预加工。由于铰孔时切削余量小,所以,铰孔后其公差等级一般为 IT6～IT9,表面粗糙度值 Ra 为 1.6～0.4 μm。铰削不适合加工淬火钢和硬度太高的材料。铰刀是定尺寸刀具,适合加工中小直径孔。在铰孔之前,工件应经过钻孔、扩(镗)孔等加工。

1. 铰刀

按使用方法的不同,铰刀分为手用铰刀和机用铰刀。铰刀的结构形状如图 4-15 所示。手用铰刀为直柄,工作部分较长,导向作用好,可以防止手工铰孔时铰刀歪斜。机用铰刀多为锥柄,可安装在钻床、车床和镗床上铰孔。

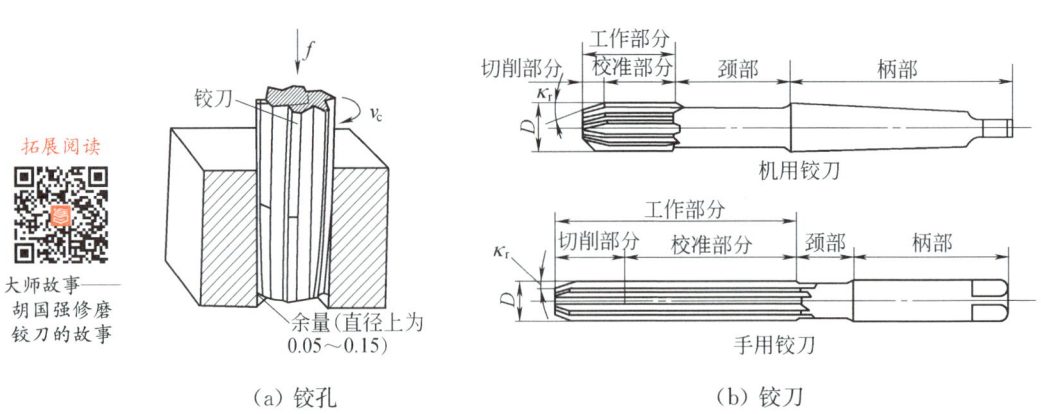

图 4-15 铰孔和铰刀

铰刀的工作部分包括切削部分和校准部分。切削部分呈锥形,担负主要的切削工作。校准部分用于矫正孔径、修光孔壁和导向。校准部分的后部具有很小的倒锥,以减少与孔壁之间的摩擦和防止铰削后孔径扩大。

铰刀容屑槽浅,钻芯粗壮,刚性和导向性比扩孔钻好。

2. 铰孔时应注意的问题

(1) 铰削余量要适中。余量过大,会因切削热多而导致铰刀直径增大,孔径扩大;切屑易堵塞,切削液不易进入切削区,铰出的孔粗糙,铰刀易磨损;余量过小,不能铰去底孔留下的刀痕,使表面粗糙度达不到要求。粗铰余量一般为 0.15~0.35 mm,精铰余量一般为 0.05~0.15 mm。

(2) 铰孔过程中应采用较低的切削速度和较小的进给量。

(3) 合理使用切削液。

(4) 为防止铰刀轴线与主轴轴线相互偏斜而引起的孔轴线歪斜、孔径扩大等现象,铰刀与主轴之间应采用浮动连接。当采用浮动连接时,铰孔不能校正底孔轴线的偏斜,孔的位置精度应由前道工序来保证。

(5) 铰孔过程中,铰刀不可倒转,以免切屑挤住铰刀,划伤孔壁,铰刀崩刃。

(6) 铰刀用钝后应及时修磨。一般只重磨后面,并用油石将铰刀的切削部分与校准部分的交接处研磨成小圆角,形成过渡刃,以提高铰刀使用寿命和改善加工表面质量。

六、攻螺纹

攻螺纹是利用丝锥在工件孔中切削出内螺纹的加工方法。

1. 丝锥

丝锥是加工内螺纹的工具,有手用和机用、左旋和右旋、粗牙和细牙之分。手用丝锥一般采用合金工具钢(如 9SiCr)或轴承钢(如 GCr9)制造;机用丝锥通常用高速钢制造。

丝锥由工作部分和柄部组成,其中工作部分由切削部分和校准部分组成,如图 4-16 所示。

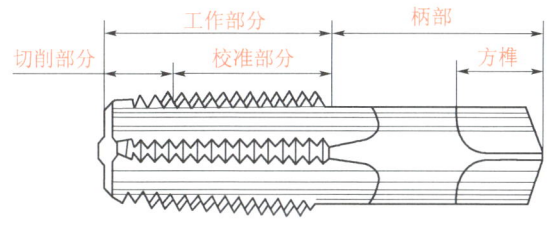

图 4-16 丝锥

2. 攻螺纹时应注意的问题

钻削加工

(1) 攻不通孔螺纹时,可在丝锥上做好深度标记,并经常退出丝锥,清除留在孔内的切屑,防止切屑堵塞使丝锥折断或达不到螺纹深度要求。

(2) 攻塑性或韧性材料时,要加注切削液,以减小切削阻力,降低表面粗糙度值,延长丝锥寿命;一般攻钢材时,使用机油或浓度大的乳化液,螺纹质量要求高时可用植物油;攻铸铁时可用煤油。

(3) 机攻时要保持丝锥与螺纹孔的同轴度要求;即将攻完螺纹时,丝锥的校准部分不能全部伸出工件,以避免反转退出丝锥时产生乱扣和损坏丝锥。

(4) 攻螺纹时切削速度一般为 6~15 m/min;攻调质钢或较硬的钢材为 5~10 m/min;

攻不锈钢为 2~7 m/min；攻铸铁为 8~10 m/min。

第二节 镗削加工

镗削是利用镗刀对已有孔的加工，镗削可扩大孔径并提高孔的加工精度、减小孔的表面粗糙度值。

一、镗削概述

1. 镗削的特点

（1）镗削加工灵活性大，适应性强。在镗床上除可加工孔和孔系外，还可以加工外圆、端面等。镗削对于不同的生产类型和精度要求都适用。

（2）镗削加工操作技术要求高。要保证工件的尺寸精度和表面粗糙度，除取决于所用的设备外，更主要的是与操作者的技术水平有关，同时机床、刀具调整时间较长，镗削时参加工作的切削刃少，加工生产率较低。

（3）镗刀结构简单，刃磨方便，成本低。

（4）镗孔可修正上一工序所产生的孔的轴线位置误差，保证孔的位置精度。

（5）镗孔时，其尺寸公差等级为 IT6~IT7，孔距精度可达 0.015 mm，表面粗糙度值 Ra 为 1.6~0.8 μm。

2. 镗削的应用

镗削加工可以加工单孔和孔系，锪、铣平面，镗盲孔及镗端面等，如图 4-17 所示。机座、

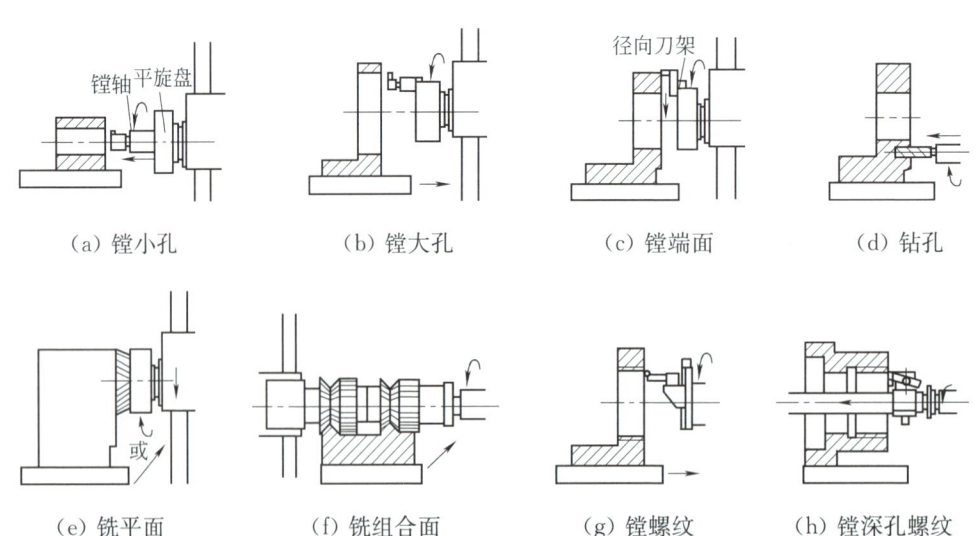

(a) 镗小孔　　(b) 镗大孔　　(c) 镗端面　　(d) 钻孔

(e) 铣平面　　(f) 铣组合面　　(g) 镗螺纹　　(h) 镗深孔螺纹

图 4-17 镗削的工艺范围

箱体、支架等外形复杂的大型工件上直径较大的孔,特别是有位置精度要求的孔系,常在镗床上利用坐标装置和镗模加工。当配备各种附件、专用镗杆和装置后,利用镗床还可以切槽、车螺纹、镗锥孔和加工球面等。

二、镗床

镗床适合镗削大、中型工件上已有的孔,特别适宜于加工分布在同一或不同表面上、孔距和位置精度要求较严格的孔系。加工时刀具的旋转为主运动,进给运动则根据机床类型和加工条件不同,可由刀具或工件完成。

镗床可分为卧式镗床、坐标镗床和精镗床等。

1. 卧式镗床

卧式镗床由床身、主轴箱、工作台、平旋盘和前、后立柱等组成,如图 4-18 所示。主轴箱安装在前立柱垂直导轨上,可沿导轨上、下移动。主轴箱内装有主轴部件、平旋盘、主运动和进给运动的变速机构及操纵机构等。机床的主运动为主轴或平旋盘的旋转运动。根据加工要求,镗轴可作轴向进给运动或平旋盘上径向刀具溜板在随平旋盘旋转的同时,作径向进给运动。工作台由下滑座、上滑座和上工作台组成。工作台可随下滑座沿床身导轨作纵向移动,也可随上滑座沿下滑座顶部导轨作横向移动。上工作台还可沿上滑座的环行导轨绕垂直轴线转位,以便加工分布在不同面上的孔。后立柱垂直导轨上有支承架用以支承较长的镗杆,以增大镗杆的刚度。支承架可沿后立柱导轨上、下移动,以保持与镗轴同轴;后立柱可根据镗杆长度做纵向位置调整。

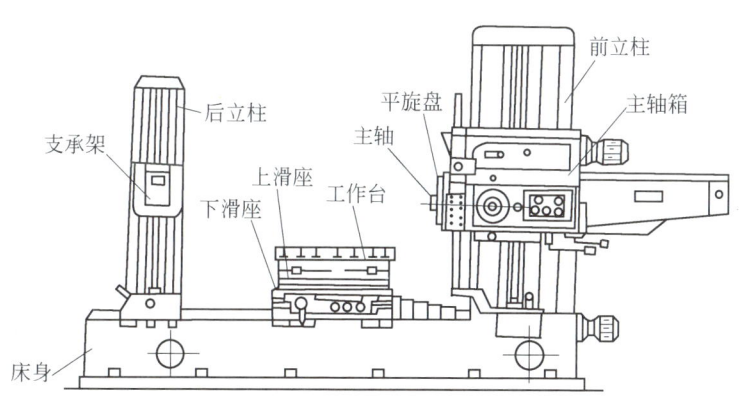

图 4-18 卧式镗床

卧式镗床的工艺范围非常广泛,典型加工方法如图 4-19 所示。图 4-19a 为用装在镗轴上的悬伸镗杆上的镗刀镗孔,由镗轴移动完成纵向进给运动;图 4-19b 为利用后立柱支承长镗杆上的镗刀镗削同一轴线上的孔,工作台完成纵向进给运动;图 4-19c 为用装在平旋盘上的悬伸镗杆上的镗刀镗削大直径孔,工作台完成纵向进给运动;图 4-19d 为用装在镗轴上的端铣刀铣平面,主轴箱完成垂直进给运动;图4-19e、f为用装在平旋盘刀具溜板上的车刀车内沟槽和端面,刀具溜板作径向进给运动。

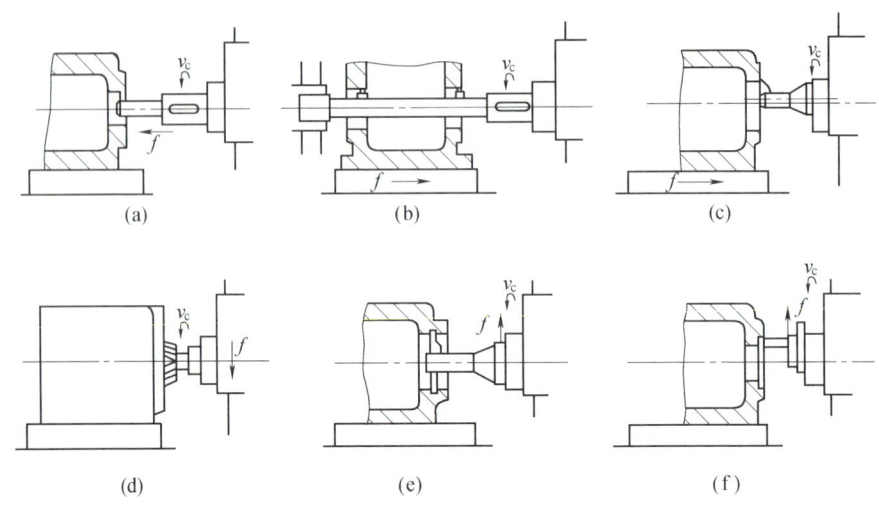

图 4-19　卧式镗床的典型加工方法

2. 坐标镗床

坐标镗床是一种高精度机床,刚性和抗振性很好,还具有工作台、主轴箱等运动部件的精密坐标测量装置,能实现工件和刀具的精密定位,所以,坐标镗床加工的尺寸精度和形位精度都很高。主要用于单件小批生产中对夹具上的精密孔、孔系和模具零件进行加工,也可用于成批生产中对各类箱体、缸体和机体的精密孔系进行加工。坐标镗床按其结构形式分单柱、双柱和卧式3种形式。

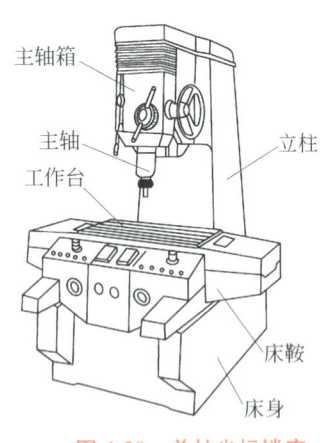

图 4-20　单柱坐标镗床

(1) 单柱坐标镗床　其结构形式如图4-20所示,主轴箱装在立柱的垂直导轨上,可上下调整位置,以适应加工不同高度的工件。镗孔坐标位置由工作台沿床鞍导轨的纵向移动和床鞍沿床身导轨的横向移动来确定。

这种机床的工作台三面敞开,操作方便,但主轴箱悬臂安装在立柱上,工作台尺寸越大,主轴中心线距离立柱也就越远,影响机床刚度和加工精度。所以,这种机床一般为中小型机床(工作台面宽度小于630 mm)。

(2) 双柱坐标镗床　其结构形状如图4-21所示,这类坐标镗床由两个立柱、顶梁和床身构成龙门框架,刚性很好。主轴箱装在可沿立柱导轨上下调整位置的横梁上。镗孔坐标位置由主轴箱沿横梁导轨移动和工作台沿床身导轨移动来确定。双柱式坐标镗床一般为大中型机床。

(3) 卧式坐标镗床　这类镗床的结构特点是主轴水平布置,其结构形式如图4-22所示。工作台由下滑座、上滑座及可做精密分度的回转工作台组成。镗孔坐标位置由下滑座沿床身导轨的纵向移动和主轴箱沿立柱导轨的垂直方向移动来确定。进行孔加工时，可由主轴轴向移动完成进给运动，也可由上滑座移动完成。卧式坐标镗床具有较好的工艺性能，工件高度一般不受限制，且装夹方便，利用工作台的分度运动，可在工件一次装夹中完成多方向的孔和平面加工。

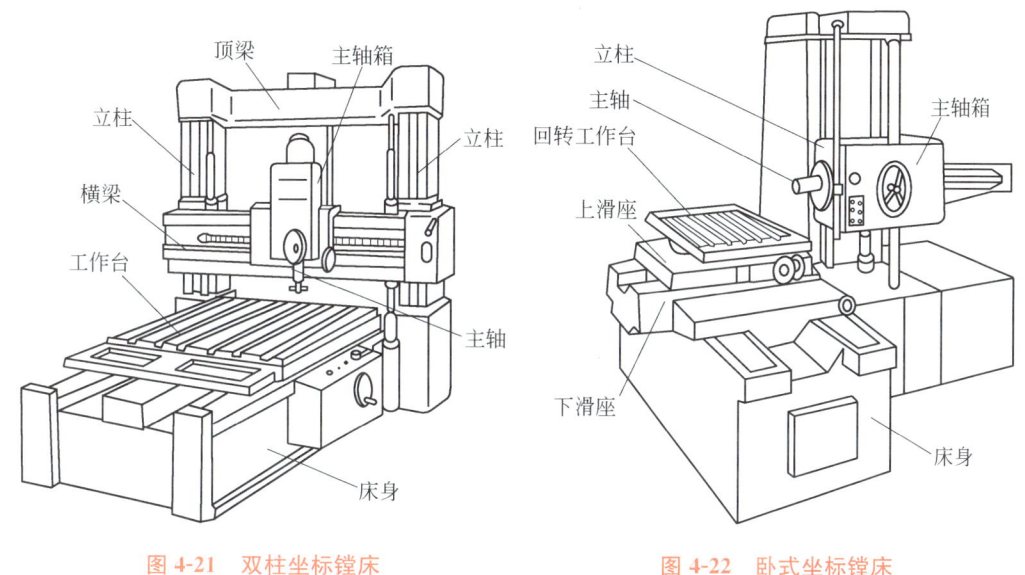

图 4-21　双柱坐标镗床　　　　　　　　图 4-22　卧式坐标镗床

3. 精镗床

精镗床是一种高速镗床，因过去采用金刚石作为刀具材料而得名金刚镗床。现在则用硬质合金作为刀具材料，切削加工铝合金的速度高达 200～400 m/min，而背吃刀量和进给量都很小，加工的尺寸精度较高，为 0.003～0.005 mm，表面粗糙度值 Ra 为 0.16～1.25 μm，因此，称为精镗床。它主要用于成批大量生产中加工中小型零件的精密孔，如轴瓦、活塞、连杆、液压泵壳体、气缸套上的孔等。

精镗床按主轴位置可分为卧轴和立轴两种类型。如图 4-23 所示为卧式精镗床常见的布局形式，在床身的一边或两边固定安装着一个或两个主轴头，并作高速旋转为主运动，主轴头之间的中心距可按工件的孔距进行调整，工作台可沿着床身顶面的导轨左、右移动，完成纵向进给运动。

三、镗刀

1. 概述

镗刀是指在镗床上进行镗孔的刀具。就其切削部分而言，与外圆车刀没有本质区别，但由于其工作条件较差，为保证镗孔时的加工质量，在选择和设计镗刀时，应满足下列要求：

（1）镗刀和镗杆要有足够的刚度。

（2）镗刀在镗杆上既要夹持牢固，又要装卸方便，便于调整。

(3) 要有可靠的断屑和排屑措施,确保切屑顺利折断和排出。

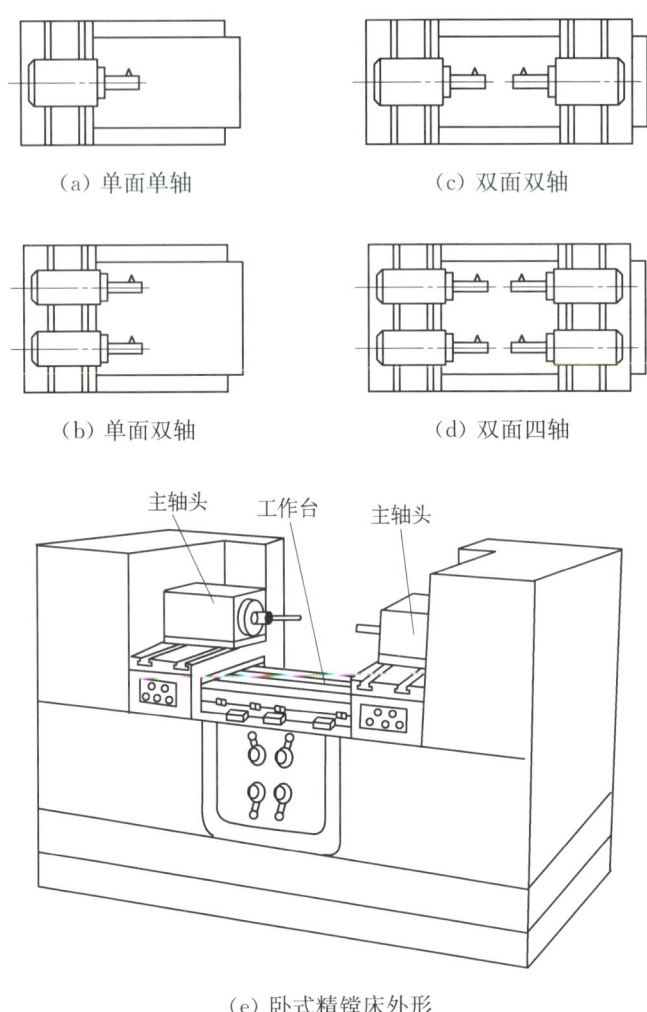

(a) 单面单轴　　(c) 双面双轴

(b) 单面双轴　　(d) 双面四轴

(e) 卧式精镗床外形

图 4-23　卧式精镗床常见的布局形式

镗刀有多种类型。按镗刀的切削刃数量可分为单刃、双刃和多刃镗刀。按工件的加工表面可分为用于加工内孔(其中又分为通孔、阶梯孔和盲孔)和加工端面的镗刀。按刀具的结构可分为整体式、装配式和可调式镗刀。

2. 常用镗刀的类型、结构和特点

(1) 单刃镗刀　如图 4-24 所示为单刃盲孔镗刀、单刃通孔镗刀,大多数单刃镗刀均制成这种可调结构。调节螺钉用于调整尺寸,紧固螺钉起锁紧作用。

可调结构的单刃镗刀只能使镗刀头单向移动,如调整时镗刀头伸出量过大,则需用手使其退回,有时可能要反复多次才能调至所要求的尺寸,因而效率较低,调整精度不太高,只能用于单件小批量生产。

为了提高镗刀的调整精度,在数控机床和精密镗床上常使用微调镗刀,其读数值精度可达 0.01 mm。如图 4-25 所示的微调镗刀在调整时,先松开拉紧螺钉,然后转动带刻度盘的调整螺母,待刀片调至所需直径尺寸,再拧紧拉紧螺钉。导向键可防止镗刀头转动。此种结构比较简单,刚性较好。

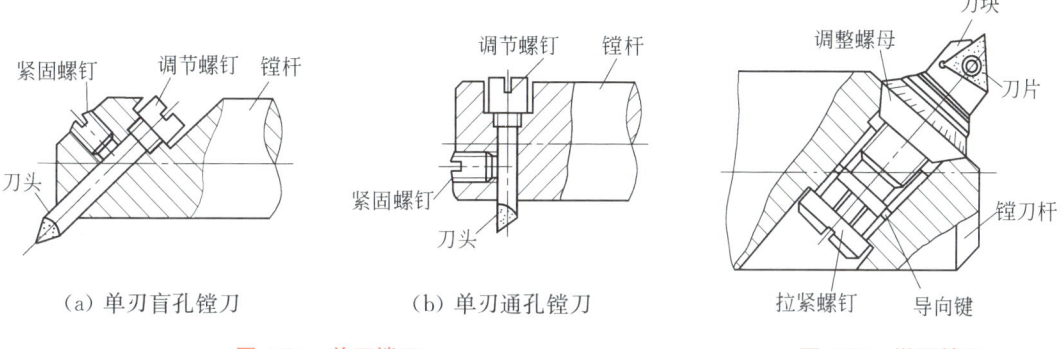

图 4-24 单刃镗刀　　　　　　　　　图 4-25 微调镗刀

(2) 双刃镗刀　简单的双刃镗刀在镗刀的两端有一对对称的切削刃同时参加切削工作,切削时可以抵消径向力对镗杆的影响,工件孔径的尺寸精度由镗刀来保证。

双刃镗刀分为固定式和浮动式两种。固定式镗刀块及其安装如图 4-26 所示。镗刀块可镶焊硬质合金刀片或由高速钢整体制造。这种镗刀由于受镗刀块安装精度和结构尺寸的限制,只适用于粗镗、半精镗直径大于 40 mm 的孔。

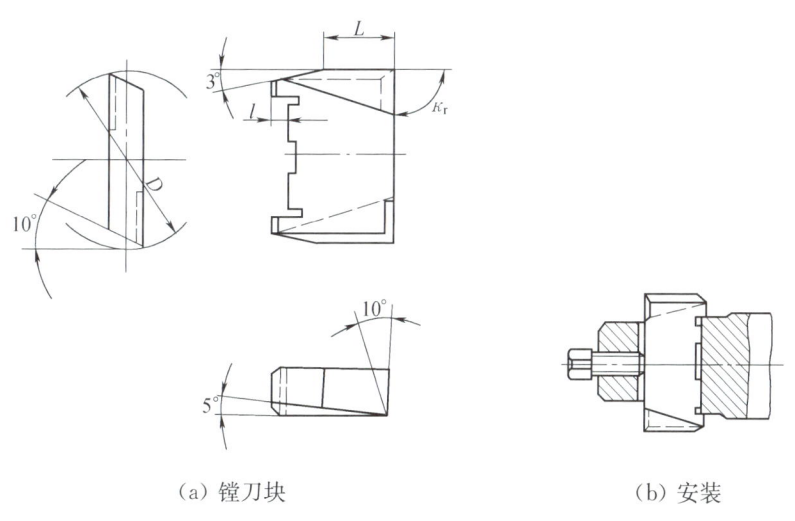

图 4-26 固定式镗刀块及其安装

双刃镗刀大多采用浮动结构,如图 4-27 所示即为一常用的装配式浮动镗刀。其镗刀块以间隙配合装入镗杆的方孔中,无需夹紧,而是靠切削时作用于两侧切削刃上的切削力来自动平衡定位,因而能自动补偿由于镗刀块安装误差和镗杆径向圆跳动所产生的加工误差。用该镗刀加工的孔径公差等级可达 IT6～IT7,表面粗糙度值 Ra 为 1.6～0.4 μm。镗刀块在镗杆中浮动所带来的缺点是无法纠正孔的直线度误差和相互位置误差。

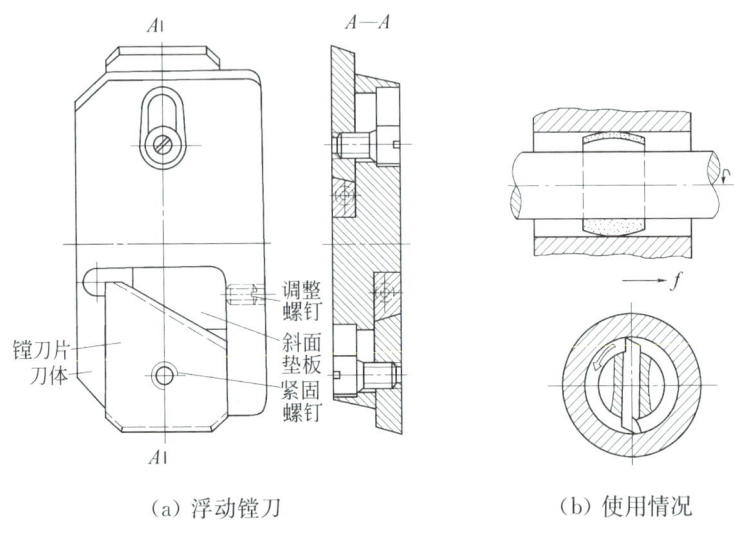

(a) 浮动镗刀   (b) 使用情况

图 4-27 装配式浮动镗刀及其使用

(3) 多刃镗刀 在大批量生产中，尤其是加工硬度较低的有色金属时，常采用多刃组合镗刀，即在一个镗杆和一个刀头上安排多个径向和轴向加工的镗刀片。组合镗刀制造和重磨比较麻烦，但加工效益好。

为了提高镗孔的加工精度和效率，又避免上述多刃镗刀重磨时的麻烦，可在镗孔时采用多刃复合镗刀，即在一个刀体或刀杆上设置两个及两个以上的刀头，每个刀头都可单独调整，两个以上切削刃在同时工作的镗刀即为多刃复合镗刀，图 4-28a 为镗削通孔和止口的双刃复合镗刀，图 4-28b 为镗削双孔粗、精镗的多刃复合镗刀。

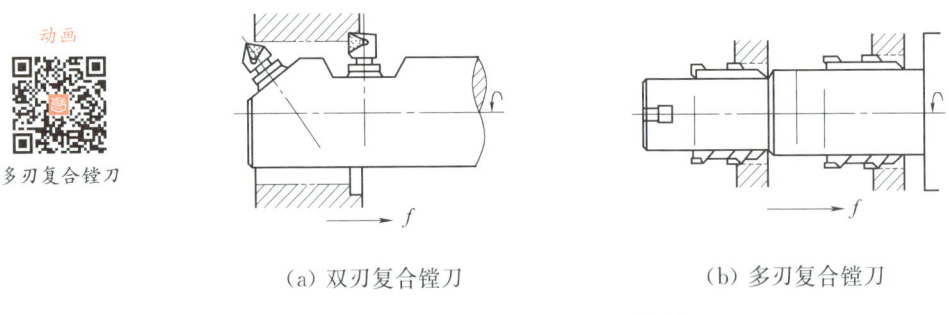

(a) 双刃复合镗刀   (b) 多刃复合镗刀

图 4-28 多刃复合镗刀

四、镗削加工方法

1. 单一表面的加工

(1) 镗削直径不大的孔 可将镗刀安装在镗轴上旋转，工作台不移动，镗轴兼作轴向进给运动,如图 4-17a 所示。每完成一次进给,主轴退回起点位置,然后再调节背吃刀量继续加工,直至加工结束。镗削深度靠调节镗刀伸出长度来确定。

（2）镗不深的大孔　在平旋盘溜板上装上刀架与镗刀,平旋盘转动,刀架溜板带动镗刀切入所需深度后,再让工作台带动工件作纵向进给运动,如图 4-17b 所示。

（3）加工孔边的端面　把刀具装在平旋盘的刀架上,由平旋盘带动刀具旋转,同时刀架在刀架溜板的带动下沿平旋盘径向进给,如图 4-17c 所示。

（4）钻孔、扩孔、铰孔　对于小孔,可在主轴上逐次装上钻头、扩孔钻及铰刀,主轴旋转并轴向进给。即可完成小孔的钻、扩、铰等切削加工,如图 4-17d 所示。

（5）加工螺纹　将螺纹镗刀安装在特制的刀架上,由镗轴带动旋转,工作台沿床身按刀具每旋转一周移动一个导程的规律作轴向进给运动,便可镗出螺纹。控制每一行程的背吃刀量时,可在每一行程结束时,将特制刀架沿它的溜板方向按需要移动一定距离即可,如图 4-17g 所示。用这种方法还可以加工不长的外螺纹。加工内螺纹也可将另一特制刀架装在镗杆上,镗杆既转动,又按要求作轴向进给运动,如图 4-17h 所示。

2. 孔系加工

孔系是指在空间具有一定相对位置精度要求的两个或两个以上的孔。孔系分为同轴孔系、垂直孔系和平行孔系。

（1）镗同轴孔系

同轴孔系的主要技术要求为同轴线上各孔的同轴度,生产中常采用以下方法加工。

① 导向法　单件小批生产时,箱体上的孔系一般在通用机床上加工,镗杆的受力变形会影响孔的同轴度,这时,可采用导向套导向加工同轴孔。

● 用镗床后立柱上的导向套做支承导向　将镗杆插入镗轴锥孔中,另一端由后立柱上的导套支承,装好镗刀,调整好尺寸,镗轴旋转,工作台带动工件作纵向进给运动,即可镗出两同轴孔。若两孔径不等,可在镗杆不同位置上装两把镗刀将两孔先后或同时镗出,如图 4-19b 所示。此法的缺点是后立柱导套的位置调整麻烦费时,需用心轴量块找正,一般适用于大型箱体的加工。

● 用已加工孔做支承导向　当箱体前壁上的孔加工完毕,可在孔内装一导向套,以支承和引导镗杆加工后面的孔,来保证两孔的同轴度。此法适用于箱壁相距较近的同轴孔加工,如图 4-29 所示。

② 找正法　找正法是在工件一次装夹镗出箱体一端的孔后,将镗床工作台回转 180°,再对箱体另一端同轴线的孔进行找正加工。找正后保证镗杆轴线与已加工孔轴线位置精确重合。

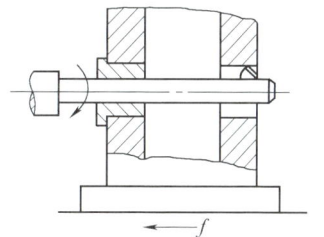

图 4-29　用已加工孔做支承导向

图 4-30a 所示为镗孔前用装在镗杆上的百分表对箱体上与所镗孔轴线平行的工艺基面进行校正,使其与镗杆轴线平行,然后调整主轴位置加工箱体 A 壁上的孔。图 4-30b 所示为镗孔后工作台回转 180°,重新校准工艺基面对镗杆轴线的平行度,再以工艺基面为统一

测量基准,调整主轴位置,使镗杆轴线与 A 壁上孔轴线重合,即可加工箱体 B 壁上的孔。该方法工艺基面必须是与同轴孔的轴线平行的已加工表面。

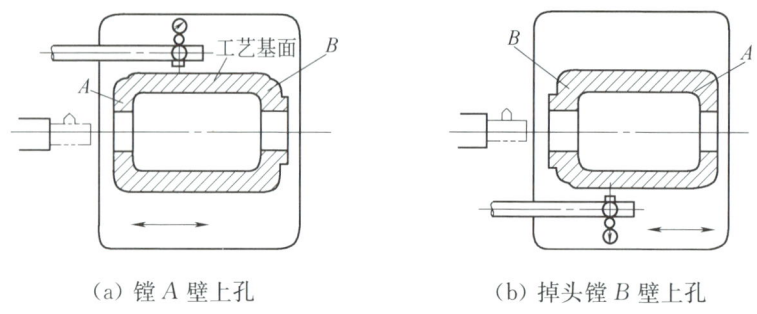

(a) 镗 A 壁上孔　　　　　　(b) 掉头镗 B 壁上孔

图 4-30　找正法加工同轴孔系

③ 镗模法　在成批大量生产中,一般采用镗模加工,孔的同轴度由镗模保证。图 4-31 为工件装夹在镗模上,镗杆支承在前后镗套的导向孔中,由镗套引导镗杆在工件的正确位置上镗孔。

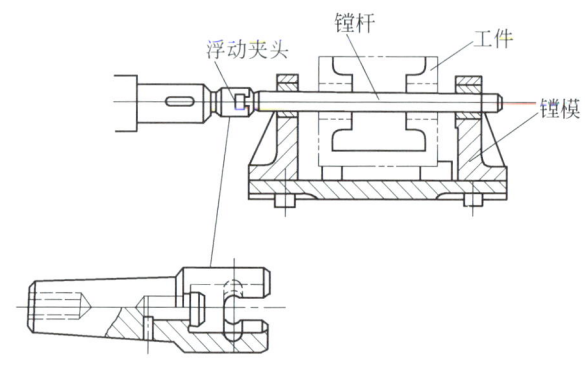

图 4-31　镗模法加工同轴孔系

用镗模镗孔时,镗杆与机床主轴通过浮动夹头浮动连接,保证孔系的加工精度不受机床精度的影响。图 4-31 中孔的同轴度主要取决于镗模的精度,因而可以在精度较低的机床上加工精度较高的孔系。同时有利于多刀同时切削,且定位夹紧迅速,生产率高,但是镗模的精度要求高,制造周期长,生产成本高。因此,镗模法加工孔系主要应用于成批大量生产。用镗模法加工孔系,既可使用通用机床,也可使用专用机床或组合机床。

(2) 镗平行孔系

平行孔系的主要技术要求是各平行孔中心线之间及孔中心线与基准面之间的距离尺寸精度和相互位置精度。生产中常采用以下方法。

① 坐标法　坐标法镗孔是将被加工孔系间的孔距尺寸换算成两个相互垂直的坐标尺寸,然后按此坐标尺寸精确地调整机床主轴和工件在水平与垂直方向的相对位置,通过控制机床的坐标位移尺寸和公差来保证孔距尺寸精度。

② 找正法　找正法加工是在通用机床上镗孔时,借助一些辅助装置去找正每一个被加

工孔的正确位置。常用的找正方法如下:

● 划线找正法　加工前按图样要求在毛坯上划出各孔的位置轮廓线,加工时按划线找正,同时结合试切法进行加工。划线需手工操作,难度较大,加工精度受工人技术水平影响较大,加工孔距精度低,生产率低,因此一般适用于孔距精度要求不高,生产批量较小的孔系加工。

● 心轴量块找正法　如图 4-32 所示,将精密心轴分别插入镗床主轴孔和已加工孔中,然后组合一定尺寸的量块来找正主轴的位置。找正时,在心轴与量块间要用塞尺测定间隙,以免量块与心轴直接接触而产生变形。此法可达到较高的孔距精度,但生产率低,适用于单件小批量生产。

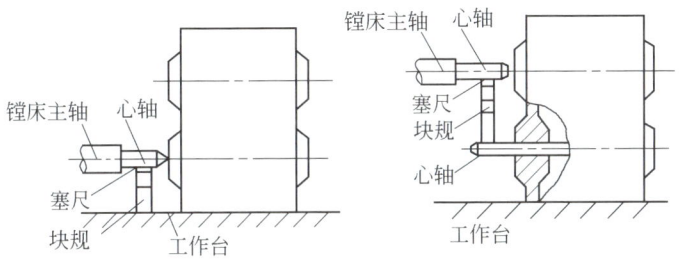

(a) 用心轴量块找正第一个孔　　(b) 用心轴量块找正第二个孔

图 4-32　心轴量块找正法

③ 镗模法　在成批大量生产中,一般采用镗模加工,其平行度由镗模来保证。

(3) 镗垂直孔系

垂直孔系的主要技术要求为各孔中心线间的垂直度,生产中常采用找正法和镗模法加工。

① 找正法　单件小批生产中,一般在通用机床上加工。镗垂直孔系时,当一个方向的孔加工完毕后,将工作台调转 90°,再镗与其垂直方向上的孔。孔系的垂直度精度靠镗床工作台的 90°对准装置来保证。当普通镗床工作台的 90°对准装置精度不高时,可用心棒与百分表进行找正,即在加工好的孔中插入心棒,然后将工作台回转,摇动工作台用百分表找正。

② 镗模法　在成批以上生产中,一般采用镗模法加工,其垂直度由镗模保证。

习题与思考题

4-1　试述钻削加工的工艺特点。

4-2　标准麻花钻由哪几部分组成?各部分有何作用?

4-3　钻孔、扩孔与铰孔有什么区别?

4-4　扩孔、铰孔、攻螺纹时应注意哪些问题?

4-5　镗削加工的工艺特点有哪些?

4-6　卧式镗床有哪些运动形式?说明它能完成哪些表面的加工工作。

4-7　单刃镗刀和浮动镗刀镗孔时各有何特点?工作时要考虑什么问题?

4-8　简述同轴孔系、平行孔系、垂直孔系的镗削加工方法。

第五章 磨削加工

知识要求

★ 掌握磨削加工的特点与工艺范围
★ 了解磨床种类,掌握 M1432A 型磨床的结构、组成部件及各部分功用
★ 掌握砂轮的特性要素及选择原则
★ 掌握各种典型表面的磨削加工方法

技能要求

★ 具备根据生产条件和工艺要求,正确选用磨削加工方法、磨床、砂轮与磨削用量的能力
★ 具备对砂轮进行检查、安装、平衡和修整的能力
★ 具备对典型表面进行磨削加工的能力

第一节 磨削加工概述

所有以磨料、磨具(如砂轮、砂带、油石和研磨料等)作为工具对工件进行切削加工的机床统称为磨床。凡是在磨床上利用砂轮等磨料、磨具对工件进行切削,使其在形状、精度和表面质量等方面能满足预定要求的加工方法均称为磨削加工。

一、磨削加工的特点

1. 切削刃不规则

磨削加工最常用的是砂轮,它由许多细小坚硬的磨粒用结合剂黏结在一起,经焙烧而成的疏松多孔体。砂轮表面上的每个磨粒都相当于一把刀具,其形状、大小和分布均处于不规则的随机状态,通常切削时有很大的负前角和小后角。

2. 背吃刀量小、加工质量高

一般情况下,磨削时的背吃刀量较小,在一次行程中所切除的金属层较薄。磨削加工公差等级为 IT5～IT6,表面粗糙度值 Ra 为 0.8～0.2 μm。采用高精度磨削方法,表面粗糙度值 Ra 为 0.1～0.006 μm。

3. 磨削速度高、切削温度高

普通磨削速度约为 35 m/s,高速磨削时速度可达 60 m/s。目前,高速磨削时速度已能达到 120 m/s。磨削过程中,砂轮对工件有强烈的挤压和摩擦作用,产生大量的切削热,在

磨削区域瞬时温度可达 1 000 ℃。生产实践中,降低磨削时切削温度的措施是加注大量的切削液,减小背吃刀量,适当降低砂轮转速及提高工件的进给速度。

4. 适应性强

从工件材料方面而言,无论材料软硬均能磨削;从工件表面形状而言,很多形状的表面都能通过磨削加工实现。

5. 砂轮具有自锐性

在磨削过程中,砂轮表面的磨粒逐渐变钝,作用在磨粒上的切削抗力就会增大,致使磨钝的磨粒破碎并脱落,露出锋利刃口继续切削,这就是砂轮的自锐性,它能使砂轮保持良好的切削性能。

6. 背向磨削分力大

磨削时由于同时参加磨削的磨粒多、磨粒又以负前角切削,所以背向磨削分力很大,一般为主切削力的 1.5~3 倍。因此,磨削轴类零件时,通常用中心架支承工件,以提高工艺系统的刚度,减少因工件变形而引起的加工误差,在磨削加工的最后阶段,通常进行一定次数的无径向进给光磨。

二、磨削加工的应用

磨削加工的应用广泛,可以加工内外圆柱面、内外圆锥面、平面、成形面和组合面等,如图 5-1 所示。目前磨削主要用于对工件进行精加工,经过淬火的工件及其他高硬度的特殊材料,几乎只能用磨削来进行加工。磨削也可以用于粗加工,如粗磨工件表面,切除钢锭和铸件上的硬皮表面,清理锻件上的毛边,打磨铸件上的浇口、冒口,还可用薄片砂轮切断管料以及各种硬度较高的型材。

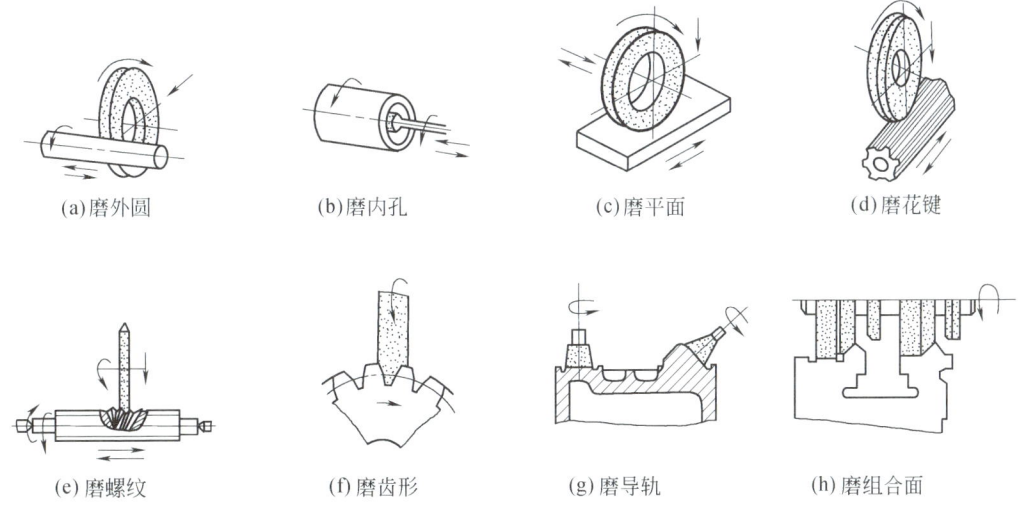

图 5-1 磨削加工的应用

由于机器上高精度、淬硬零件的数量日益增多,磨削在机械制造业中所占比例日益增大。而且随着精密毛坯制造技术的发展和高生产率磨削方法的应用,使某些零件有可能不经其他切削加工,直接由磨削加工完成,这将使磨削加工的应用更为广泛。

三、磨削加工安全操作与文明生产

1. 安全操作

(1) 工作时必须穿工作服,戴防护镜,不允许戴手套操作机床,女性应戴工作帽。

(2) 开机前,应认真检查各手柄位置是否正确,调整好换向撞块的位置并将其紧固;开动磨床后,应使砂轮空转 1~2 min,待运转正常后才能工作。

(3) 砂轮圆周速度不允许超过安全圆周速度,测量工件或调整机床都应在磨床头架停车以后再进行。

(4) 磨削时必须在砂轮和工件转动后再进给,在砂轮退刀后再停车。

(5) 工作完毕,应将有关操纵手柄放在"空挡"位置上,关闭电源。

2. 文明生产

(1) 保持工作环境清洁,物品摆放整齐,位置合理。

(2) 正确使用工具,爱护工具,保持图样和工艺文件的清洁完整。

(3) 放置精加工后的工件时,应注意不要碰伤磨削过的表面。

(4) 工作结束后,将用过的物品擦净归位,清理磨床及周围卫生,按规定加注润滑油。

第二节 磨 床

磨床是种类最为繁多的一种机床,在机械制造业中占有重要的地位。除了能对淬火及其他高硬度材料进行加工外,在磨床上加工高于 7 级以上精度的零件时,比在其他机床上加工要容易得多,而且也较经济。之所以能够很容易获得高精度,是由于磨具在进行精加工时,能切下非常薄的切削余量。另外磨床的主轴采用动压或静压滑动轴承,有很高的旋转精度和抗振性;磨床的进给运动往往采用平稳的液压传动,并和电气相结合实现半自动化和自动化工作,随着自动测量装置在磨床上的应用,磨削加工质量的可靠性大为增加。

磨床类机床

一、磨床的种类

1. 外圆磨床

包括万能外圆磨床、普通外圆磨床、无心外圆磨床等。

图 5-2 所示为 M1080 无心外圆磨床,在其上磨削外圆时(图 5-3),工件不用顶尖支承,也不用卡盘装夹,而是置于砂轮与导轮之间的托板上,以待加工表面为定位基准。工件由转速低的导轮(没有切削能力、摩擦系数较大的树脂或橡胶结合剂砂轮)推向砂轮,靠导轮与工件间的摩擦力使工件旋转。改变导轮的转速,便可调节工件的圆周进给速度。砂轮有很高

的转速,与工件间有很大的相对速度,故可对工件进行磨削。

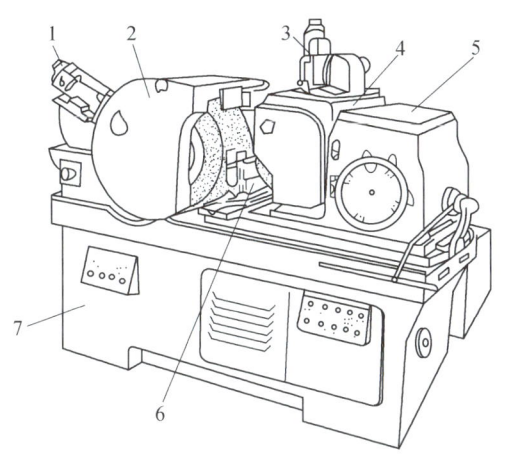

1—砂轮修整器;2—砂轮架;3—导轮修整器;
4—导轮架;5—导轮架座;6—托板;7—床身。

图 5-2　M1080 无心外圆磨床

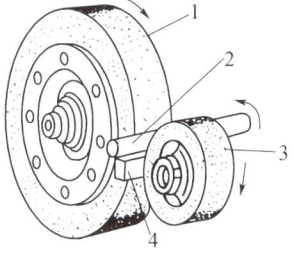

1—磨削砂轮;2—工件;
3—导轮;4—托板。

图 5-3　无心外圆磨床磨削外圆示意图

2. 内圆磨床

包括普通内圆磨床、行星内圆磨床、无心内圆磨床等。

内圆磨床用于磨削各种圆柱孔(通孔、盲孔、阶梯孔和断续表面的孔等)和圆锥孔。图 5-4 所示为 M2120 内圆磨床,它由床身、头架、磨具架和砂轮修整器等部件组成。头架可绕垂直轴转动一定角度,以便磨锥孔。工作台的往复运动通过液压传动来实现。

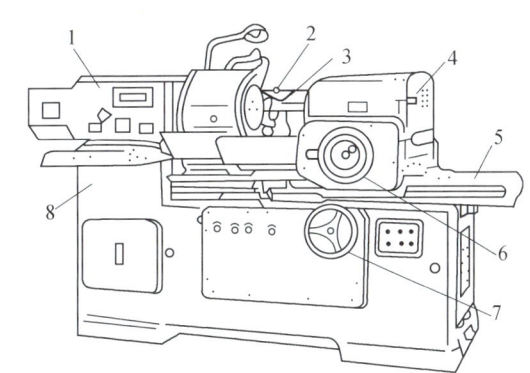

1—头架;2—砂轮修整器;3—砂轮;4—磨具架;5—工作台;
6—磨具架手轮;7—工作台手轮;8—床身。

图 5-4　M2120 内圆磨床

3. 平面磨床

包括卧轴矩台平面磨床、立轴矩台平面磨床、卧轴圆台平面磨床、立轴圆台平面磨床等。

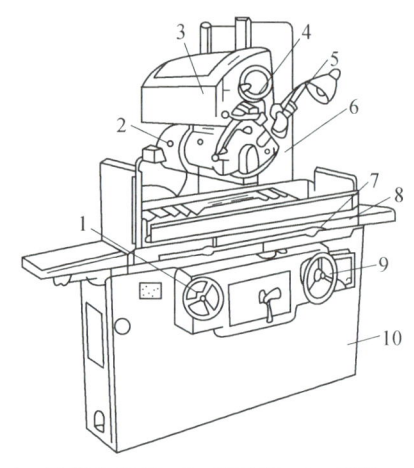

图 5-5 所示为 M7120A 卧轴矩台式平面磨床，它由床身、工作台、立柱、滑鞍、磨具架和砂轮修整器等部件组成。

矩形工作台装在床身的水平纵向导轨上，其上有安装工件用的电磁吸盘。工作台的往复运动使用液压传动，也可用手轮操纵。砂轮装在磨头上，由电动机直接驱动旋转。磨头沿拖板的水平导轨作横向进给运动，由液压驱动或手轮操纵。拖板可沿立柱的垂直导轨移动，以调整磨头的高低位置及作垂直进给运动，运动由手轮操纵。

1—工作台手轮；2—磨具架；3—滑鞍；
4—横向进给手轮；5—砂轮修整器；
6—立柱；7—行架挡块；8—工作台；
9—垂直进给手轮；10—床身。

图 5-5　M7120A 卧轴矩台式平面磨床

4. 工具磨床

包括工具曲线磨床、钻头沟槽磨床等。

5. 刀具刃磨磨床

包括万能工具磨床、拉刀刃磨床、滚刀刃磨床等。

6. 专门化磨床

包括花键轴磨床、曲轴磨床、齿轮磨床、螺纹磨床等。

7. 其他磨床

包括珩磨机、研磨机、砂带磨床、超精加工磨床、砂轮机等。

二、M1432A 型万能外圆磨床

M1432A 型万能外圆磨床属于普通精度级，并经一次重大改进的万能外圆磨床。它主要用于磨削圆柱形或圆锥形的外圆和内孔，也可以用于磨削阶梯轴的轴肩、端面、圆角等。加工的公差等级为 IT6～IT7，表面粗糙度值 Ra 为 $1.25\sim0.08\ \mu m$。这种磨床应用广泛，但生产率低，适用于单件、小批量生产或工具车间和机修车间。

1. 磨床主要技术参数

外圆磨削直径/mm	8～320
外圆最大磨削长度（三种规格）/mm	1 000、1 500、2 000
内孔磨削直径/mm	30～100
内孔最大磨削长度/mm	125
磨削工件最大质量/kg	150
砂轮尺寸/mm	$\phi 400\times50\times\phi 203$
砂轮转速/(r/min)	1 670
内圆砂轮转速/(r/min)	10 000、15 000

头架主轴转速/(r/min)	25、50、80、112、160、224(有6级)
工作台纵向移动速度/(m/min)	0.05~4(液压无级调速)
机床外形尺寸(三种规格):	
长度/mm	3 200、4 200、5 200
宽度/mm	1 500~1 800
高度/mm	1 420
机床质量(三种规格)/kg	3 200、4 500、5 800

2. 磨床的主要组成部件及其功用

图 5-6 所示为 M1432A 型万能外圆磨床的外形，该磨床主要组成部分如下。

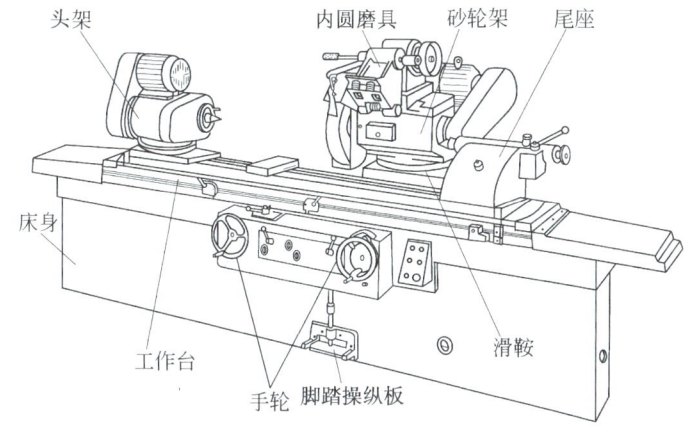

图 5-6　M1432A 型万能外圆磨床外形

(1) 床身　是磨床的支承部件，在其上装有头架、砂轮架、尾座及工作台等部件。床身内部装有液压缸及其他液压元件，用来驱动工作台和横向滑鞍的移动。

(2) 头架　用于装夹工件，并带动其旋转。头架可在水平面内逆时针方向转动90°，可磨削短圆柱面或小平面。头架主轴通过顶尖或卡盘装夹工件，因此它的回转精度和刚度直接影响工件的加工精度。

(3) 内圆磨具　用于支承磨内孔的砂轮主轴部件，由单独的电动机驱动。

(4) 砂轮架　用于支承并传动砂轮主轴高速旋转。砂轮架装在滑鞍上，可回转角度±30°，当需磨削短圆锥面时，砂轮架可调整一定角度。

(5) 尾座　尾座的功用是利用安装在尾座套筒上的顶尖(后顶尖)，与头架主轴上的前顶尖一起支承工件，使工件实现准确定位。尾座利用弹簧力顶紧工件，以实现磨削过程中工件因热膨胀而伸长时的自动补偿，避免引起工件的弯曲变形和顶尖孔的过分磨损。尾座套筒的退回可以手动，也可以液压驱动。

(6) 滑鞍及横向进给机构　转动横向进给手轮，通过横向进给机构带动滑鞍及砂轮架作横向移动。也可利用液压装置使砂轮架作快速进退或周期性自动切入进给。

(7) 工作台　由上、下两层组成，上工作台可相对于下工作台在水平面内转动很小的角度(±10°),用以磨削锥度不大的长圆锥面。上工作台顶面装有头架和尾座,它们随工作台一起沿床身导轨作纵向往复运动。

3. 磨床的运动与传动

(1) 磨床的运动　磨削加工一般是以砂轮的高速旋转作为主运动,进给运动则取决于加工的工件表面形状以及采用的磨削方法,它可由工件或砂轮来完成,也可以由两者共同完成。

图 5-7 所示为在万能外圆磨床上采用的几种典型磨削加工方法,图 5-7a、b 与 d 所示分别为采用纵磨法磨削外圆柱面和内、外圆锥面。这时机床需要三个表面成形运动:砂轮的旋转运动 n_o、工件纵向进给运动 f_a 以及工件的圆周进给运动 n_w。图 5-7c 所示为切入法磨削短圆锥面,这时只有砂轮的旋转运动和工件的圆周进给运动。加工时为满足一定尺寸要求,还需要有砂轮的横向进给运动 f_p(往复纵磨时,为周期性间歇进给;切入磨削时,为连续进给)。此外,机床还有两个辅助运动:砂轮横向快速进退和尾座套筒退回,以便装卸工件。

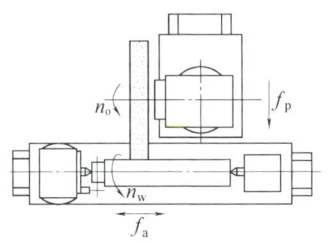

(a) 纵磨法磨外圆柱面

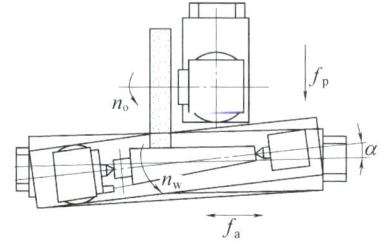

(b) 扳转工作台用纵磨法磨外圆锥面

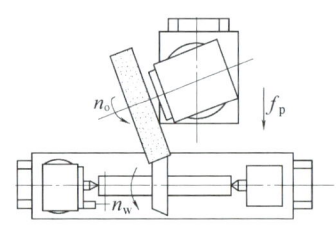

(c) 扳转砂轮架用切入法磨短圆锥面

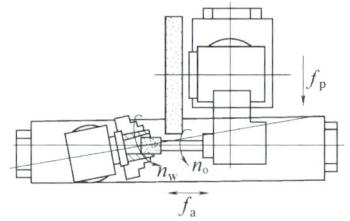

(d) 扳转头架用纵磨法磨内圆锥面

图 5-7　万能外圆磨床的典型磨削加工方法

(2) 磨床的机械传动系统　M1432A 型万能外圆磨床的机械传动系统如图 5-8 所示。该磨床的运动是由机械和液压联合传动,除了工作台的纵向往复,砂轮架的快速进退和周期性自动切入进给,尾座顶尖套筒的退回是液压传动外,其他均为机械传动。

① 砂轮主轴的旋转运动 n_o　磨削外圆时,砂轮的旋转运动是由电动机(转速 1 440 r/min,功率 4 kW)经 V 形带直接传动,转速为 1 670 r/min。内圆磨削时,砂轮主轴的旋转运动是由另一台电动机(转速 2 840 r/min,功率 1.1 kW)经平带直接传动。更换带轮,可使砂轮主轴

获得 2 种高转速:10 000 r/min 和 15 000 r/min。

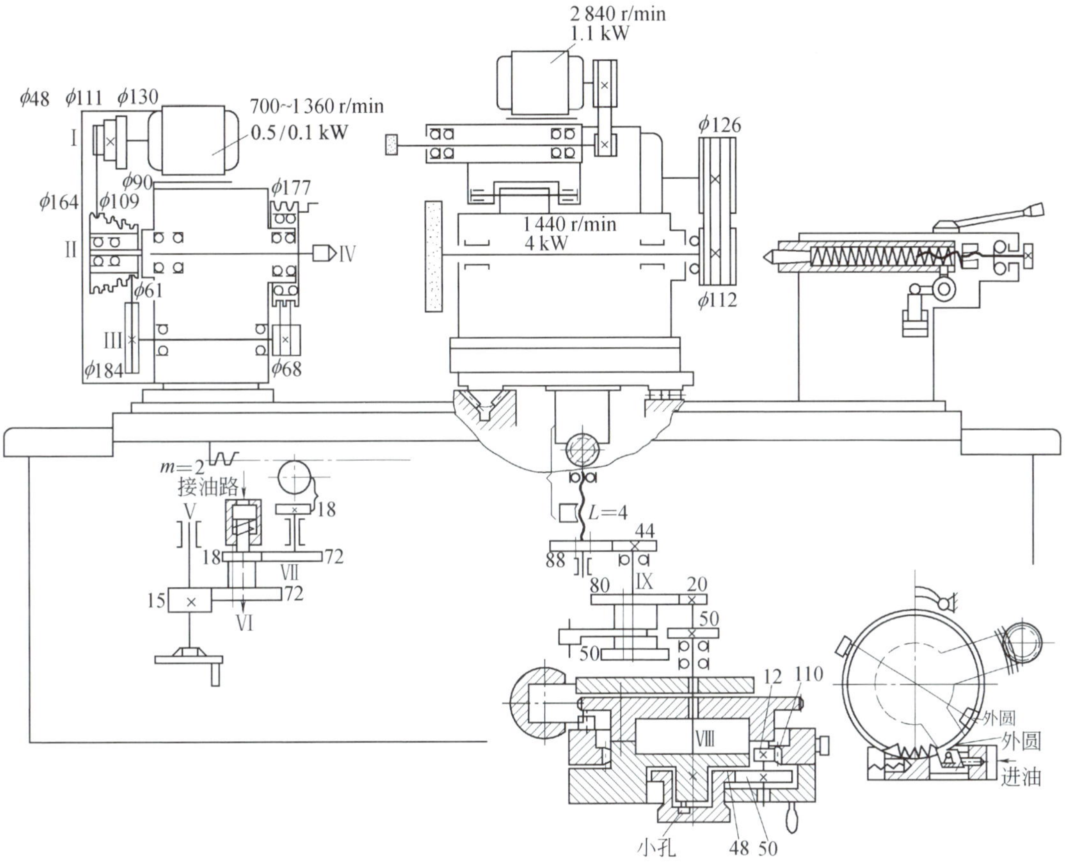

图 5-8 M1432A 型万能外圆磨床的机械传动系统

② 工件的圆周进给运动 n_w 工件的旋转运动是由双速电动机驱动,经三阶塔轮及两级带轮传动,用头架的拨盘或卡盘带动工件,实现圆周进给。由于电动机为双速,因而可使工件获得 6 种转速。

③ 工件的纵向进给运动 f_a 通常采用液压传动,以保证运动的平稳性,并便于实现无级调速和往复运动循环的自动化。此外,在调整机床时,还可由手轮 A 驱动工作台。

为了防止液压传动和手轮 A 之间的干涉,设置了互锁装置。当轴Ⅵ上的小液压缸与液压系统相通,工作台纵向往复运动时,压力油推动轴Ⅵ上的双联齿轮移动,使齿轮 18 与 72 脱开。因此,液压驱动工作台纵向运动时,手轮 A 并不转动。

④ 砂轮架的横向进给运动 砂轮架的横向进给运动可手摇手轮 B 来实现,或者由自动进给油缸的柱塞 G 驱动,实现砂轮架的横向进给。

第三节 砂 轮

磨削加工最常用的是用砂轮对工件进行切削加工。砂轮是一种特殊工具,其上的每一颗磨粒相当于一个刀齿,整块砂轮就相当于一把刀齿极多的铣刀,其磨粒放大的示意图如图 5-9 所示。磨削时,凸出的且具有尖锐棱角的磨粒从工件表面切下细微的切屑;磨钝了或不太凸出的磨粒只能在工件表面上划出细小的沟纹;比较凹下的磨粒则与工件表面产生滑动摩擦,后两种磨粒在磨削时产生微粉。因此,磨削加工和一般切削加工不同,除具有切削作用外,还具有刻划和磨光作用。

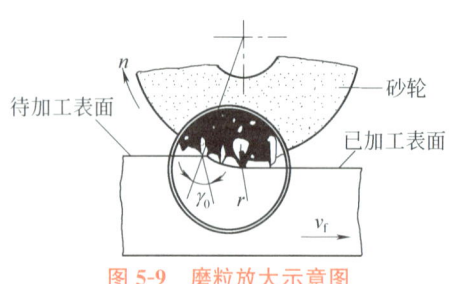

图 5-9 磨粒放大示意图

一、砂轮的特性要素与选择

砂轮是由结合剂把磨粒黏结起来,经压坯、干燥、焙烧及整形而形成的磨削工具。砂轮由磨粒、结合剂及气孔三要素组成,其性能主要由磨料、粒度、结合剂、硬度和组织 5 个方面的因素决定。

1. 磨料

砂轮所用的磨料主要有刚玉类和碳化硅类,按其纯度和添加的元素不同,每一类又可分为不同的品种。表 5-1 给出了常用磨料的名称、代号、性能及用途。

表 5-1 常用磨料的代号、性能及适用范围

磨料名称		代号	主要成分及含量	颜色	力学性能	热稳定性	适用范围
刚玉类	棕刚玉	A	Al_2O_3 95% TiO_2 2%~3%	褐色	韧性好 硬度大	2 100 ℃ 熔融	碳钢、合金钢、铸铁
	白刚玉	WA	Al_2O_3 >99%	白色			淬火钢、高速钢
碳化硅类	黑碳化硅	C	SiC>95%	黑色		>1 500 ℃ 氧化	铸铁、黄铜、非金属材料
	绿碳化硅	GC	SiC>99%	绿色			硬质合金等
高硬度磨料类	氮化硼	CBN	立方氮化硼	黑色	高硬度 高强度	<1 300 ℃ 稳定	硬质合金、高速钢
	人造金刚石	D	碳结晶体	乳白色		>700 ℃ 石墨化	硬质合金、宝石

2. 粒度

粒度是指砂轮中磨粒尺寸的大小。粒度有两种表示方法:对于用机械筛分法来区分的较大磨粒,以其通过筛网上每英寸长度上的孔数来表示粒度,粒度号为 4~240,粒度号越大,颗粒尺寸越小;对于用显微镜测量来确定粒度号的微细磨粒(又称微粉),以实测到的最大尺寸,并在前面冠以"W"的符号来表示,其粒度号为 W63~W0.5,如 W7,即表示此种微粉的最大尺寸为 7~5 μm,粒度号越小,则微粉的颗粒越细。

磨粒粒度选择的原则如下:

① 粗磨时,应选用磨粒较粗大的砂轮,以提高生产率。
② 精磨时,应选用磨粒较细小的砂轮,以获得较小的表面粗糙度值。
③ 砂轮速度较高时,或砂轮与工件接触面积较大时选用磨粒较粗大的砂轮,以减少同时参加切削的磨粒数,避免发热过多而引起工件表面烧伤。
④ 磨削软而韧的金属时选用磨粒较粗大的砂轮,以免砂轮过早堵塞;磨削硬而脆的金属时,选用磨粒较细小的砂轮,以提高同时参加磨削的磨粒数,提高生产率。

常用磨料的粒度号、尺寸及应用见表5-2。

表 5-2 常用磨粒的粒度号、尺寸及应用范围

类 别	粒 度 号	颗粒尺寸/μm	应 用 范 围
磨粒	12～36	2 000～1 600 500～400	荒磨 打毛刺
	46～80	400～315 200～160	粗磨 半精磨、精磨
	100～280	160～125 50～40	半精磨、精磨、珩磨
微粉	W40～W28	40～28 28～20	珩磨、 研磨
	W20～W14	20～14 14～10	研磨 超精磨削
	W10～W5	10～7 5～3.5	研磨、超精加工、镜面磨削

3. 结合剂

砂轮的结合剂将磨粒黏结起来,使砂轮具有一定的强度、硬度、气孔和抗腐蚀、抗潮湿等性能。常用结合剂的名称、代号、性能及适用见表5-3。

表 5-3 常用结合剂的名称、代号、性能及适用范围

结合剂	代 号	性 能	适 用 范 围
陶瓷	V	耐热、耐蚀,气孔率大,易保持廓形,弹性差	各类磨削加工
树脂	B	强度较V高,弹性好,耐热性差	高速磨削、切断、开槽等
橡胶	R	强度较B高,更富有弹性,气孔率小,耐热性差	切断、开槽
金属	M	强度最高,导电性好,磨耗少,自锐性差	金刚石砂轮

4. 硬度

砂轮的硬度是指磨粒在外力作用下从其表面脱落的难易程度,也反映磨粒与结合剂的黏固程度。砂轮硬表示磨粒难以脱落,砂轮软则与之相反。可见,砂轮的硬度主要由结合剂

的黏结强度决定,而与磨粒的硬度无关。一般来说,砂轮组织疏松时,结合剂含量少,砂轮硬度低,树脂结合剂的砂轮硬度比陶瓷结合剂的砂轮低些。砂轮的硬度等级及代号见表 5-4。

表 5-4 砂轮的硬度等级及代号

大级名称	超软			软			中软		中		中硬			硬		超硬
小级名称	超软1	超软2	超软3	软1	软2	软3	中软1	中软2	中1	中2	中硬1	中硬2	中硬3	硬1	硬2	超硬
代号	D	E	F	G	H	J	K	L	M	N	P	Q	R	S	T	Y

砂轮硬度的选用原则:工件材料越硬,应选用越软的砂轮。这是因为硬材料易使磨粒磨钝,需用较软的砂轮以使磨钝的磨粒及时脱落。工件材料越软,砂轮的硬度应越硬,以使磨粒脱落慢些,发挥其磨削作用。但在磨削有色金属、橡胶、树脂等软材料时,要用较软的砂轮,以便使堵塞处的磨粒较易脱落,露出锋锐的新磨粒。

磨削过程中砂轮与工件的接触面积较大时,磨粒较易磨损,应选用较软的砂轮。薄壁工件及导热性差的工件,应选较软的砂轮。

半精磨与粗磨相比,需用较软的砂轮;但精磨和成形磨削时,为了较长时间保持砂轮轮廓,需用较硬的砂轮。

在机械加工时,常用的砂轮硬度等级一般为 H~N(软 2~中 2)。

5. 组织

砂轮的组织是指磨粒、结合剂和气孔 3 者体积的比例关系,用来表示结构紧密和疏松程度。砂轮的组织用组织号的大小来表示,磨粒在砂轮中占有的体积分数(即磨粒率)称为砂轮的组织。砂轮的组织号及适用范围见表 5-5。

表 5-5 砂轮的组织号及适用范围

组织号	0	1	2	3	4	5	6	7	8	9	10	11	12	13	14
磨粒率/%	62	60	58	56	54	52	50	48	46	44	42	40	38	36	34
疏密程度	紧密				中等				疏松					大气孔	
适用范围	重负载、成形、精密磨削,加工脆硬材料				外圆、内圆、无心磨及工具磨削、淬硬工件磨削及刀具刃磨等				粗磨及磨削韧性大、硬度低的工件,适合磨削薄壁、细长工件,或砂轮与工件接触面大以及平面磨削等					有色金属及塑料、橡胶等非金属以及热敏合金磨削	

二、砂轮的形状及代号

为了适应在不同类型的磨床上磨削各种形状工件的需要,砂轮有许多形状和尺寸。常见砂轮的形状、代号及用途见表 5-6。

表5-6 常用砂轮的形状、代号及用途

砂轮名称	代号	断面形状	主要用途
平形砂轮	1		磨内孔、外圆,磨工具,无心磨
薄片砂轮	41	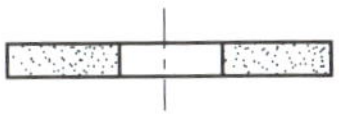	切断及切槽
筒形砂轮	2	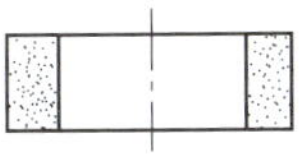	端磨平面
碗形砂轮	11	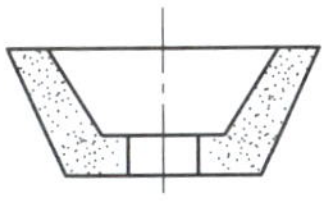	刃磨刀具,磨导轨
碟形一号砂轮	12a	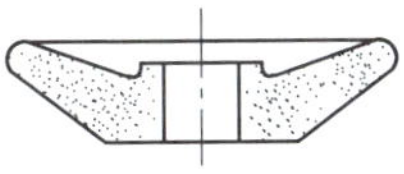	磨铣刀、铰刀、拉刀,磨齿轮齿面
双斜边砂轮	4	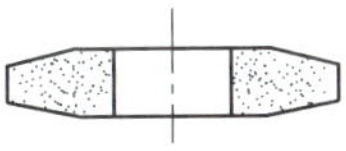	磨齿轮齿面及螺纹
杯形砂轮	6	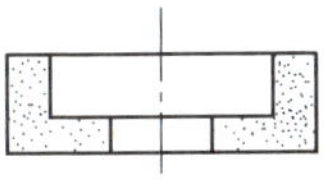	磨平面、内圆,刃磨刀具

砂轮的标记印在砂轮的端面上,其顺序是形状代号、尺寸、磨料、粒度号、硬度、组织号、结合剂、线速度。例如,外径 300 mm,厚度 50 mm,孔径 75 mm,棕刚玉,粒度 60,硬度 L,5 号组织,陶瓷结合剂,最高工作线速度 35 m/s 的平形砂轮,其标记为

平形砂轮　GB/T 2484—2018　1-300×50×75-A60L5V-35 m/s

三、砂轮的安装与修整

1. 砂轮的检查

砂轮安装前应先进行外观检查,再敲击听其响声判断砂轮是否有裂纹,以防止高速旋转时砂轮破裂。

2. 砂轮的安装

砂轮由于形状、尺寸不同而有不同的安装方法。当砂轮直接装在主轴上时,砂轮内孔与砂轮轴配合间隙要合适,一般配合间隙为 0.1~0.8 mm。砂轮用法兰盘与螺母紧固,在砂轮与法兰盘之间垫以 0.3~3 mm 厚的皮革或耐油橡胶制垫片,如图 5-10 所示。大内孔的平形砂轮,可先用带台阶的法兰盘安装好以后,再装在磨床主轴上。

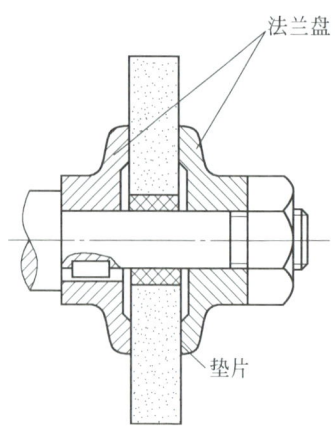

图 5-10 砂轮的安装

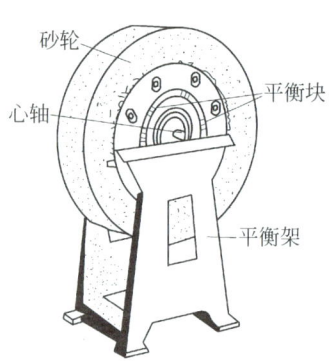

图 5-11 砂轮的静平衡调整

3. 砂轮的平衡

砂轮

为使砂轮工作时平稳,不发生振动,直径在 125 mm 以上的砂轮一般都要进行静平衡调整。静平衡的方法:将砂轮装在心轴上,再放在平衡架导轨上,如果不平衡,较重的部分总是转到下面,此时可移动法兰盘端面环形槽内的平衡块进行平衡的反复调整,直到砂轮在导轨上任意位置都能静止为止,如图 5-11 所示。

4. 砂轮的修整

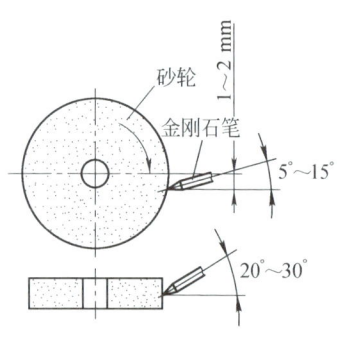

图 5-12 砂轮的修整

砂轮工作一段时间后,磨粒逐渐磨钝,砂轮表面孔隙堵塞,砂轮几何形状失准,使磨削质量和生产率下降,此时需对砂轮进行修整。砂轮的修整通常用金刚石笔进行,修整时金刚石笔应与水平面倾斜 5°～15°,与垂直面呈 20°～30°,金刚石笔尖低于砂轮中心 1～2 mm,以减小振动,如图 5-12 所示。修整时要用切削液充分冷却或干脆不用切削液,不可在点滴切削液下修整,以防止金刚石笔因忽冷忽热而碎裂。修整时横向进给量 0.01～0.02 mm,纵向进给量与加工表面粗糙度有关,进给量越小,砂轮表面修出的微刃等高性越好,磨出的工件表面粗糙度值越低。

第四节 磨削加工方法

一、外圆磨削

外圆磨削是用砂轮外圆周面来磨削工件的外回转表面。它不仅能磨削圆柱面、端面(台阶部分),还能磨削球面和特殊形状的外表面等。外圆磨削一般在外圆磨床或无心外圆磨床上进行,也可采用砂带磨床磨削。

1. 在外圆磨床上磨削外圆

磨外圆

（1）工件的装夹

在外圆磨床上，一般工件装夹方法如下：

① 用两顶尖装夹工件　这是外圆磨床上最常用的装夹方法。其特点是装夹方便，定位精度高。两顶尖固定在头架主轴和尾架套筒的锥孔中，磨削时顶尖不旋转，这样头架主轴的径向圆跳动误差和顶尖本身的同轴度误差就不再对工件的旋转运动产生影响，称为"死顶尖"工作方式。只要中心孔和顶尖的形状正确，装夹得当，就可以使工件的旋转轴线始终不变，获得较高的圆度和同轴度。

② 用卡盘装夹工件　在外圆磨床上，利用卡盘在一次装夹中磨削工件的内孔和外圆，可以保证内孔和外圆之间较高的同轴度。

③ 用心轴装夹工件　磨削套类工件时，可以内孔为定位基准在心轴上装夹。

④ 用卡盘和顶尖装夹工件　当工件较长，一端能钻中心孔，另一端不能钻中心孔，这时可一端用卡盘，另一端用顶尖装夹工件。

（2）外圆磨削方法

① 纵向磨削法　如图 5-13a 所示，磨削时，工件作圆周进给运动，同时随工作台作纵向进给运动，横向进给运动为周期性间歇进给，当每次纵向行程或往复行程结束后，砂轮作一次横向进给，磨削余量经多次进给后被磨去。纵向磨削法磨削力小，散热条件好，背吃刀量小，磨削效率低，但能获得较高的精度和较小的表面粗糙度值。适用于磨削细长、精密或薄壁工件。

② 横向磨削法　又称切入磨法，如图 5-13b 所示，磨削时，工件作圆周进给运动，工作台不作纵向进给运动，横向进给运动为连续进给。砂轮的宽度大于磨削表面，并作慢速横向进给，直至磨到要求的尺寸。横向磨削法磨削效率高，但磨削力大，磨削温度高，必须供给充足的切削液冷却。

③ 复合磨削法　是纵磨法和横磨法的综合运用，如图 5-13c 所示，即先用横磨法将工件分段粗磨，各段留精磨余量，相邻两段有一定量的重叠，最后再用纵磨法进行精磨。复合磨削法兼有横磨法效率高、纵磨法质量好的优点。

④ 深度磨削法　其特点是在一次纵向进给中磨去全部磨削余量。磨削时，砂轮修整成一端有锥面或阶梯状，如图 5-13d、e 所示，工件的圆周进给速度与纵向进给速度都很慢。此方法生产率较高，但砂轮修整复杂，并且要求工件的结构应保证砂轮有足够的切入和切出长度。用深度磨削法加工的公差等级可稳定达到 IT7，表面粗糙度值 Ra 为 0.63 μm，并具有很高的生产率。

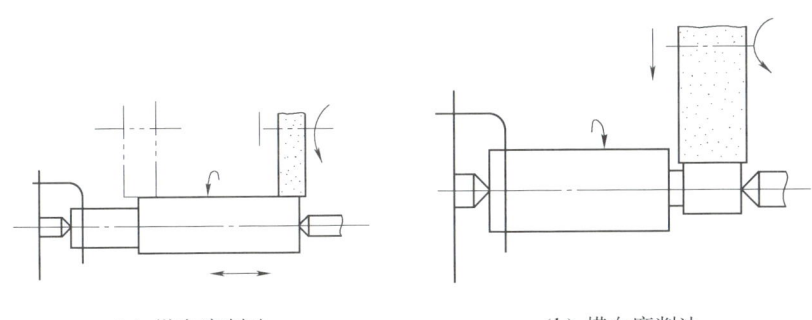

(a) 纵向磨削法　　　　　　　　(b) 横向磨削法

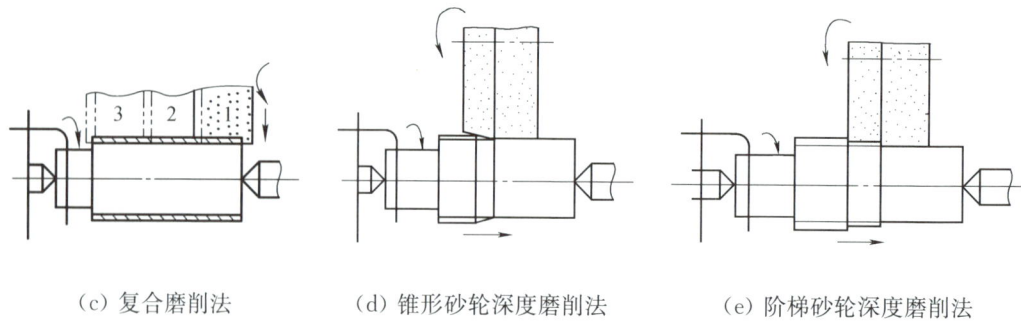

(c) 复合磨削法　　(d) 锥形砂轮深度磨削法　　(e) 阶梯砂轮深度磨削法

图 5-13　常用外圆磨削方法

2. 在无心外圆磨床上磨削外圆

无心磨削的方式有贯穿法(纵磨法)和切入法(横磨法)两种。

(1) 贯穿法　磨削时把导轮轴线在垂直平面内倾斜一个角度 α，如图 5-14a 所示，并将导轮轴向截面轮廓修整成双曲线形。当工件从磨床前面推入砂轮与导轮之间时，工件一边旋转作圆周进给运动，一边在导轮和工件间的水平摩擦分力的作用下，沿轴向作纵向进给。当工件穿过磨削区，从磨床后部离去后，便完成了一次加工。工件的磨削余量需经多次进给逐步切除。为了使工件进入和离开磨削区时保持正确的运动方向，在工件支座上装有前后导板，导板位于托板的两端。

工件的纵向进给速度由导轮偏转角 α 的大小决定。α 愈大，纵向进给速度也愈大，磨削效率高，但表面粗糙度变大。一般粗磨时取 $\alpha=2°\sim 6°$，精磨时取 $\alpha=1°\sim 2°$。

贯穿法适于磨削无台阶的圆柱形工件，磨削时工件可一个接一个地依次通过，磨削连续进行，易实现自动化，生产率较高。

(2) 切入法　磨削时工件不穿过砂轮与导轮之间的磨削区域，而是从上面放下，搁在托板上，一端紧靠定程挡销，如图 5-14b 所示。磨削时，导轮带动工件旋转，同时向砂轮作横向

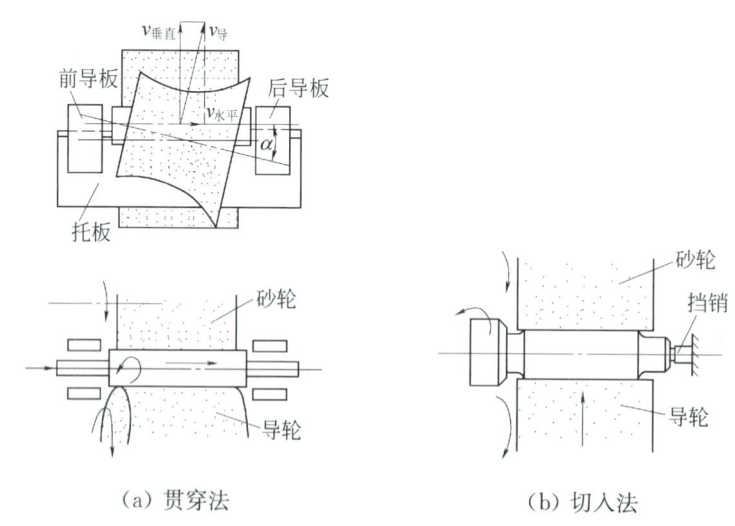

(a) 贯穿法　　(b) 切入法

图 5-14　无心磨削方式

连续进给,直到磨去工件的全部余量为止。然后导轮快速退回原位,取出工件。为了使工件靠紧挡销,通常也把导轮轴线在垂直平面内倾斜一个很小的角度(约30′),使工件在磨削时受到一个轻微的轴向推力,保证工件与挡销始终接触。切入法适于磨削带凸台的圆柱体和阶梯轴以及外圆锥表面和成形旋转体。

采用无心外圆磨削,工件装卸简便迅速,生产率高,容易实现自动化。加工的公差等级可达 IT6,表面粗糙度值 Ra 为 $1.25 \sim 0.32\ \mu m$。但是,无心磨削不易保证工件有关表面之间的相互位置精度,也不能用于磨削带有键槽或缺口的轴类工件。

3. 在砂带磨床上磨削外圆

砂带磨削是一种新型的磨削方法,是利用高速移动的砂带作为切削工具进行磨削。砂带由基体、黏结剂和磨粒组成,如图 5-15 所示。常用的基体材料是牛皮纸、布(斜纹布、尼龙纤维、涤纶纤维等)及纸-布组合体。纸基砂带平整,磨出的工件表面粗糙度值小;布基砂带承载能力大;纸-布基介于两者之间。结合剂(一般为树脂)有两层,经过静电植砂使磨粒锋刃向外粘在底胶上,将其烘干,再涂上一定厚度的复胶,以固定磨粒间的位置,就制成了砂带。砂带上只有一层经过筛选的粒度均匀的磨粒,使切削刃具有良好的等高性,加工质量较好。

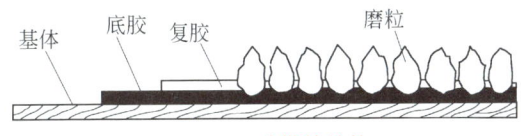

图 5-15 砂带的结构

二、内圆磨削

用砂轮磨削工件内孔的磨削方式称为内圆磨削。它可以在专用的内圆磨床上进行,也能够在具备内圆磨头的万能外圆磨床上实现。内圆磨削可以分为普通内圆磨削、无心内圆磨削和行星内圆磨削方式。

在普通内圆磨床上的磨削加工如图 5-16 所示,砂轮高速旋转做主运动 n_o,工件旋转做圆周进给运动 n_w,同时砂轮或工件沿其轴线往复移动做纵向进给运动 f_a,砂轮还做径向进给运动 f_p。

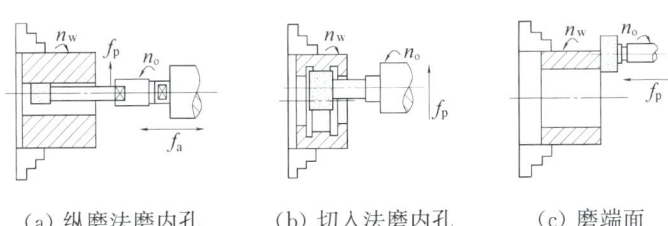

(a) 纵磨法磨内孔　　(b) 切入法磨内孔　　(c) 磨端面

图 5-16 普通内圆磨床的磨削加工

1. 工件的装夹

(1) 用卡盘装夹工件　三爪自定心卡盘使用方便,但定心精度较低,当装夹长工件时,工件轴线易发生偏斜，工件外端的径向跳动量较大，需进行找正；另外，对于盘形工件则端面容易倾斜，也需校正。

四爪单动卡盘装夹不规则工件，在大约夹紧后，应依工件的基准面进行校正，用百分表可以将基面的跳动量找正在 0.005 mm 以内。

(2) 用卡盘和中心架装夹工件　当磨削较长的轴套类零件内孔时，可采用卡盘和中心架组合装夹工件的方法，如图 5-17 所示。为了保证工件轴线与头架主轴旋转轴线重合，应调整中心架支撑中心与头架主轴的回转轴线一致。当调整不一致时，会因轴向附加分力作用，使工件产生轴向窜动现象，即工件将向某一方向松脱。

长度较长的工件，可以利用万能磨床的尾架进行校正。将工件一端用卡盘夹紧，另一端用后顶尖顶住，然后调整中心架支承爪的位置。

在内圆磨床上磨削内孔，除了用三爪、四爪卡盘装夹工件之外，还有许多方法，如花盘装夹、专用夹具装夹等。

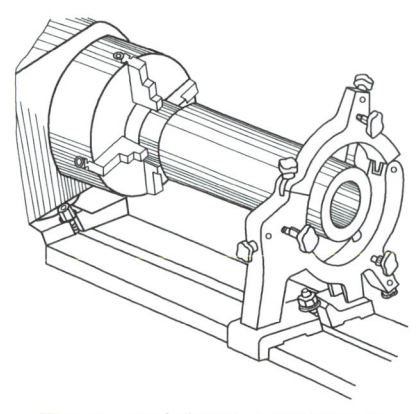

图 5-17　用卡盘和中心架装夹工件

2. 内圆磨削方法

磨削前须调整砂轮的位置。在万能外圆磨床上磨内孔时，砂轮与孔的前壁接触。这时砂轮的横向进给方向与磨外圆时相同。在内圆磨床上，砂轮与孔的后壁接触，便于操作者观察加工表面。

内圆磨削常用纵向法及切入法两种。

(1) 纵向磨削法　这种磨削方法与外圆纵向磨削法相同。磨削通孔时，先根据工件孔径和长度选择砂轮直径和接长轴，接长轴的刚度要好，其长度只需略大于孔的长度就可，如图 5-18a 所示，如果太长，磨削时易产生振动，影响加工质量和效率。接着调整工作台的行程长度，行程长度 L 应根据工件长度 L' 和砂轮在孔端越出长度 L_1 计算，如图 5-18b 所示。砂轮超越孔口的长度 L_1，一般是砂轮宽度的 1/3～1/2。如果 L_1 太小，孔端磨削时间

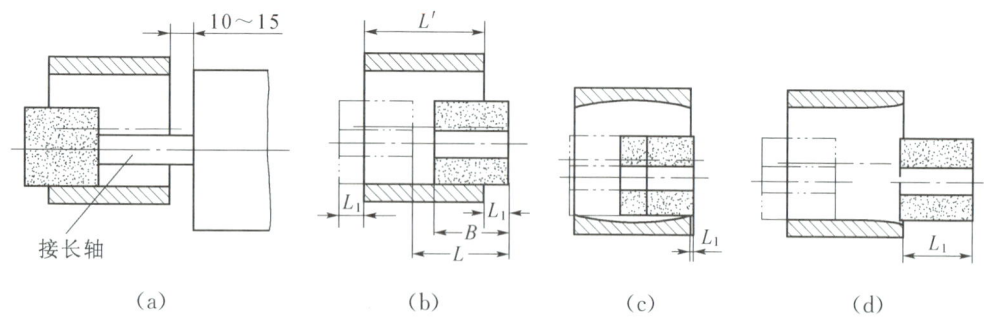

图 5-18　纵向磨削法

短,则两端孔口磨去的金属就较少,从而使内孔产生中间大,两端小的现象,如图 5-18c 所示。如果 L_1 太大,甚至使砂轮完全越出工件孔口,则接长轴的弹性变形消失,结果把内孔两端磨成喇叭口,如图 5-18d 所示。

(2) 切入磨削法　这种磨削法与外圆切入磨削法相同,适用于磨削内孔长度较短的工件,生产率较高。

采用切入法磨削时,接长轴的刚性要好,砂轮在连续进给中容易堵塞、磨钝,应及时修整砂轮,精磨时应采用较低的切入速度。

与外圆磨削相比,内圆磨削所用的砂轮和砂轮轴的直径都比较小。为了获得所要求的砂轮线速度,就必须提高砂轮主轴的转速,这样容易引起振动,影响工件的表面质量。此外,由于内圆磨削时砂轮与工件的接触面积大,发热量集中,冷却条件差以及工件热变形大,特别是砂轮主轴刚性差,易弯曲变形,所以内圆磨削不如外圆磨削的加工精度高。

在实际生产中,常采用减少横向进给量,增加光磨次数等措施来提高内孔的加工质量。

三、平面磨削

平面磨床

常见的平面磨削方式有四种,如图 5-19 所示。工件装夹在具有电磁吸盘的矩形或圆形工作台上作纵向往复直线运动或圆周进给运动。圆周磨削时,由于砂轮宽度限制,需要砂轮沿轴线方向作横向进给运动。为了逐步地切除全部余量,砂轮还需周期性地沿垂直于工件被磨削表面的方向进给。

图 5-19a、b 属于圆周磨削。这时砂轮与工件的接触面积小,磨削力小,排屑及冷却条件好,工件受热变形小,且砂轮磨损均匀,所以加工精度较高。然而,砂轮主轴呈悬臂状态,刚性差,不能采用较大的磨削用量,故生产率较低。

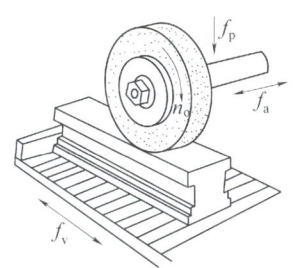

(a) 卧轴矩台平面磨床磨削

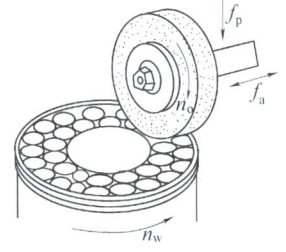

(b) 卧轴圆台平面磨床磨削

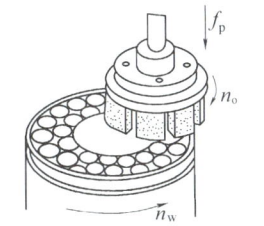

(c) 立轴圆台平面磨床磨削

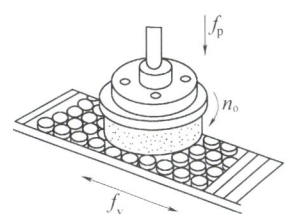

(d) 立轴矩台平面磨床磨削

图 5-19　平面磨削方式

图 5-19c、d 属于端面磨削，砂轮与工件的接触面积大，同时参加磨削的磨粒多，另外磨床工作时主轴受压力，刚性较好，允许采用较大的磨削用量，故生产率高。但是，在磨削过程中，磨削力大，发热量大，冷却条件差，排屑不畅，造成工件的热变形较大，且砂轮端面沿径向各点的线速度不等，使砂轮磨损不均匀，所以这种磨削方法的加工精度不高。

1. 工件的装夹

平面磨床上工件的装夹方法，需要根据工件的形状、尺寸和材料来决定。形状复杂、尺寸较大和非磁性材料（如铜、铜合金、铝等）工件可以用螺钉，压板直接装夹在磨床工作台上或由夹具装夹。凡是由钢、铸铁等磁性材料制造的具有两个平行平面的工件，一般都用电磁吸盘装夹。

2. 平面的磨削

（1）平行平面的磨削

在平面磨削中最主要的是平行平面磨削，磨削平行面需要达到的技术要求是被磨削平面本身的表面粗糙度和平面度；两平面之间的平行度及尺寸精度。

（2）垂直面的磨削

① 用精密平口钳装夹磨削垂直面　如图 5-20a 所示，精密平口钳的制造很精确，底座两侧面和固定钳口 3 的工作面都严格的垂直于底座的底平面。当磨削垂直平面时，先磨平面 5 至图样要求，如图 5-20b 所示，再将平口钳连同工件一起转过 90°，将平口钳侧面吸在电磁吸盘上，磨削垂直面 6，如图 5-20c 所示。

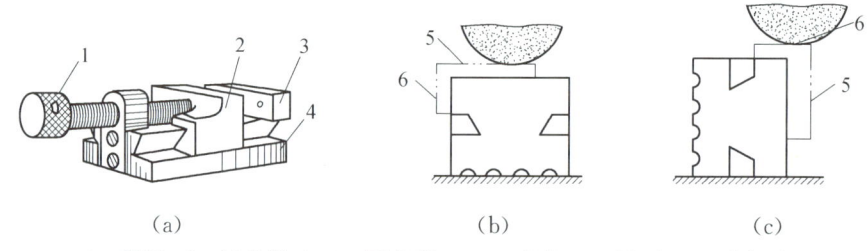

(a)　　　　　(b)　　　　　(c)

1—螺杆；2—活动钳口；3—固定钳口；4—底座；5—平面；6—垂直面。

图 5-20　用精密平口钳装夹磨削垂直面

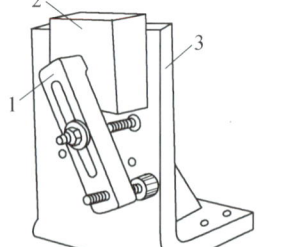

1—压板；2—工件；3—精密角铁。

图 5-21　用精密角铁装夹磨削垂直面

② 用精密角铁装夹磨削垂直面　精密角铁相互垂直的工作平面经过刮研加工，它们之间的垂直度误差很小。磨削垂直平面时，工件以精加工过的定位基准面紧贴在角铁的垂直面上，用压板和螺钉夹紧。装夹过程中需用百分表找正，使待加工表面处在水平位置，然后进行磨削，如图 5-21 所示。

另外磨垂直面时，还可以用导磁直角铁装夹，以及用精密 V 形架装夹，如图 5-22 和图 5-23 所示。

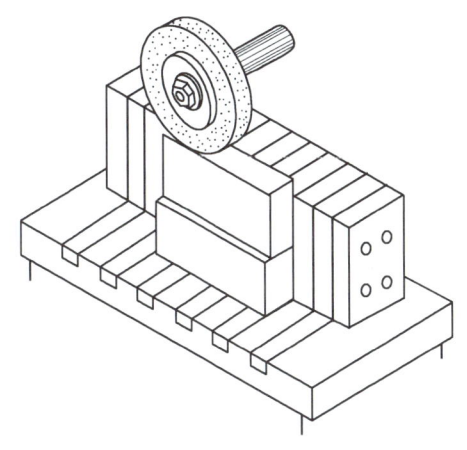

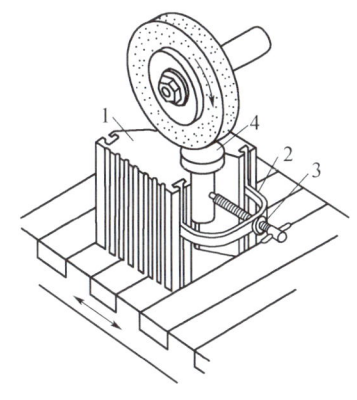

1—V形架；2—弓架；3—夹紧螺钉；4—工件。

图 5-22 用导磁直角铁装夹磨削垂直面　　图 5-23 用精密 V 形架装夹磨削垂直面

（3）倾斜面的磨削

① 用正弦精密平口钳装夹磨削倾斜面　正弦精密平口钳主要由带精密平口钳的正弦规与底座组成，如图 5-24a 所示。将工件夹紧在平口钳中，在正弦圆柱 4 和底座 1 的定位面之间垫入块规组 5，使正弦规连同工件一起倾斜成需要的角度，将待磨削的斜面放成水平位置（图 5-24b），便可进行磨削。磨削时正弦圆柱 2 需要用锁紧装置紧固在底座的定位面上，同时旋紧紧固螺钉 3，以便通过撑条 6 把正弦规紧固。正弦平口钳最大转角为 45°。

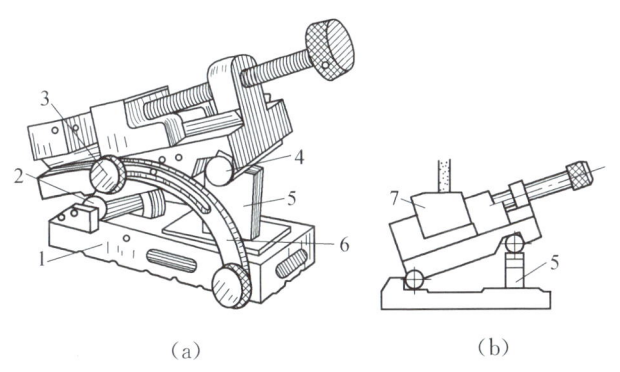

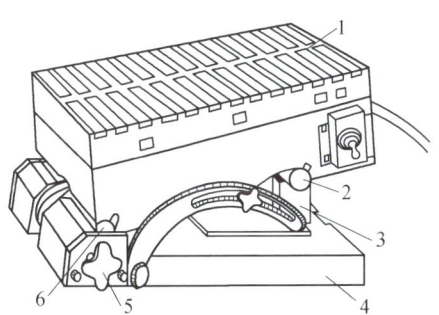

1—底座；2—正弦圆柱；3—紧固螺钉；4—正弦圆柱；
5—块规组；6—撑条；7—工件。

1—电磁吸盘；2、6—正弦圆柱；3—块规；
4—底座；5—锁紧正弦圆柱用捏手。

图 5-24 用正弦精密平口钳装夹磨削倾斜面　　图 5-25 用正弦电磁吸盘装夹磨削倾斜面

② 用正弦电磁吸盘装夹磨削倾斜面　与正弦精密平口钳的区别，仅仅在于用电磁吸盘代替平口钳装夹工件，如图 5-25 所示。这种夹具最大的倾斜度为 45°，适应磨削扁平工件。

四、磨削阶段

磨削时,由于背向力很大(特别是外圆磨削),引起工件、夹具、砂轮和磨床产生弹性变形,使实际磨削时的背吃刀量与磨床刻度盘上所显示的数值有差别。所以,普通磨削的实际磨削过程可分为三个阶段,如图 5-26 所示,图中虚线为刻度盘所示的磨削时的背吃刀量。

1. 初磨阶段(Ⅰ)

当砂轮开始接触工件时,由于工艺系统的弹性变形,实际磨削时的背吃刀量比刻度盘上显示的径向进给量小。工件、夹具、砂轮和磨床的刚性愈差,此阶段愈长。

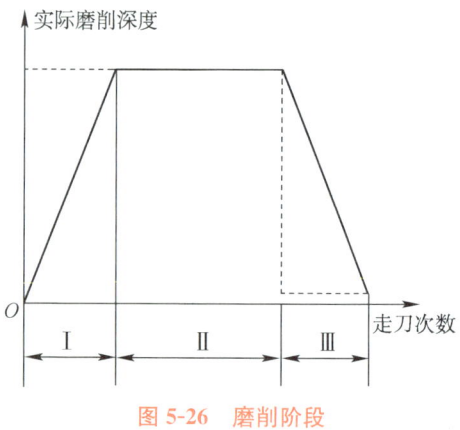

图 5-26 磨削阶段

2. 稳定磨阶段(Ⅱ)

当工艺系统弹性变形达到一定程度时,继续径向切入时,实际磨削时的背吃刀量基本上等于刻度盘上显示的数值。

3. 清磨阶段(Ⅲ)

当磨去主要加工余量后,可以减小径向切入量或完全不进给再磨一段时间。这时,由于系统弹性变形逐渐恢复,实际磨削时的背吃刀量比刻度盘上显示的径向进给量大。随着工件被磨去一层又一层,实际磨削深度趋近于零,磨削火花逐渐消失。清磨阶段主要是为了提高磨削精度和表面质量。

掌握了这三个阶段的规律,在开始磨削时,可采用大的径向进给量以提高生产率;磨削最后阶段应不进行径向进给适当延长磨削时间以提高工件磨削质量。

五、技能训练

【项目描述】 根据图 5-27 所示的轴套零件图及图 5-28 所示的磨削前轴套图,在磨床上完成该零件的加工,并对加工后的零件进行检验。

【项目要求】

(1) 分析零件图要求与毛坯图。
(2) 确定合理的加工步骤。
(3) 合理选择每一个加工步骤所用设备型号、砂轮、量具及磨削用量。
(4) 正确安装工件与砂轮。
(5) 按照已确定的加工步骤,加工出符合图纸要求的零件并检验。
(6) 严格执行磨工安全操作与文明生产的各项规定。

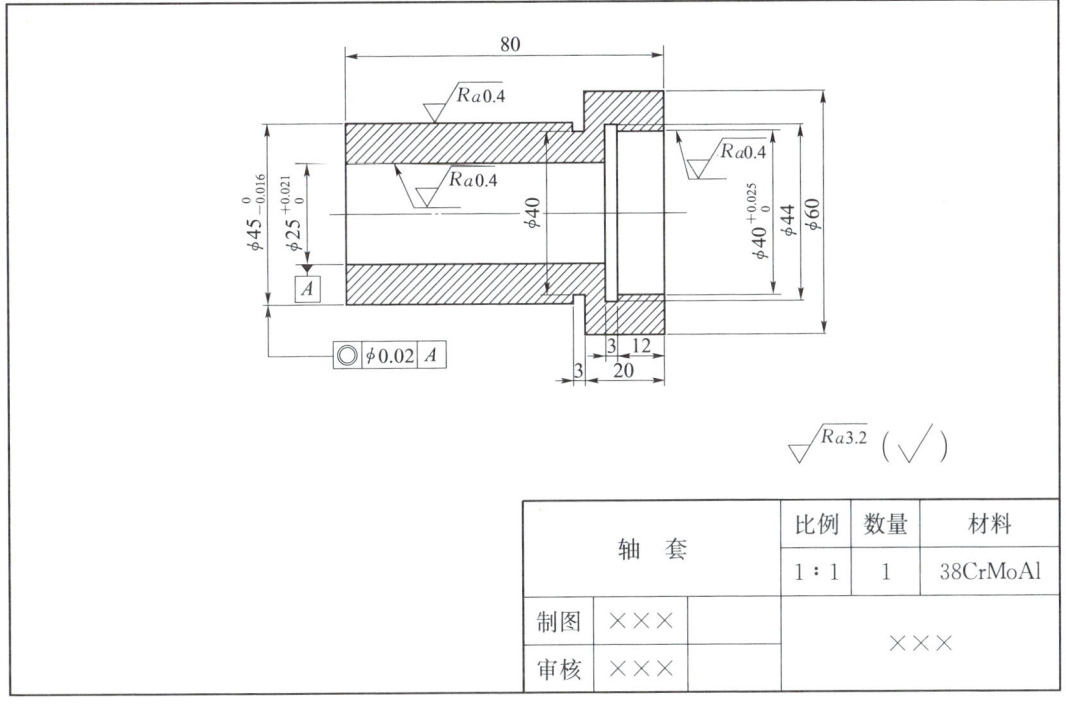

图 5-27 轴套零件图

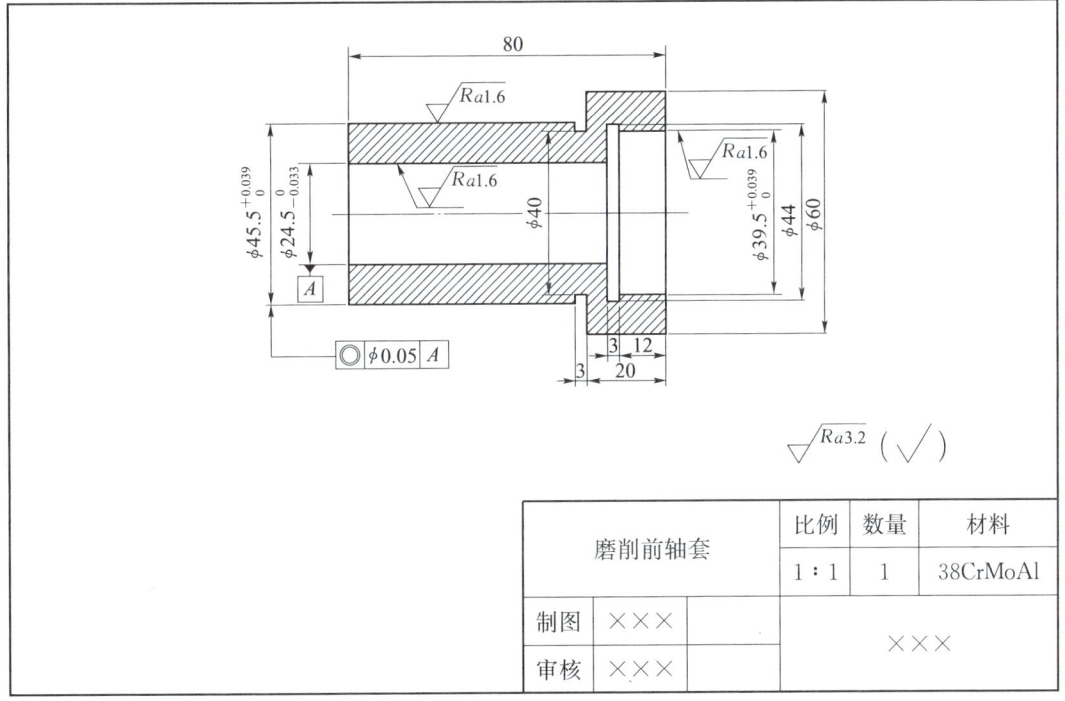

图 5-28 磨削前轴套

技能训练

磨削加工

习题与思考题

5-1 试述磨削加工的工艺特点和工艺范围。

5-2 磨床有哪几种类型？M1432A型万能外圆磨床由哪些主要部件组成？

5-3 砂轮的特性主要取决于哪些因素？如何进行选择？

5-4 在M1432A万能外圆磨床上有几种磨削外圆的方法？各有何特点？

5-5 为什么内圆磨削不如外圆磨削的加工精度高？

5-6 磨削平面时，工件和砂轮各有哪些运动？

第六章 齿轮加工

知识要求
★ 掌握齿轮加工原理和齿轮加工机床的类型
★ 掌握滚齿、插齿加工齿轮的方法和特点
★ 掌握齿轮精加工方法和特点

技能要求
★ 具备根据生产条件和工艺要求，正确选用齿轮加工方法、齿轮加工设备和齿轮加工刀具的能力

第一节 齿轮加工概述

齿轮是机械传动中的重要传动元件之一。由于它具有传动比准确、传递动力大、效率高、结构紧凑、可靠性好和耐用等优点，应用极为广泛。齿轮加工的关键是齿形的加工。由于切削加工能得到较高的齿形精度和较小的齿面粗糙度值，因此是目前齿轮加工的主要方法。

一、齿轮加工原理

齿轮的切削加工方法很多，但就其加工原理来说，只有成形法和展成法两种。

1. 成形法

按成形法原理加工齿轮是利用与被加工齿轮齿槽法面截面形状相一致的刀具齿形，在毛坯上加工出齿轮的齿形。这种成形刀具一般有单齿廓成形铣刀和多齿廓齿轮推刀、齿轮拉刀等。常用的单齿廓齿轮铣刀有盘形齿轮铣刀和指形齿轮铣刀，如图6-1所示。盘形齿轮铣刀适于加工模数小于8 mm的直齿圆柱齿轮和斜齿圆柱齿轮。指形齿轮铣刀适于加工模数为8~40 mm的直齿圆柱齿轮、斜齿圆柱齿轮，特别是人字形齿轮。这种方法的优点是所用刀具和夹具都比较简单，利用普通万能铣床即可实现齿轮的加工，生产成本低。但是，由于齿轮的齿廓为渐开线，对同一模数的齿轮，只要齿数不同，其渐开线齿廓形状就不相同，需采用不同的成形刀具。在实际生产中，每种模数通常只配有8把一套或15把一套的成形铣刀，每把刀具用于加工一定齿数范围内的齿轮。这样加工出来的齿廓是近似的。因此，加工精度低，辅助时间长，生产率较低。所以，使用单齿廓成形刀具只适于加工公差等级为IT9以下的单件、小批量齿轮或修配工作中精度不高的齿轮。

用多齿廓成形刀具，如齿轮推刀或齿轮拉刀，其刀具的渐开线齿形可按工件齿廓的精度制造。加工时，在机床的一个工作循环中就可完成一个或几个齿轮齿形的加工，精度和生产率均较高。但齿轮推刀和齿轮拉刀为专用刀具，结构复杂，制造困难，成本较高，每套刀具只能加工一种模数和一种齿数的齿轮，所用设备应是专用的，因而这种方法仅适用于大量生产。

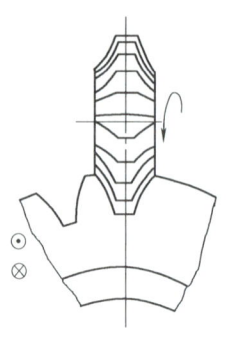
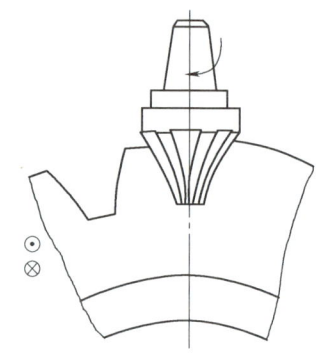

(a) 盘形齿轮铣刀　　　　　　　　(b) 指形齿轮铣刀

图 6-1　成形法加工齿轮

2. 展成法

按展成法原理加工齿轮是建立在齿轮啮合原理的基础上,就是把齿轮啮合副中的一个齿轮转化为刀具,另一个作为工件,并强制刀具与工件作严格的啮合运动,从而在工件上加工出齿形。现以滚齿加工为例加以说明。滚齿加工过程相当于交错轴斜齿轮副啮合运动的过程,如图 6-2 所示,只是其中一个斜齿轮的齿数很少,其分度圆上的螺旋升角也很小,所以它便成为蜗杆形状。将蜗杆开槽、铲背、淬火、刃磨等,便成为齿轮滚刀。当齿轮滚刀按给定的切削速度运动时,便在工件上逐渐切出渐开线的齿形。齿形的形成是由滚刀在连续旋转中依次对工件切削的若干条刀刃包络线而成。

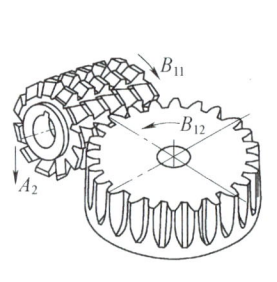
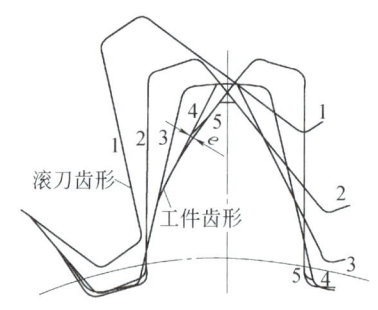

(a) 滚齿加工　　　　　　　　(b) 齿形曲线的形成

图 6-2　滚齿加工示意图

按展成法原理加工齿轮时,刀具切削刃的形状与被加工齿轮齿槽的法面截面形状并不相同,而其切削刃渐开线廓形仅与刀具本身的齿数有关,与被加工齿轮的齿数无关。因此,每一种模数,只需用一把刀具就可以加工各种不同齿数的齿轮。此外,还可以用改变刀具与工件的中心距来加工变位齿轮。加工齿轮的精度和生产率都较高。但是,需要用专用机床设备和专用齿轮刀具。一般加工齿轮的专用机床构造较复杂,传动机构较多,设备费用高。

用展成法原理加工齿轮的方法很多,最常见的有滚齿和插齿,齿轮的精加工常用剃齿、珩齿和磨齿。各种方法所使用的刀具和机床虽不相同,但都可适用于各种生产类型、精度要求较高的齿轮。

二、齿轮加工机床的类型

按照被加工齿轮种类的不同,齿轮加工机床可分为圆柱齿轮加工机床和圆锥齿轮加工机床两大类。

圆柱齿轮加工机床主要有滚齿机、插齿机、剃齿机、珩齿机和磨齿机等。滚齿机用于加工外啮合直齿圆柱齿轮、斜齿圆柱齿轮和蜗轮。插齿机用于加工内、外啮合的单联及多联直齿圆柱齿轮。剃齿机用于淬火前的外啮合直齿圆柱齿轮和斜齿圆柱齿的精加工。珩齿机用于热处理后的齿轮精加工。磨齿机用于淬火后的齿轮和高精度齿轮的精加工。

圆锥齿轮加工机床有直齿锥齿轮加工机床和弧齿锥齿轮加工机床两类。前者包括有刨齿机、铣齿机和磨齿机等。后者包括有铣齿机、磨齿机等。

第二节 滚齿加工

滚齿是齿形加工方法中应用最广泛的一种加工方法,具有通用性好、生产率高、加工质量好等优点。

一、Y3150E 型滚齿机

Y3150E 型滚齿机是一种中型通用滚齿机,主要用于加工直齿和斜齿圆柱齿轮,也可以采用手动径向切入法加工蜗轮。该机床加工齿轮最大直径 500 mm,最大宽度 250 mm,最大模数 8 mm,最小齿数 $5k(k$ 为滚刀头数),它由床身、立柱、刀架溜板、刀架体、后立柱和工作台等主要部件组成,如图 6-3 所示。立柱固定在床身上,刀架溜板带动刀架体可沿立柱导轨作垂向进给运动或快速移动。滚刀安装在刀杆上,由刀架体的主轴带动作旋转运动。刀架体可绕自身的水平轴线转动,以调整滚刀的安装角度。工件装夹在工作台的心轴上或直接装夹在工作台上,随工作台一起作旋转运动。工作台和后立柱装在床鞍上,可沿床身的水平导轨移动,以便调整工件的径向位置或作手动径向进给运动。后立柱上的支架可通过顶尖或轴套支承工件心轴的上端,以提高切削工作的平稳性。

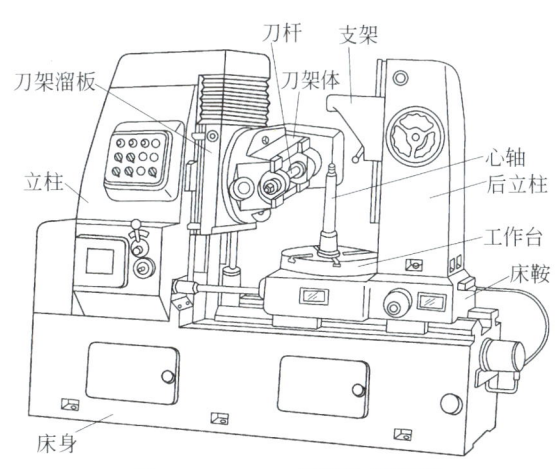

图 6-3 Y3150E 型滚齿机外形

1. 加工直齿圆柱齿轮的调整

根据展成法原理用滚刀加工齿轮时,应严格保持滚刀与工件之间的运动关系。滚齿机在加工直齿圆柱齿轮时的工作运动如下。

(1) 主运动 是指滚刀所做的旋转

运动,用转速 $n_刀$ 表示(单位为 r/min)。滚刀转速取决于合理的切削速度 v(单位为 m/min)和滚刀的直径 $D_刀$(单位为 mm)。当已知切削速度 v 和滚刀直径 $D_刀$ 时,即可确定滚刀的转速 $n_刀$ 为

$$n_刀 = \frac{1\,000v}{\pi D_刀}$$

（2）**展成运动**　是指滚刀的旋转运动和工件的旋转运动的复合运动,即滚刀与工件间的啮合运动。两者之间应准确地保持一对啮合齿轮副的传动关系。设滚刀头数为 k,工件齿数为 z,则滚刀转 1 转,工件应转 k/z 转。

（3）**轴向进给运动**　是指滚刀沿工件轴线方向所做的连续进给运动,在工件的整个齿宽上切出齿形。其传动关系是工件转一转,滚刀沿工件轴向进给 f(单位为 mm/r)。

除上述 3 种运动外,还需沿工件径向手动调整切齿深度,以便切出齿形全齿高。

为了实现上述 3 种运动,机床就应具有 3 条相应的传动链,而在每一条传动链中,又需要具有可调环节,即变速机构,以保证传动链两端件的运动关系。主运动传动链的两端件为电动机和滚刀;展成运动传动链的两端件为滚刀和工件;轴向进给运动传动链的两端件为工件和滚刀。

2. 加工斜齿圆柱齿轮的调整

斜齿圆柱齿轮的齿长形状为螺旋齿形线,因此加工斜齿圆柱齿轮时,除了与加工直齿圆柱齿轮一样,需要具有主运动、展成运动和轴向进给运动外,为形成螺旋齿形线,在滚刀作轴向进给运动的同时,工件还应作附加运动,而且两者应保持确定的关系:滚刀轴向移动工件螺旋线一个导程,工件应准确地附加转一转。所以,加工斜齿圆柱齿轮时,机床应具有 4 条相应的传动链。

在加工斜齿圆柱齿轮时,展成运动和附加运动将两种不同要求的旋转运动同时传给工件。在一般情况下,两个运动同时传到一根轴上时,运动要发生干涉。为了防止发生这种干涉,在滚齿机上专门设有运动合成机构,可把这两个任意方向和大小的运动合成为一种运动。

附加运动传动链是形成螺旋齿形线的传动链,其传动比数值的精确度影响着齿轮的齿向精度,所以传动比应精确。

3. 加工蜗轮

在 Y3150E 型滚齿机上可用径向切入法加工蜗轮。加工蜗轮时共需 3 种运动:主运动、展成运动和径向进给运动。主运动传动链和展成运动传动链与加工直齿圆柱齿轮完全相同,径向进给运动只能用手动。

蜗轮滚刀的模数、头数、分度圆直径等都应该与蜗杆相同。安装滚刀时,应使滚刀轴线与被加工蜗轮轴线垂直,并且位于被加工蜗轮的中心平面内。当蜗轮滚刀从齿顶逐渐切入至工件全齿深后,停止径向进给,工件继续保持与滚刀的啮合运动并切削若干转,以修正齿形。

4. 滚刀架的快速移动

利用快速电动机可使滚刀架作快速升降运动,以便调整滚刀位置及在进给前后实现快

速前进和快速后退。此外,在加工斜齿圆柱齿轮时,启动快速电动机,可经附加运动传动链传动工作台旋转,以便检查工作台附加运动的方向是否正确。

二、齿轮滚刀

齿轮滚刀是一个蜗杆状刀具,在其圆周上等分地开有若干垂直于蜗杆螺旋线方向或平行于滚刀轴线方向的沟槽,经过齿形铲背,使刀齿具有正确的齿形和后角,再加以淬火和刃磨前面,就成了一把齿轮滚刀,如图 6-4 所示。

齿轮滚刀由若干圈刀齿组成,每个刀齿都有一个顶刃和左右两个侧刃,顶刃和侧刃都具有一定的后角。刀齿的两个侧刃分布在螺旋面上,这个螺旋面所构成的蜗杆称为滚刀的基本蜗杆。加工渐开线齿轮的滚刀,理应是渐开线基本蜗杆,但由于渐开线基本蜗杆齿轮滚刀

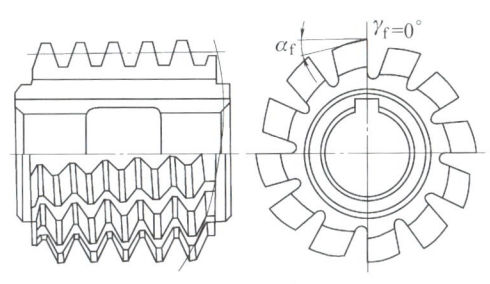

图 6-4 齿轮滚刀

制造和精度控制都比较困难,实际生产中,采用阿基米德基本蜗杆齿轮滚刀。虽然阿基米德基本蜗杆齿轮滚刀的齿形有造形误差,但这一误差很小,不至于影响齿轮的加工精度。

标准的齿轮滚刀一般采用阿基米德齿轮滚刀,模数 1~10 mm 的标准齿轮滚刀多用高速钢整体制造,且为零前角直槽,其主要优点是制造、刃磨、检验方便。大模数的标准齿轮滚刀可用镶焊式,一是节省高速钢材料,二是镶焊齿滚刀刀片锻造方便,金属组织细化,热处理易于保证质量,因而这种滚刀切削性能好,耐用度高。目前,硬质合金齿轮滚刀也得到广泛应用。它不仅可采用较高的切削速度,还能直接滚切淬火齿轮。

齿轮滚刀按精度分为 AAA、AA、A、B、C 级。滚刀精度等级与被加工齿轮精度等级的关系见表 6-1,供选择滚刀时参考。

表 6-1 滚刀精度等级与齿轮精度等级关系

滚刀精度等级	AAA	AA	A	B	C
齿轮精度等级	6	7~8	8~9	9	10

选择齿轮滚刀时,滚刀的模数与齿形角应和被加工齿轮的法向模数与法向齿形角相同,其精度等级也要和被加工齿轮的精度等级相适应。

就滚刀的结构尺寸而言,增大滚刀外径能使滚刀孔径增大,有利于提高刀杆的刚度及滚齿效率;同时滚刀外径越大,分度圆螺旋升角越小,可减小齿形误差,增加容屑槽数目,有利于提高切削过程的平稳性和齿廓表面质量。但滚刀外径过大,会增大机床结构尺寸和制造成本。

三、滚齿加工方法

1. 工件的装夹

加工直径较小的齿轮时,工件以内孔定位装夹在心轴上,心轴上端的圆柱

滚齿

体用后立柱支架上的顶尖或套筒支承，以加强工件的装夹刚度。加工直径较大的齿轮时，通常用带有较大端面的底座和心轴装夹，或者将齿轮直接装夹在滚齿机工作台上。

2. 工件展成运动方向和附加运动方向的确定

滚齿之前，应按图 6-5 所示展成运动方向或附加运动方向检查机床各运动方向是否正确，如果发现运动方向相反，只需在相应的传动链挂轮中加装或拿去一个惰轮即可。

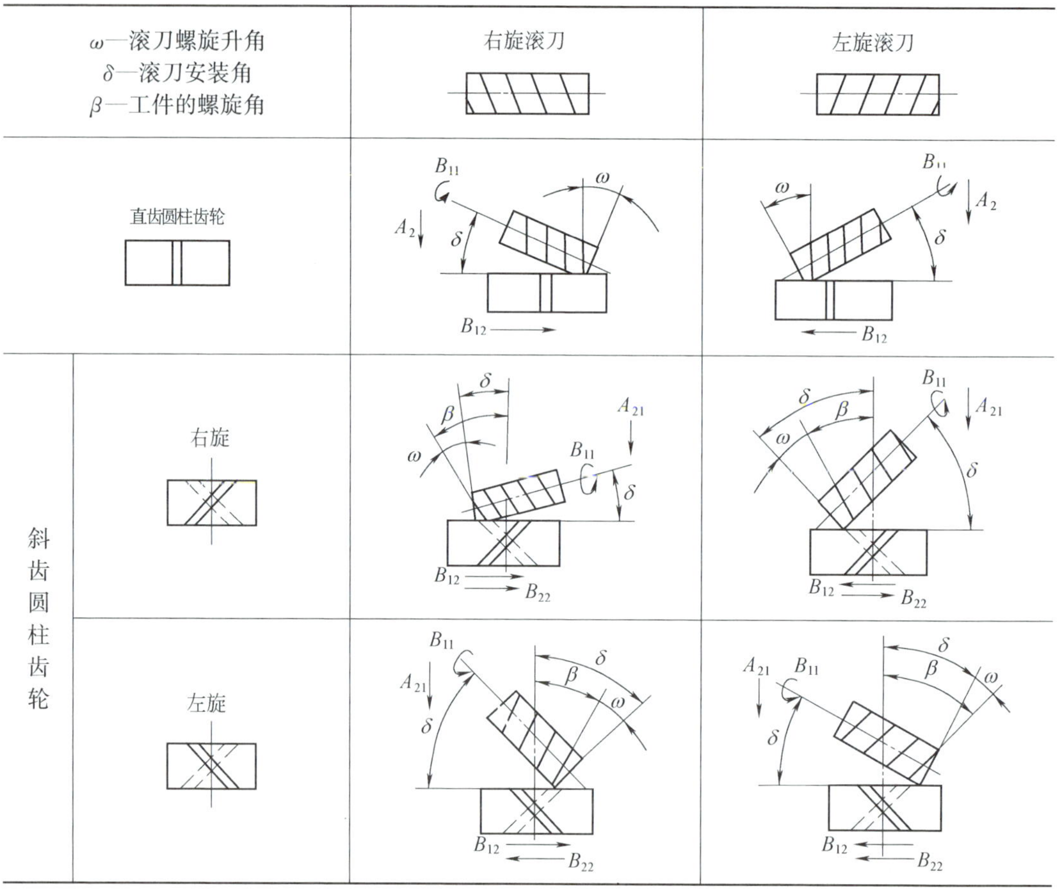

注：A_2—滚刀沿工件直线的轴向运动；A_{21}—刀架直线移动；B_{11}—滚刀旋转运动；
B_{12}—工件旋转运动；B_{22}—工件附加转动。

图 6-5　工件展成运动和附加运动及滚刀安装角度和扳动方向

3. 滚刀安装角度和扳动方向

滚齿时，为了切出准确的齿形，应使滚刀和工件处于正确的"啮合"位置，即滚刀在切削点处的螺旋线方向应与被加工齿轮的齿槽方向一致。为此，应使滚刀轴线与工件顶面安装成一定的角度，称为安装角 δ。根据上述要求，就可确定滚刀安装角 δ 大小和扳动方向。

加工直齿圆柱齿轮时，安装角 δ 等于滚刀的螺旋升角 ω，即

$$\delta = \pm \omega$$

滚刀扳动方向取决于滚刀螺旋线方向。滚刀为右旋时,顺时针扳动滚刀,滚刀为左旋时,逆时针扳动滚刀,如图 6-5 所示。

加工斜齿圆柱齿轮时,安装角 δ 与工件的螺旋角 β 和滚刀的螺旋升角 ω 大小有关,还与两者螺旋方向有关。安装角 δ 的大小应等于两者的代数和,即

$$\delta = \beta \pm \omega$$

式中,"+"和"-"号取决于工件螺旋线方向和滚刀螺旋线方向,当两者螺旋线方向相反时,取"+"号,相同时,取"-"号。滚刀的扳动方向:当工件螺旋线为右旋时,逆时针扳动滚刀,工件螺旋线为左旋时,顺时针扳动滚刀,如图 6-5 所示。

加工斜齿圆柱齿轮时,应尽量用与工件螺旋线方向相同的滚刀,这样可使滚刀的安装角 δ 较小,有利于提高机床的运动平稳性和加工精度。

4. 滚齿加工的特点

滚齿加工应用广泛,其主要特点体现在以下方面。

（1）**适应性好** 由于滚齿加工是采用展成法原理,一把滚刀可以加工与其模数相同、齿形角相等的不同齿数的齿轮,这就大大扩大了齿轮加工的范围。

（2）**生产率高** 因为滚刀在加工中不停地旋转,对工件实施连续的切削,无空行程损失,并可以采用多头滚刀提高粗滚齿的效率。

（3）**齿轮齿距误差小** 滚齿加工时,同时有几个刀齿参加切削,而且工件上所有齿槽都是由这些刀齿切出来的,因而齿距误差小。

（4）**齿轮齿廓表面粗糙度较差** 滚齿加工时,工件转过一个齿,滚刀转过 $1/k$ 转(k 为滚刀头数)。因此,在工件上加工出一个完整的齿槽,滚刀相应地转 $1/k$ 转。由于滚刀上一圈的刀齿数有限,使得形成工件齿廓包络线的刀具齿形折线也十分有限,比起插齿要少得多,所以,一般用滚齿加工出来的齿廓表面粗糙度值大于插齿加工出来的齿廓表面粗糙度值。

（5）**滚齿加工主要用于直齿圆柱齿轮、斜齿圆柱齿轮和蜗轮** **滚齿不能加工内齿轮和多联齿轮中直径尺寸较小的齿轮。**

第三节　插齿加工

插齿主要用于加工直齿圆柱齿轮,尤其适用于加工滚齿机不能加工的内齿轮和多联齿轮中直径尺寸较小的齿轮。

一、Y5132 型插齿机

Y5132 型插齿机外形如图 6-6 所示。

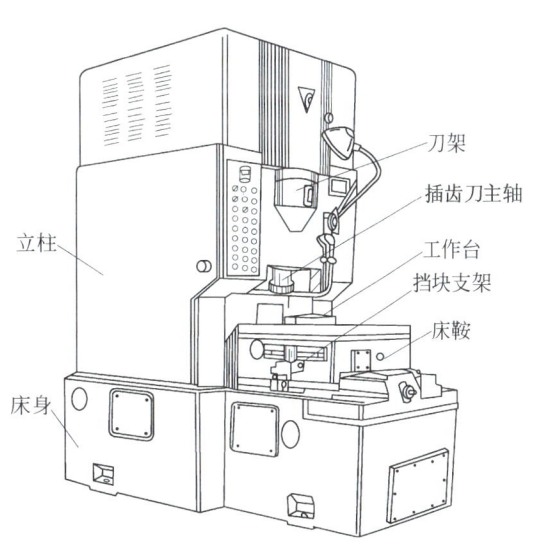

图 6-6　Y5132 型插齿机外形

它主要由床身、立柱、刀架、插齿刀主轴、工作台、床鞍等部件组成。立柱固定在床身上,插齿刀安装在刀具主轴上,工件装夹在工作台上,床鞍可沿床身导轨使工件作径向切入进给运动及快速接近或快速退出运动。

插齿加工是按展成法原理加工齿轮的。插齿刀实质上是一个端面磨有前角、齿顶及齿侧均磨有后角的齿轮,如图 6-7a 所示。插齿加工时,插齿刀和工件作无间隙啮合运动过程中,在工件上逐渐切出齿轮的齿形。齿形曲线是在插齿刀刀刃多次切削中,由刀刃各瞬时位置的包络线所形成的,如图 6-7b 所示。加工直齿圆柱齿轮时,应有如下运动。

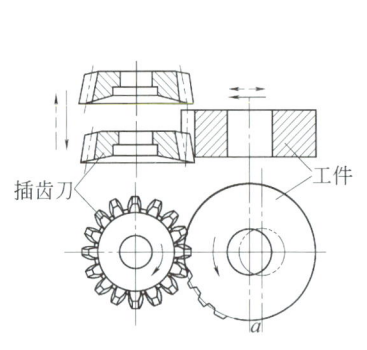 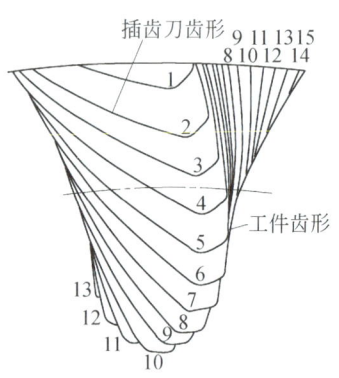

(a) 插齿刀及插齿加工的运动　　　　(b) 齿形曲线的形成

图 6-7　插齿加工过程

1. 主运动

插齿加工的主运动是插齿刀沿工件轴向所做的直线往复运动。插齿刀向下运动为工作行程,向上为空行程。主运动以插齿刀每分钟的往复行程次数表示,即次/min。

2. 展成运动

插齿加工过程中,插齿刀与工件应保持一对圆柱齿轮做无间隙的啮合运动关系,插齿刀转过一个齿时,工件也应转过一个齿。插齿刀与工件所做的啮合旋转运动即为展成运动。

3. 圆周进给运动

圆周进给运动是插齿刀绕自身轴线的旋转运动,其旋转速度的快慢决定了工件转动的快慢,也关系到插齿刀的切削负荷、工件的表面质量、加工生产率和插齿刀的寿命等。圆周进给量用插齿刀每往复行程一次,插齿刀在分度圆上转过的弧长表示。

4. 径向切入运动

为了避免插齿刀因切削负荷过大而损坏刀具和工件,工件应逐渐地向插齿刀作径向切入。当工件被插齿刀切入全齿深时,径向切入运动停止,工件再旋转一转,便能加工出全部完整的齿形。径向进给量是以插齿刀每往复行程一次,工件径向切入的距离来表示,单位为mm/次往复行程。Y5132 型插齿机的径向切入运动是由工作台带动工件向插齿刀移动实现的。加工时,工作台先快速移动一个较大的距离,使工件接近刀具,然后才开始径向切入。当工件加工完毕,工作台又快速退回原位。

5. 让刀运动

插齿刀空程向上运动时,为了避免擦伤工件表面和减少刀具磨损,刀具与工件间应让开约 0.5 mm 的距离,而在插齿刀向下开始工作行程之前,又迅速恢复到原位,以便刀具进行下一次切削。这种让开和恢复原位的运动称为让刀运动。

二、插齿刀

插齿所用的直齿插齿刀主要有 3 种类型:盘形直齿插齿刀、碗形直齿插齿刀和锥柄直齿插齿刀,如图 6-8 所示。

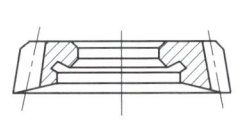
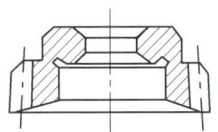
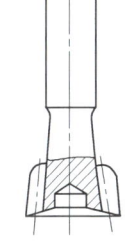

(a) 盘形直齿插齿刀　　(b) 碗形直齿插齿刀　　(c) 锥柄直齿插齿刀

图 6-8 插齿刀

盘形直齿插齿刀以内孔和支承端面定位,用螺母紧固在机床主轴上,主要用于加工直齿外齿轮及大直径直齿内齿轮。其常用分度圆直径有 4 种:75 mm、100 mm、160 mm、200 mm。适用于加工模数为 1~12 mm 的齿轮。

碗形直齿插齿刀主要用于加工多联齿轮和带有凸肩的齿轮。这种形式的插齿刀以其内孔定位,夹紧用螺母可容纳在刀体内。常用分度圆直径有 4 种:50 mm、75 mm、100 mm、125 mm。适用于加工模数为 1~8 mm 的齿轮。

锥柄直齿插齿刀为带锥柄(莫氏短圆锥柄)的整体结构,用带有内锥孔的专用接头与机床主轴连接。它主要用于加工直齿内齿轮。分度圆直径有 25 mm 和 38 mm 两种,适用于加工模数为 1~3.75 mm 的齿轮。

插齿刀一般有 3 种精度等级:AA、A 和 B,在正常的工艺条件下,分别用于加工 6、7 和 8 级精度的齿轮。

三、插齿加工方法

用 Y5132 型插齿机加工直齿圆柱齿轮时,插齿刀与工件一方面作展成运动,同时,工件要相对于插齿刀作连续的径向切入运动,直至全齿深时,刀具与工件再继续对滚至工件转一转,全部轮齿就切削完毕,这种方法称为一次切入法。除此之外,也有采用两次或三次切入法的。用两次切入法时,第一次切入量为全齿深的

插齿

90%，在第一次切入结束时，径向切入运动停止，工件和插齿刀对滚至工件转一转，完成粗插齿加工。再进行第二次切入，此时径向切入运动继续进行，直到全齿深时，再次停止径向切入运动，插齿刀和工件再对滚至工件转一转，完成精插齿加工。三次切入法和两次切入法类似。只是第一次切入量为全齿深的 70%，第二次切入量为全齿深的 27%，第三次切入量为全齿深的 3%。

插齿加工与滚齿加工相比较有如下特点。

（1）**齿形精度高**　插齿刀的齿形没有造形误差，插齿刀的刀齿可通过高精度的磨齿机磨削获得精确的渐开线齿形，因此加工的齿形精度高。

（2）**获得的齿廓表面粗糙度值较小**　插齿加工时，插齿刀是沿齿轮的全长连续地切下切屑，而滚齿时，滚刀切削每次只在齿轮长度方向上切出一小段齿形，整个齿长是由滚刀多次断续切削而成。因此，插齿加工比滚齿加工表面粗糙度值小。

（3）**有利于提高工件的齿形精度**　插齿加工时，可通过减小圆周进给量，增加形成渐开线齿形包络线的折线数量，从而提高了齿形精度。滚齿加工时，工件同一齿廓的渐开线是由较少数目的折线包络而成，因而齿形精度不高。

（4）**工件公法线长度变动量较大**　插齿加工时，插齿刀本身的齿距误差、插齿刀的安装误差及插齿机上带动插齿刀旋转的蜗轮齿距累积误差的存在，使插齿刀旋转时，会出现较大的转角误差。因此，插齿加工的齿轮公法线长度变动量比滚齿加工的齿轮公法线长度变动量大。

（5）**生产率低**　插齿加工时，由于刀具是作直线往复运动，使切削速度的提高受到限制，并且有空行程，因此在一般情况下，插齿加工生产率低于滚齿加工生产率。

（6）**加工斜齿轮很不方便，且不能加工蜗轮**　插齿机加工斜齿圆柱齿轮很不方便，必须更换成倾斜导轨，辅助时间长。另外插齿机无法加工蜗轮。

第四节　齿轮的精加工

对于 6 级精度以上的齿轮，往往先用滚齿或插齿的方法进行粗加工，再进行齿面的精加工。对于硬齿面齿轮的加工，往往是在滚齿或插齿后进行热处理，再进行齿面的精加工。常用的齿面精加工方法有剃齿、珩齿和磨齿等方法。

一、剃齿加工

剃齿常用于未淬火圆柱齿轮的精加工，生产率很高，在成批大量生产中得到广泛应用，是软齿面最常见的加工方法之一。剃齿加工齿轮的原理也属于展成法。剃齿加工的展成运动相当于一对交错轴斜齿圆柱齿轮啮合，剃齿刀实质上是一个高精度的斜齿轮。在它的齿面上沿渐开线方向开出一些小的槽，这些小槽的侧面与齿面的交棱形成了剃齿刀的切削刃，如图 6-9a 所示。剃齿加工时，先将工件装夹在机床上的两顶尖之间的心轴上，然后将剃齿刀安装在机床主轴上，并由主轴带动剃齿刀旋转，实现主运动。剃齿刀的轴线与工件的轴线形成轴交角 β，工件在一定的压力下与剃齿刀啮合，并由剃齿刀带动旋转，工件与剃齿刀做无间隙的自由啮合运动，如图 6-9b 所示。

由于剃齿刀和工件是一对斜齿圆柱齿轮啮合，因而在啮合点处的速度方向不一致，使剃齿刀与工件齿面之间沿齿长方向产生相对滑动,这个滑动速度为 $v_{At}=v_A\sin\beta$,就是剃齿的切削速度。由于该速度的存在,使剃齿刀刃能从工件齿面上切下微细的切屑,实现对工件齿面的精加工。为了使工件齿形的两侧都能获得相同的剃削效果,剃齿刀在剃削过程中,应交替变换转动方向。剃齿加工时,为了剃出工件齿形的全齿长,工作台应做纵向直线往复运动。工作台每次单向行程后,剃齿刀反转,工作台反向,剃削齿轮的另一侧面。工作台双向行程后,剃齿刀沿工件径向间歇进给一次,逐渐剃去齿面的余量,最终达到图样的要求。

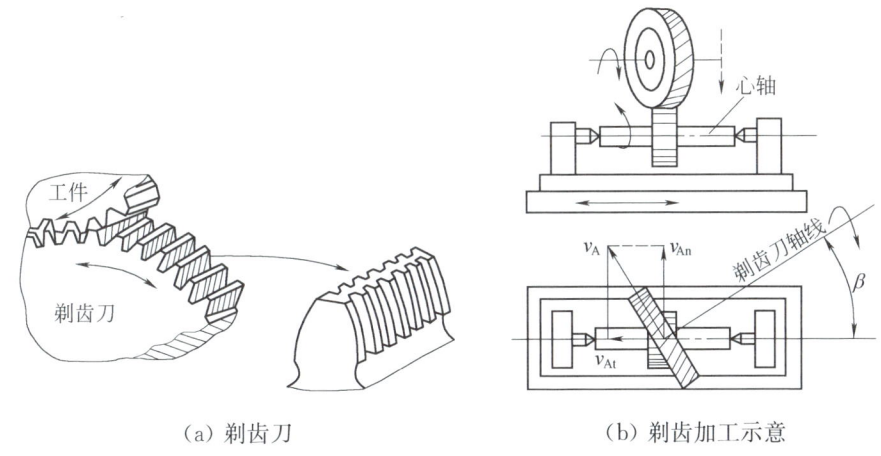

(a) 剃齿刀　　　　　　　　(b) 剃齿加工示意

图 6-9　剃齿刀及剃齿加工示意

1. 剃齿加工的运动

(1) 剃齿刀的正反转运动,同时工件由剃齿刀带动也作正反转运动。
(2) 工件沿轴向的直线往复运动。
(3) 剃齿刀在工件每直线往复一次后的径向进给运动。

2. 剃齿加工的特点

(1) 加工效率高、成本低　　一般完成一个齿轮的加工只要 2～4 min,成本平均比磨齿低 90%。

(2) 对齿轮的切向误差修正能力差　　在工艺安排上,应采用滚齿作为剃齿的前道工序较为合适,因为滚齿加工的齿轮运动精度高于插齿加工的齿轮运动精度。虽然滚齿加工的齿轮齿形误差比插齿加工的齿轮齿形误差要大,但这在剃齿加工中却是不难纠正的。

(3) 有利于提高齿轮的齿形精度　　这是由于剃齿加工对齿轮的齿形误差和基节误差有较强的修正能力,只要剃齿刀本身精度高,刃磨质量好,就能够剃削出表面粗糙度值 Ra 为 1.25～0.32 μm、精度可达 7～6 级的齿轮。

二、珩齿加工

珩齿加工是对淬硬齿轮进行精加工的方法之一。主要用于去除热处理后齿面上的氧化皮,减小轮齿表面粗糙度值,从而降低齿轮传动的噪声。

珩齿

珩齿所用刀具为珩磨轮,也称珩轮,它是由轮坯及齿圈构成,如图 6-10a 所示。轮坯由钢材制成,齿圈部分是用磨料(氧化铝、碳化硅)、结合剂(环氧树脂)和固化剂(乙二胺)浇注或热压成形,其结构与磨具相似,只是珩齿的切削速度远低于磨削速度,但大于剃削速度。珩齿的运动与剃齿的运动相同。珩齿加工时,珩轮与工件在自由啮合中,靠齿面间的压力和相对滑动,由磨料进行切削,如图 6-10b、c 所示。

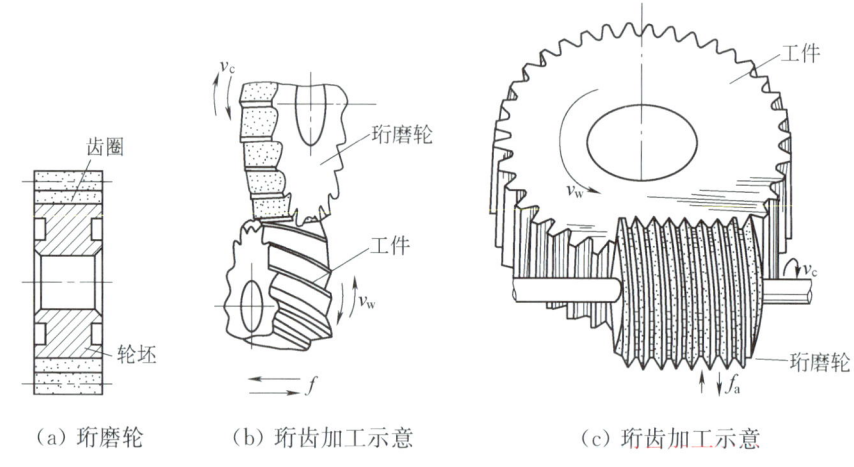

(a) 珩磨轮　　(b) 珩齿加工示意　　(c) 珩齿加工示意

图 6-10　珩磨轮与珩齿加工示意

在大批量生产中,广泛应用蜗杆形珩轮珩齿,如图 6-10c 所示。珩轮为一大直径蜗杆,其直径可达 200~500 mm,其齿形可在螺纹磨床上精磨到 5 级精度以上。由于珩轮齿形精度高,珩削速度高,所以对工件误差的修正能力增强,特别是对工件的齿形误差、基节偏差及齿圈的径向圆跳动误差都能有一定的修正。可将 9~8 级精度的齿轮直接珩削到 6 级精度。

珩齿加工有如下一些特点。

(1) 表面质量好　珩齿时,由于切削速度低,加工过程为低速磨削、研磨和抛光的综合作用过程,工件被珩齿面不会产生烧伤和裂纹,表面质量很好,表面粗糙度值 Ra 为 1.25~0.16 μm。

(2) 修正误差能力较差　由于珩轮弹性大,加工余量小,只有 0.025 mm 左右,磨料粒度号大,所以珩齿修正误差的能力较磨齿差。但是,珩轮本身的误差对加工精度的影响很小。珩齿前,齿轮加工尽量采用滚齿,它的运动精度高于插齿,从而降低了对齿距累积误差等的修正要求。

(3) 珩轮的成形精度高　珩轮的齿形简单,容易获得高精度的产品。

(4) 生产率高、珩轮耐用度高　珩齿的切削效率一般为磨齿的 10~20 倍,刀具的耐用度很高,珩轮每修整一次,可珩齿轮 60~80 件。

三、磨齿加工

磨齿加工主要用于对高精度齿轮或淬硬的齿轮进行齿形的精加工,齿轮的精度可达 6 级或更高。按齿形的形成方法,磨齿加工也有成形法和展成法两种,由于成形法磨削齿轮的精度较低,因此大多数磨齿均以展成法原理来加工齿轮。

1. 展成法磨齿方法

(1) 连续分度展成法磨齿　连续分度展成法磨齿是利用蜗杆形砂轮的刀具磨削齿轮的轮齿,其加工过程和滚齿相同,如图 6-11 所示。蜗杆形砂轮所做的旋转运动 B_{11} 为主运动,工件与砂轮啮合所做的旋转运动 B_{12} 为展成运动,轴向进给运动 A_1 一般是由工件向上或向下移动来完成。由于在加工过程中,蜗杆形砂轮是连续地对工件的齿形进行磨削,所以其生产率是磨齿中最高的。这种磨齿方法的缺点是蜗杆形砂轮修磨困难,往往不易达到较高的精度。磨削不同模数的齿轮时,需更换蜗杆形砂轮。所用设备的各传动件转速很高,机械传动易产生噪声,传动件磨损较快。这种磨齿方法适用于中小模数齿轮的大批量生产中。

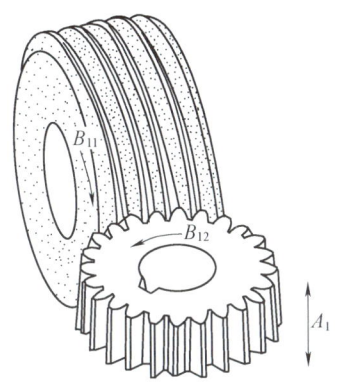

图 6-11　蜗杆形砂轮磨齿

(2) 单齿分度展成法磨齿　单齿分度展成法磨齿根据使用砂轮形状不同有双片蝶形砂轮磨齿、锥形砂轮磨齿等方法。它们的磨削加工都是利用齿条与齿轮的啮合原理来磨削齿轮的。

① 双片蝶形砂轮磨齿　双片蝶形砂轮磨齿是用两个蝶形砂轮的端平面来形成假想齿条的两个齿侧面,同时磨削工件齿槽的左右齿面,如图 6-12a 所示。磨削过程中,双片蝶形砂轮的高速旋转运动 B_1 为主运动,工件既绕自身轴线做旋转运动 B_{31},同时又做直线往复移动 A_{32},工件的这两个运动就是形成渐开线所需的展成运动。工件每往复滚动一次,只能完成一个或两个齿面的磨削。因此,需要经过多次的分度及磨削加工,才能完成齿轮全部齿面的加工。为了磨削整个齿轮宽度,工件需要做轴向进给运动 A_2。

双片蝶形砂轮磨齿的加工精度较高。这是由于蝶形砂轮的工作棱边很窄,磨削时接触面积很小,磨削力和磨削热都很小,变形小,磨齿精度最高可达 4 级,是磨齿精度较高的方法之一。但是,蝶形砂轮的刚性较差,极容易损坏。磨削用量受到限制,生产率较低,生产成本较高。

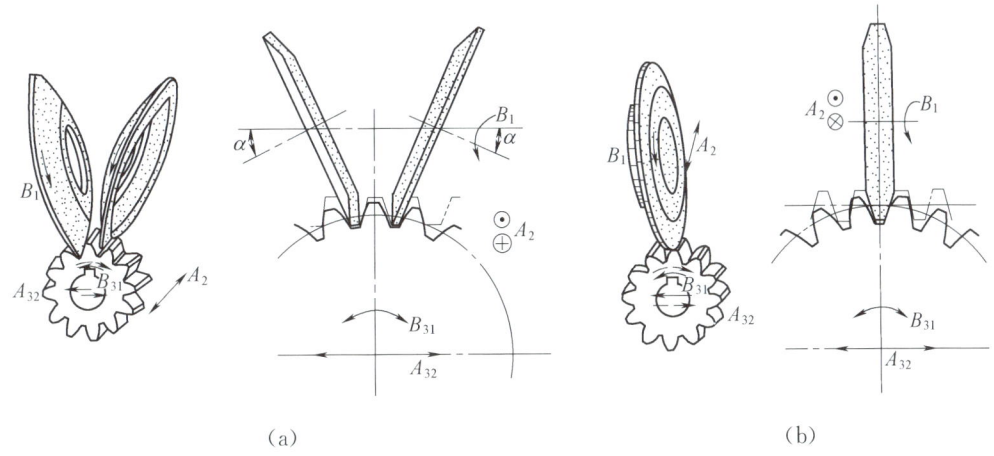

(a)　　　　　　　　　　　　　　(b)

图 6-12　单齿分度展成法磨齿

② 锥形砂轮磨齿 锥形砂轮磨齿加工的方法是用锥形砂轮的两侧面形成假想齿条的一个齿的两侧面，磨削齿轮的一个齿槽，如图 6-12b 所示。磨削过程中，锥形砂轮做高速旋转运动 B_1 为主运动，同时还沿工件轴向做往复直线运动 A_2，以便磨削工件的整个齿面。展成运动是由工件做绕自身轴线的旋转运动 B_{31} 的同时，又做直线往复运动 A_{32} 来实现的。工件每往复滚动一次，磨削完成一个齿槽的两侧面的加工后，需进行分度，磨削另一个齿槽。

锥形砂轮刚性较好，可选用较大的磨削用量。因此，生产率比蝶形砂轮磨齿要高，但是锥形砂轮形状不易修整得准确，磨损较快且磨损不均匀，因而锥形砂轮磨削加工的齿轮精度较低。

2. 磨齿加工的特点

磨齿加工的主要特点是能加工出高精度的齿轮，一般条件下，加工齿轮公差等级可达 IT4～IT6，表面粗糙度值 Ra 为 0.8～0.2 μm。由于磨齿采用砂轮与工件强制啮合的运动方式，不仅修正齿轮误差的能力强，而且特别适合加工齿面硬度很高的齿轮。但是除蜗杆形砂轮磨齿外，一般磨齿加工效率均较低，设备结构较复杂，调整设备困难，加工成本较高。目前，磨齿主要用于加工精度要求很高的齿轮，特别是硬齿面的齿轮。

拓展阅读

新技术——齿轮的旋分加工

习题与思考题

6-1 齿轮加工从原理上可分为几种方法？各有什么特点？

6-2 用 Y3150E 型滚齿机加工直齿圆柱齿轮和斜齿圆柱齿轮时，各需要调整哪几条传动链？

6-3 齿轮滚刀有几种精度等级？应用时如何选择？

6-4 用 Y5132 型插齿机加工直齿圆柱齿轮时，有几条传动链？

6-5 剃齿、珩齿、磨齿各有什么特点？应用时如何选择？

第七章 刨削与拉削加工简介

知识要求

★ 掌握刨削加工、拉削加工的特点与工艺范围
★ 了解刨床与拉床的种类
★ 了解刨刀、拉刀的种类与用途
★ 了解拉削图形的概念、分类及特点

技能要求

★ 具备根据生产条件和工艺要求，正确选用刨削与拉削加工方法和刨刀与拉刀的能力

第一节 刨削加工

一、刨削加工的特点

刨削加工是在刨床上利用刨刀(或工件)的直线往复运动进行切削加工的一种方法。刨削的主运动是刨刀或工件的往复直线运动，进给运动是工件或刀具沿垂直于主运动方向所做的间歇运动。刨削加工是单程切削加工，返程时不进行切削，为避免损伤工件已加工表面和减缓刀具的磨损，返程时刨刀需抬起让刀。刨床切削工件时的行程一般称为工作行程，返程时称为空行程。由于主运动在换向时必须克服运动件的惯性，这就限制了切削速度和空行程速度的提高，而且由于机床在空行程时不切削，因此刨削加工的生产率一般较低。由于刨削加工用机床、刀具结构简单，制造、安装方便，调整容易，应用于单件小批量生产中比较经济。

刨削加工主要适用于加工平面、平行面、垂直面、台阶面、沟槽、斜面、曲面和成形表面等，如图 7-1 所示。刨削的加工精度为 IT8～IT9，表面粗糙度值 Ra 为 6.3～1.6 μm，主要用于粗加工和半精加工。由于刨削加工可以保证一定的相互位置精度，所以刨削加工非常适合加工箱体、导轨等平面。尤其在精度高、刚性好的龙门刨床上，利用宽刃刨刀以精刨代替刮研，大大提高了加工精度和生产率。此外，在刨床上加工窄长平面或多件同时加工时，其生产率并不低于铣削加工。

二、刨床

刨床类机床主要有牛头刨床、龙门刨床和插床 3 种类型。

1. 牛头刨床

牛头刨床适用于刨削长度不超过 1 000 mm 的中小型工件的平面、沟槽或成形表面，

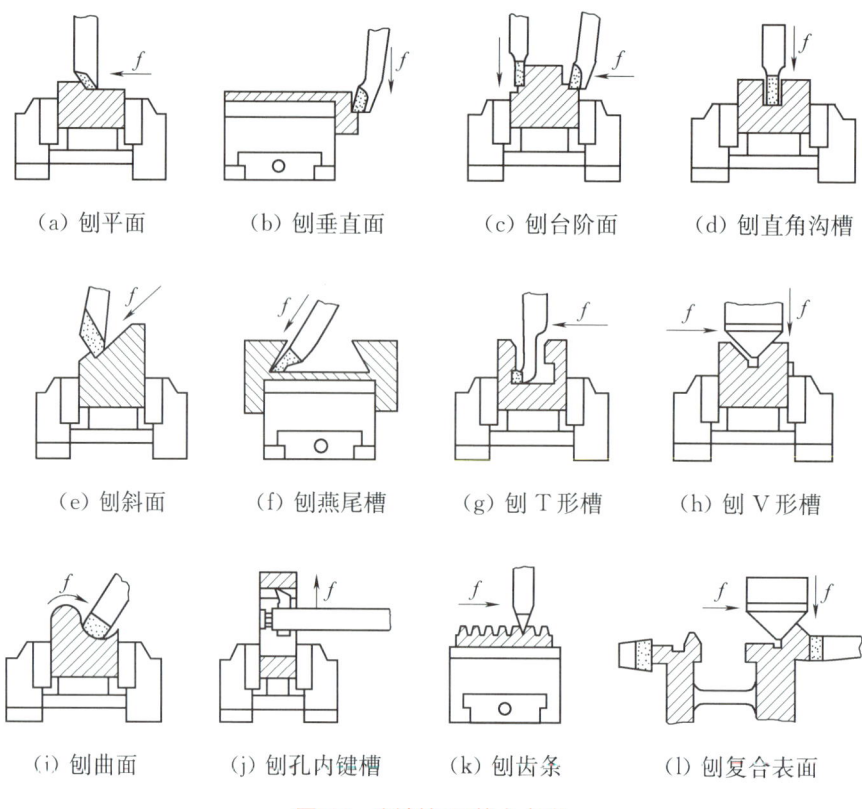

图 7-1 刨削加工基本内容

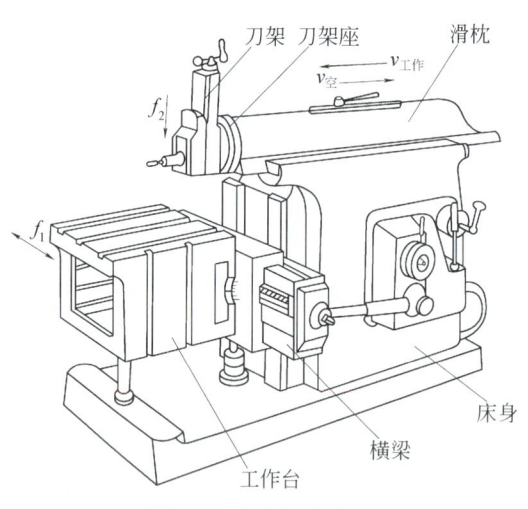

图 7-2 牛头刨床外形

其外形如图 7-2 所示。牛头刨床的主运动是装有刀具的滑枕在床身顶部水平导轨中进行的直线往复运动,滑枕由床身内部的曲柄摇杆机构传动。刀架可沿刀架座的导轨上、下移动来调整刨削深度,还可以在加工垂直平面和斜面时做进给运动。根据加工需要,可以调整刀架座,使刀架作±60°的回转,以便加工斜面或斜槽。加工过程中,工作台带动工件沿横梁做间歇的横向进给运动。横梁可沿床身的垂直导轨上、下移动,以调整工件与刨刀的相对位置。

2. 龙门刨床

龙门刨床主要用于加工大型或重型工件上的各种平面、沟槽和各种导轨面,或在工作台上同时装夹数个中小型工件进行多件加工,还可以用多把刨刀同时刨削工件,生产率较高。大型龙门刨床往往还附有铣头和磨头等部件,以便使工件在一次装夹中完成更多的加工内容,这时就称该机床为龙门刨铣床或龙门刨铣磨床。龙门刨床与普通牛头刨床相比,其形体大,结构复杂,刚性好,行程长,加工精度也比较高。

图 7-3 所示为龙门刨床外形。工件装夹在工作台上,工作台沿床身的水平导轨做直线往复的主运动。床身的两侧固定有左、右立柱,两立柱顶端用顶梁连接,形成结构刚性较好的龙门框架。横梁上装有两个垂直刀架,可沿横梁导轨做水平方向的进给运动。横梁可沿立柱的导轨垂直移动至一定位置,以调整工件和刀具的相对位置。左、右立柱上分别装有左、右侧刀架,可分别沿立柱导轨做垂直进给运动,以加工侧面。空行程时为避免刀具碰伤工件表面,龙门刨床设有返程自动让刀装置。

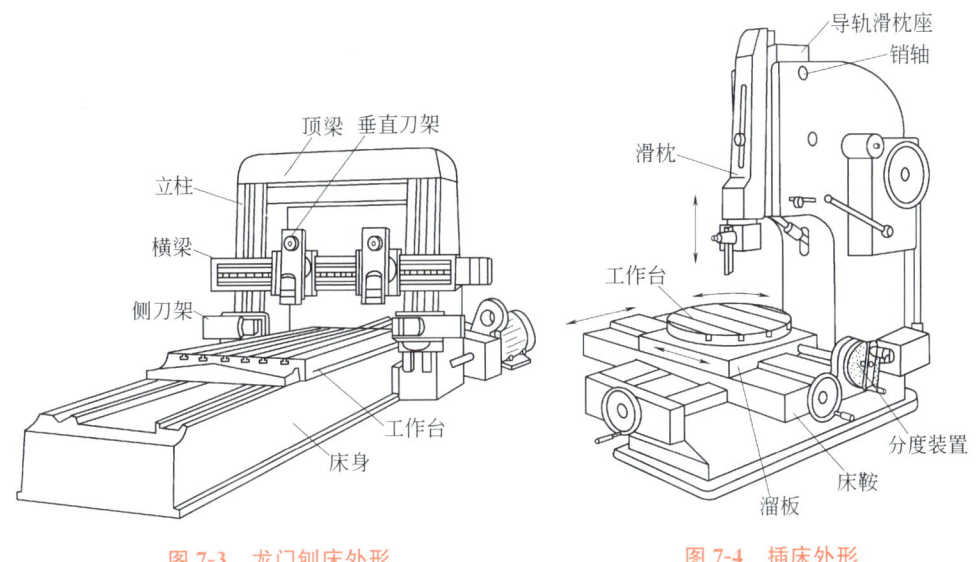

图 7-3 龙门刨床外形　　　　　图 7-4 插床外形

3. 插床

图 7-4 所示为插床外形。插床实质上是立式牛头刨床,其主运动是滑枕带动插刀所进行的上下往复直线运动,其中向下是工作行程,向上是空行程。滑枕导轨座可以绕销轴在小范围内调整角度,以便加工倾斜的内外表面。床鞍和溜板可以分别带动工件实现横向和纵向的进给运动。圆工作台可绕垂直轴线旋转,实现圆周进给运动或分度运动。圆工作台在各个方向上的间歇进给运动是在滑枕空行程结束后的短时间内进行的。圆工作台的分度运动由分度装置来实现。

插床加工范围较广,加工费用较低,但其生产率不高,对工人的技术要求较高。插床一一般适用于单件小批量生产中工件内部表面的插削,如方孔、多边形孔或孔内键槽等。

三、刨刀

刨刀可以按加工表面的形状和刀具的用途分类,也可以按照刀具的形状和结构分类。

如图 7-5 所示,按加工表面的形状和用途分类,刨刀一般可分为平面刨刀、偏刀、角度刀、切刀、弯切刀和样板刀等。其中,平面刨刀用于刨削水平面,偏刀用于刨削垂直面、台阶面和外斜面等,角度刀用于刨削燕尾槽和内斜面等,切刀用于切断、切槽和刨削垂直面等,弯切刀用于刨削 T 形槽,样板刀用于刨削 V 形槽和特殊形状的表面等。

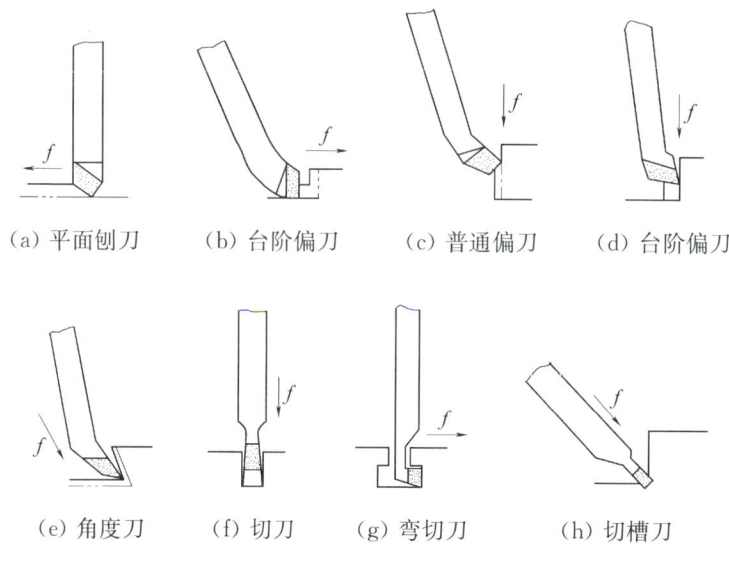

图 7-5 常用刨刀种类

按刀具的形状和结构,刨刀一般可分为左刨刀和右刨刀、直头刨刀和弯头刨刀(图 7-6)、整体刨刀和组合刨刀等。弯头刨刀在受到较大的切削力时,刀杆会产生弯曲变形,使刀尖向后上方弹起,而不会像直头刨刀那样扎入工件,破坏工件表面和损坏刀具,因此刨刀一般多为弯头刨刀。

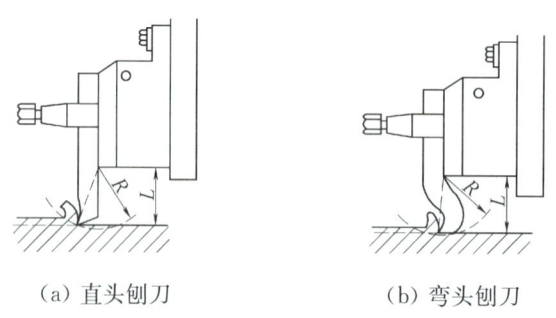

图 7-6 直头刨刀和弯头刨刀

四、刨削加工方法

1. 刨平面

在牛头刨床上刨平面时,应根据工件的形状和尺寸,选择合理的装夹方式。小尺寸工件一般用平口钳装夹;工件较大时,可用螺钉撑和挡块在工作台上装夹工件,如图 7-7 所示;也可以用工件上的凸台或孔用螺栓压板来夹紧工件,如图 7-8 所示。对于较薄的工件,通常采用撑板夹紧,如图 7-9 所示,撑板靠近工件一侧有倾斜面,厚度较薄,不妨碍刨刀刨削薄板的整个平面,而且使夹紧力稍向下倾斜,除在水平方向具有夹紧分力外,还有一个较小的垂直向下的夹紧分力,以利于薄板的夹紧。

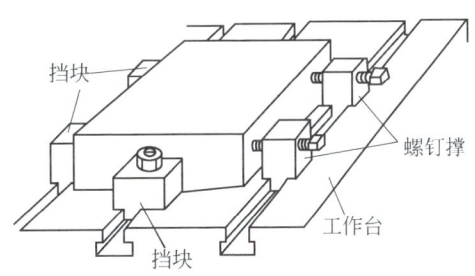

图 7-7 用螺钉撑和挡块在工作台上装夹工件

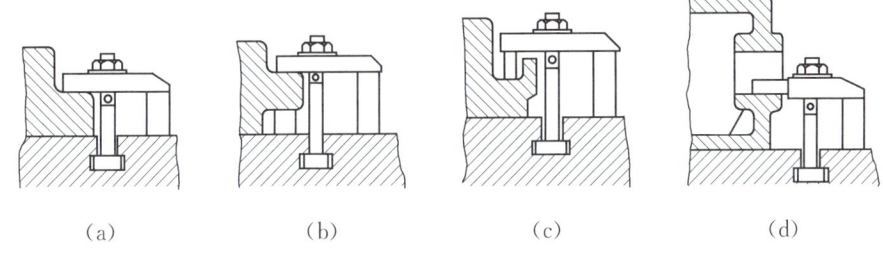

图 7-8 用工件侧面的凸台和孔装夹工件

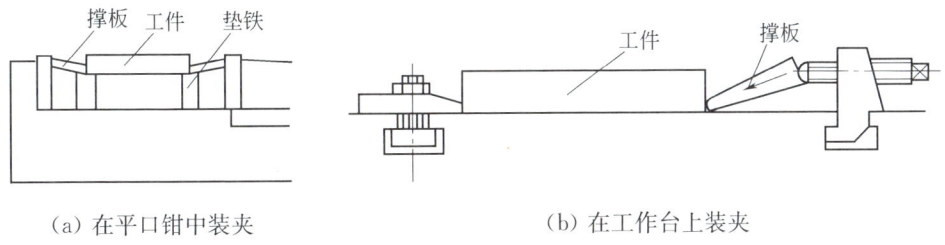

图 7-9 较薄的工件装夹

工件正确装夹后,开动机床移动滑枕使刨刀接近工件,然后横向移动工作台,将工件移到刨刀下面,再摇动刀架拖板,使刀尖接触工件表面,接着转动工作台横向手柄,将工件退离刀尖,按选定的背吃刀量摇动刀架拖板,使刨刀向下进给一个背吃刀量,然后开动机床,工作台横向进给,刨削工件 1~1.5 mm,停车测量,若尺寸不符,则应退出工件,调整背吃刀量,再开动机床,工作台横向手动或自动进给。

2. 刨垂直面

牛头刨床上刨垂直面时一般采用偏刀,以手动垂直进给来完成,背吃刀量的调整是通过横向移动工作台来实现的。安装刀具时,首先将刀架对准零线,并将刀架上的拍板座偏转一定角度(0°~15°),使拍板座的上端向离开工件加工表面的方向偏转,其目的是使刨刀回程时能够抬离工件表面,以减少刀具磨损,保证工件加工表面不受破坏,如图 7-10 所示。如果垂直面高度在 10 mm 以下时,拍板座可以不偏转角度。

图 7-10 拍板座扳转方向

3. 刨台阶面

刨台阶面的方法是刨水平面和刨垂直面两种方法的组合。图 7-11 所示为偏刀精刨台阶面的进给方法。除此之外,还可以用切刀进行精刨。

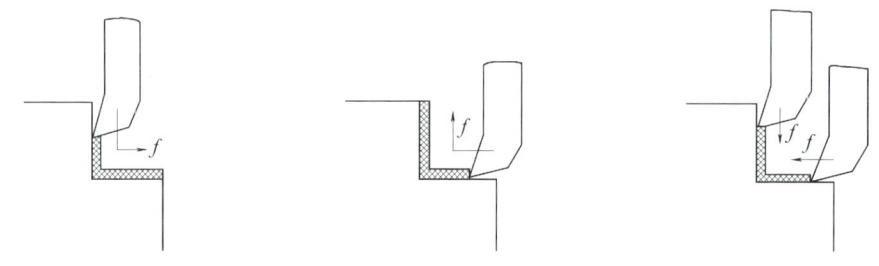

(a) 垂直面-水平面连续刨削　　(b) 水平面-垂直面连续刨削　　(c) 垂直面-水平面分别刨削

图 7-11 偏刀精刨台阶面的进给方法

4. 刨 T 形槽

刨 T 形槽时要使用 4 把刨刀,即一把刨直槽用的切槽刀、左右两把弯切刀和一把 90°成形倒角刀。刨削步骤如图 7-12 所示。

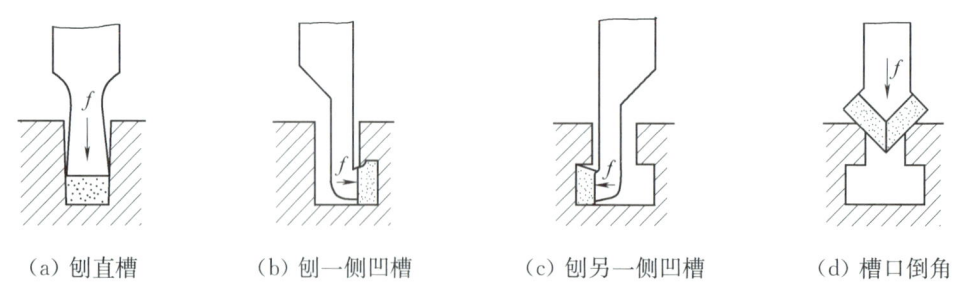

(a) 刨直槽　　(b) 刨一侧凹槽　　(c) 刨另一侧凹槽　　(d) 槽口倒角

图 7-12 T 形槽的刨削顺序

(1) 用切槽刀刨直槽 如图 7-12a 所示,直槽宽度不大时,一般使用主切削刃宽度与直槽宽度相等的切刀,在一次走刀中将宽度刨成。如果直槽宽度尺寸较大,不能一刀切出时,可使用两把宽度不一的切刀,采用"中心切削法"来刨削宽直槽。"中心切削法"是使两把切刀的中心都对准 T 形槽的中心线来进行切削。这种方法效率高,质量也较好。

(2) 用弯切刀刨削左右凹槽 如图 7-12b、c 所示,可用弯切刀刨削左右凹槽。刨削凹槽时,切削用量要小,采用手动进给,以免损坏刀具和工件。加工时,在每次工作行程终了、回程开始以前,必须把刨刀提出槽外;在回程结束后,下一次工作行程开始前,把刨刀放下到正常位置。因此,刀具切入和切出长度应适当放长,以避免刀具撞到工件上造成事故。

(3) 槽口倒角 如图 7-12d 所示,用一把 90°成形倒角刀对槽口进行倒角。也可用两把主偏角均为 45°的左、右角度刨刀进行倒角。

5. 宽刃刨刀精刨平面

用宽刃刨刀精刨平面能够代替刮研,可大大提高生产率。宽刃刨刀精刨平面适用于高刚性工件(如机床导轨面)的加工。精刨通常是在精度高、刚性好的龙门刨床上进行,选用很低的切削速度(2~3 m/min)和很大的进给量,从工件表面上切去很薄的一层金属(预刨余量为 0.08~0.12 mm,终刨余量为 0.03~0.05 mm)。工件发热变形小,所以能获得较高的加工质量。

宽刃精刨时常用的刨刀前角为负值,如图 7-13 所示。在切削时产生刮削和挤压作用,以减小表面粗糙度值。其后角较小,可以增强后面的支撑作用,防止振动。精刨平面一般用两把刨刀,分预刨和终刨两次加工完成。在切削过程中要有良好的冷却润滑。刨削铸铁工件时,切削液通常采用煤油,刨削前先将加工表面均匀润湿,或在加工中连续喷注于刨刀的刀刃附近;同时要求工件材料组织均匀,硬度一致。

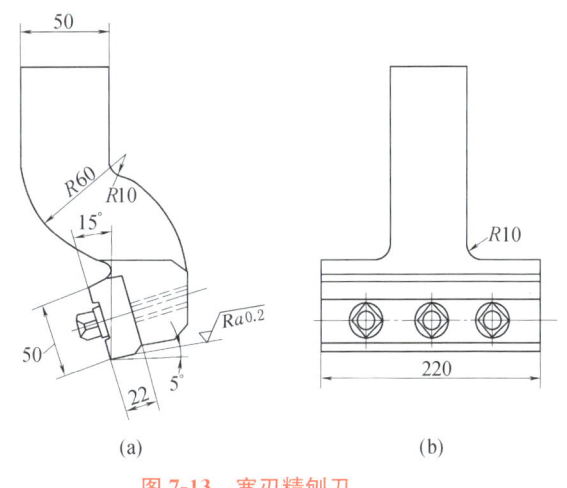

图 7-13 宽刃精刨刀

刨削加工

第二节 拉 削 加 工

一、拉削加工的特点

拉削加工是一种只有主运动而没有专门进给运动的加工方式。拉削时,拉刀与工件之间的相对运动是主运动,一般为直线运动。拉刀是多齿刀具,后一刀齿比前一刀齿高,其齿形与工件的加工表面形状吻合,进给运动靠刀齿的齿升量(前、后刀齿高度差)来实现,如图 7-14 所示。在拉床上经过一次行程,即可完成工件表面的粗、精加工,以获得所要求的加工精度和表面质量。如果刀具在切削时不是受拉力而是受压力,这种加工方法称为推削加工,推削加工主要用于修光孔和校正孔的变形。

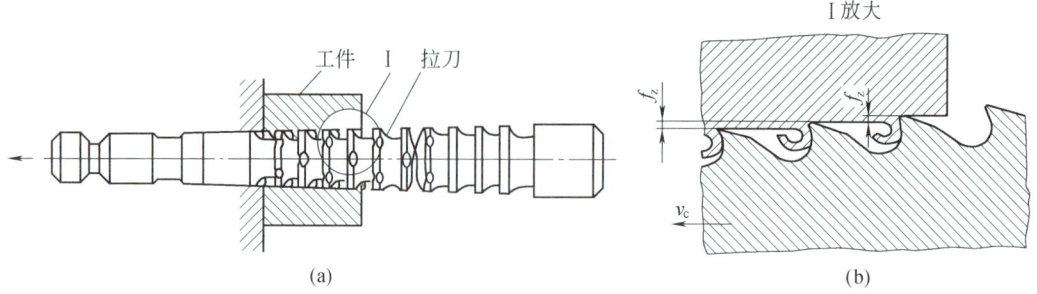

图 7-14　拉削过程

拉刀的工作部分有粗切齿、精切齿和校准齿,工件加工表面在一次行程中经过了粗切、精切和校准加工,因此拉削加工的生产率较高。拉削速度较低,每一刀齿只切除很薄的金属层,切削负荷小。拉刀的制造精度很高,因此通过拉削,工件可获得较高的精度。拉削加工精度可达 IT6～IT7,表面粗糙度值 Ra 为 $3.2\sim0.4~\mu m$。

拉刀使用寿命高,但是结构复杂、制造成本高,拉削主要应用于成批、大量生产的场合。拉削可以加工各种形状的直通孔、平面及成形表面等,特别适合于成形内表面的加工。图 7-15 所示为适于拉削的一些典型表面形状。

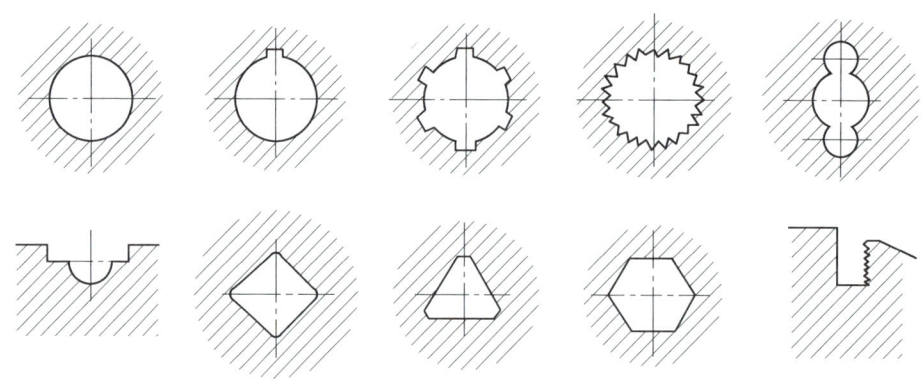

图 7-15　适于拉削的典型表面形状

二、拉床

常用的拉床按加工表面可分为内表面拉床和外表面拉床,按结构和布局形式可分为卧式拉床、立式拉床和连续式拉床等。拉床所需的拉力较大,同时为了获得平稳的且能够无级调速的运动速度,拉床一般采用液压传动。

1. 卧式内拉床

图 7-16 所示为卧式内拉床外形。在床身的内部有水平安装的液压缸,通过活塞杆带动

拉刀做直线运动,实现拉削的主运动。拉床拉削时,工件可直接以其端面紧靠在支承座的端面上定位(或用夹具装夹)。护送夹头及滚柱用以支承拉刀。开始拉削前,护送夹头和滚柱向左移动,使拉刀通过工件预制孔,并将拉刀左端柄部插入活塞杆前端的拉刀夹头内。加工时滚柱下降不起作用。

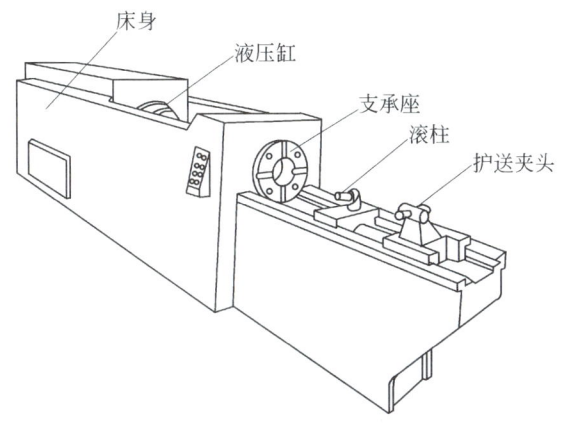

图 7-16 卧式内拉床外形

2. 立式拉床

立式拉床根据用途可分为立式内拉床和立式外拉床两类。图 7-17 所示为立式内拉床外形。这种拉床可以用拉刀或推刀加工工件的内表面。用拉刀加工时,工件以端面紧靠在工作台的上平面上,拉刀由滑座上的上支架支承,自上向下插入工件的预制孔及工作台的孔中,将其下端刀柄夹持在滑座的下支架上,滑座由液压缸驱动向下移动进行拉削加工。用推刀加工时,工件也是装在工作台的上表面上,推刀支承在上支架上,自上向下进行加工。图 7-18 所示为立式外拉床外形。滑块可沿床身的垂直导轨移动,滑块上固定有外拉刀,工件

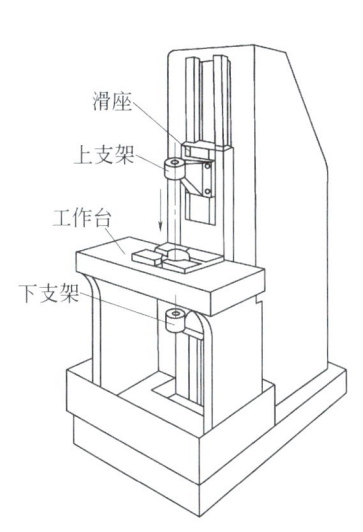

图 7-17 立式内拉床外形

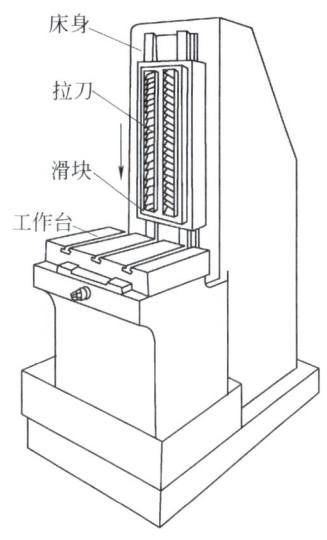

图 7-18 立式外拉床外形

装夹在工作台上的夹具中。滑块垂直向下移动完成工件外表面的拉削加工。工作台可作横向移动,以调整背吃刀量,并用于刀具空行程时退出工件。

3. 连续式拉床(链条式拉床)

链条式拉床是一种连续工作的外拉床。其工作原理如图 7-19 所示。链条被链轮带动按拉削速度移动,链条上装有多个夹具。工件在位置 A 被装夹在夹具中,经过固定在上方的拉刀时进行拉削加工,此时夹具沿床身上的导轨滑动,夹具移至 B 处即自动松开,工件落入成品收集箱内。这种拉床由于连续进行加工,因而生产率较高,常用于大批大量生产中加工小型工件的外表面,如汽车、拖拉机上连杆的连接平面及半圆凹面等的加工。

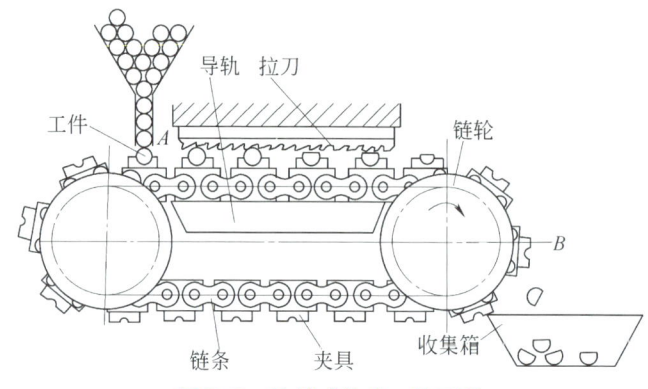

图 7-19 连续式拉床工作原理

三、拉刀

拉刀工作原理

1. 拉刀的种类

根据加工表面位置不同可将拉刀分为内拉刀与外拉刀两种。常用的内拉刀和外拉刀如图 7-20 所示。

拉刀

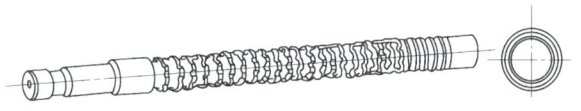

(a) 圆孔拉刀

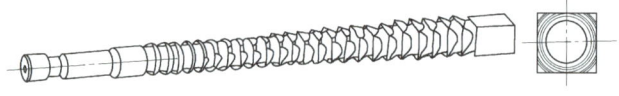

(b) 方孔拉刀

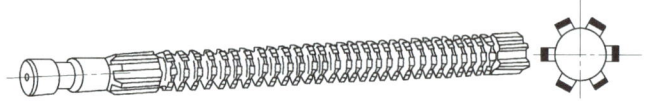

(c) 花键拉刀

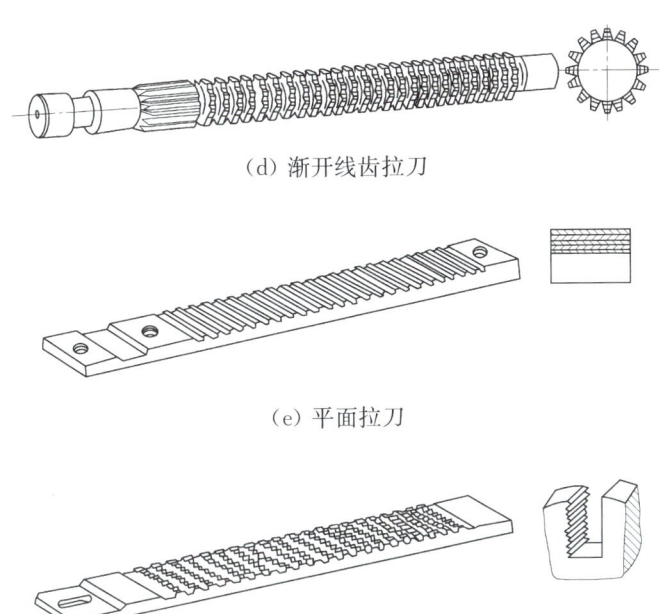

(d) 渐开线齿拉刀

(e) 平面拉刀

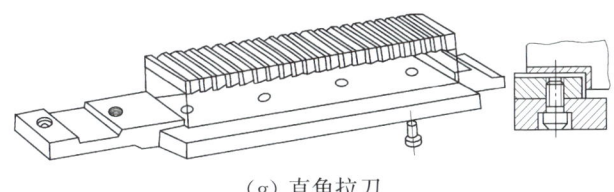

(f) 齿槽拉刀

(g) 直角拉刀

图 7-20　常用的内拉刀和外拉刀

2. 拉刀的结构

拉刀的种类很多，但其组成部分基本相同。下面以圆孔拉刀结构（图 7-21）为例，说明其组成部分及作用。

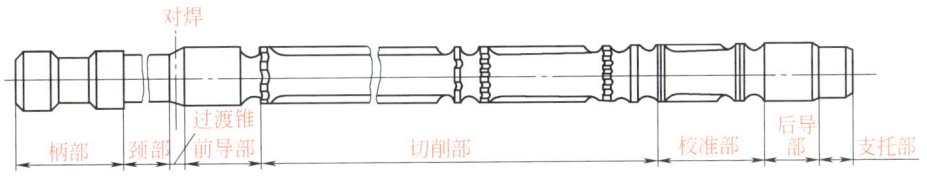

图 7-21　圆孔拉刀结构

(1) <u>柄部</u>　是拉刀的夹持部分，用于传递拉力。
(2) <u>颈部</u>　是柄部与过渡锥的连接部分，也是打标记的地方。
(3) <u>过渡锥</u>　用于引导拉刀逐渐进入工件孔中，起对准中心的作用。
(4) <u>前导部</u>　起导向作用，防止拉刀歪斜。

(5) 切削部　担负全部余量的切削工作,由粗切齿、过渡齿和精切齿3部分组成。

(6) 校准部　起修光和校准作用,也起提高加工精度和表面质量的作用,并可作为精切齿的后备齿,各齿形状及尺寸完全一致。

(7) 后导部　用于保持拉刀最后的正确位置,防止拉刀的刀齿在切离后因下垂而损坏已加工表面或刀齿。

(8) 支托部　用以支承拉刀,并防止拉刀下垂。一般只有又长又重的拉刀才有支托部。

四、拉削方式

拉削方式(拉削图形)是指拉刀从工件上把拉削余量切下来的方式,通常都用图形来表达,因此也称为拉削图形。拉削方式拟订的是否合理,对于拉削力的大小、刀齿负荷的分配、拉刀的长度、工件表面质量、拉刀的使用寿命、生产率及制造成本等都有很大的影响。

拉削方式主要分为分层式、分块式和综合式三种。

1. 分层式

分层式拉削的余量是一层一层地顺序切去的一种拉削方式。拉刀参与切削的刀刃一般较长,切削宽度较大,齿数较多,拉刀长度较长。分层式拉削的生产率较低,不适于拉削带硬皮的工件。

(1) 同廓式　按同廓式设计的拉刀的各刀齿的廓形与被加工表面最终形状相似,如图7-22所示,工件表面的形状与尺寸由最后一个精切齿和校准齿形成,因此工件表面质量较高。

(2) 渐成式　按渐成式设计的拉刀的刀齿廓形与被拉削表面的形状不相似,被加工工件表面的形状和尺寸由各刀齿切出的表面连接而成,如图7-23所示。对于加工复杂成形表面来说,拉刀的制造比同廓式简单,但在工件已加工表面上可能出现副切削刃交接的痕迹,故加工工件的表面质量较差。

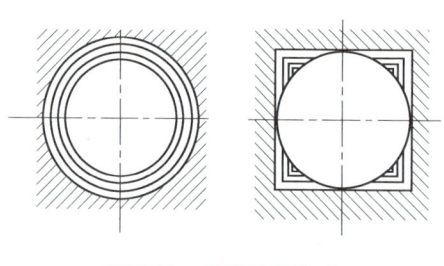

图7-22　同廓拉削方式

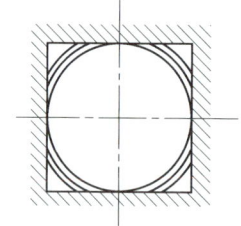

图7-23　渐成拉削方式

2. 分块式

分块式(轮切式)是指工件上每层加工余量由一组尺寸相同的或基本相同的刀齿切去,每个刀齿仅切去部分加工余量,前后刀齿的切削位置相互错开,全部余量由几组刀齿顺序切完的一种拉削方式。如图7-24所示,拉刀有4组切削刀齿。每组中包含两个直径相同的切削刀齿,先后切除同一层金属的黑白两部分余量。按分块式拉削方式设计的拉刀称为轮切式拉刀,通常每个齿组有 2~4 个刀齿。

分块拉削方式的优点是切削刃的长度(切削宽度)较短,允许的切削厚度较大,拉刀长度短,效率高,可直接拉削带硬皮的工件。但是,这种拉刀的结构复杂,制造麻烦,拉削质量较差。

3. 综合式

综合式是分层式和分块式拉削综合在一起的一种拉削方式,如图 7-25 所示。它集中了同廓式拉刀和轮切式拉刀的优点,即粗切齿和过渡齿制成轮切式结构,精切齿则采用同廓式结构。这样可以使拉刀长度缩短,生产率提高,又能获得较好的工件表面质量。我国生产的圆孔拉刀多采用这种结构。

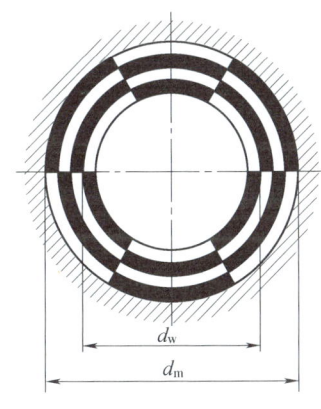

图 7-24 分块(轮切)拉削方式

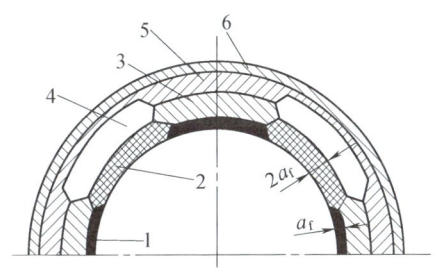

1~4—粗切齿和过渡齿;5、6—精切齿。

图 7-25 综合拉削方式

习题与思考题

7-1 试述刨削加工的特点及其工艺范围。

7-2 精刨平面时有何要求?

7-3 试述拉削加工的特点及其工艺范围。

7-4 试述拉刀的种类和用途。

7-5 拉刀由哪几部分组成?各部分的主要作用是什么?

7-6 什么是拉削图形?拉削图形有哪几类?各有何特点?

综合训练

初级技能操作
综合训练

附录　常用机床组、系代号及主参数

类	组	系	机　床　名　称	主参数的折算系数	主　参　数
车床	1	1	单轴纵切自动车床	1	最大棒料直径
	1	2	单轴横切自动车床	1	最大棒料直径
	1	3	单轴转塔自动车床	1	最大棒料直径
	2	1	多轴棒料自动车床	1	最大棒料直径
	2	2	多轴卡盘自动车床	1/10	卡盘直径
	2	6	立式多轴半自动车床	1/10	最大车削直径
	3	0	回轮车床	1	最大棒料直径
	3	1	滑鞍转塔车床	1/10	卡盘直径
	3	3	滑枕转塔车床	1/10	卡盘直径
	4	1	曲轴车床	1/10	最大工件回转直径
	4	6	凸轮轴车床	1/10	最大工件回转直径
	5	1	单柱立式车床	1/100	最大车削直径
	5	2	双柱立式车床	1/100	最大车削直径
	6	0	落地车床	1/100	最大工件回转直径
	6	1	卧式车床	1/10	床身上最大回转直径
	6	2	马鞍车床	1/10	床身上最大回转直径
	6	4	卡盘车床	1/10	床身上最大回转直径
	6	5	球面车床	1/10	刀架上最大回转直径
	7	1	仿形车床	1/10	刀架上最大车削直径
	7	5	多刀车床	1/10	刀架上最大车削直径
	7	6	卡盘多刀车床	1/10	刀架上最大车削直径
	8	4	轧辊车床	1/10	最大工件直径
	8	9	铲齿车床	1/10	最大工件直径

续 表

类	组	系	机 床 名 称	主参数的折算系数	主 参 数
钻床	1	3	立式坐标镗钻床	1/10	工作台面宽度
	2	1	深孔钻床	1/10	最大钻孔直径
	3	0	摇臂钻床	1	最大钻孔直径
	3	1	万向摇臂钻床	1	最大钻孔直径
	4	0	台式钻床	1	最大钻孔直径
	5	0	圆柱立式钻床	1	最大钻孔直径
	5	1	方柱立式钻床	1	最大钻孔直径
	5	2	可调多轴立式钻床	1	最大钻孔直径
	8	1	中心孔钻床	1/10	最大工件直径
	8	2	平端面中心孔钻床	1/10	最大工件直径
镗床	4	1	立式单柱坐标镗床	1/10	工作台面宽度
	4	2	立式双柱坐标镗床	1/10	工作台面宽度
	4	6	卧式坐标镗床	1/10	工作台面宽度
	6	1	卧式镗床	1/10	镗轴直径
	6	2	落地镗床	1/10	镗轴直径
	6	9	落地铣镗床	1/10	镗轴直径
	7	0	单面卧式精镗床	1/10	工作台面宽度
	7	1	双面卧式精镗床	1/10	工作台面宽度
	7	2	立式精镗床	1/10	最大镗孔直径
磨床	0	4	抛光机	—	—
	0	6	刀具磨床	—	—
	1	0	无心外圆磨床	1	最大磨削直径
	1	3	外圆磨床	1/10	最大磨削直径
	1	4	万能外圆磨床	1/10	最大磨削直径
	1	5	宽砂轮外圆磨床	1/10	最大磨削直径
	1	6	端面外圆磨床	1/10	最大回转直径
	2	1	内圆磨床	1/10	最大磨削孔径
	2	5	立式行星内圆磨床	1/10	最大磨削孔径
	3	0	落地砂轮机	1/10	最大砂轮直径
	5	0	落地导轨磨床	1/100	最大磨削宽度
	5	2	龙门导轨磨床	1/100	最大磨削宽度

续 表

类	组	系	机 床 名 称	主参数的折算系数	主 参 数
磨床	6	0	万能工具磨床	1/10	最大回转直径
	6	3	钻头刃磨床	1	最大刃磨钻头直径
	7	1	卧轴矩台平面磨床	1/10	工作台面宽度
	7	3	卧轴圆台平面磨床	1/10	工作台面直径
	7	4	立轴圆台平面磨床	1/10	工作台面直径
	8	2	曲轴磨床	1/10	最大回转直径
	8	3	凸轮轴磨床	1/10	最大回转直径
	8	6	花键轴磨床	1/10	最大磨削直径
	9	0	曲线磨床	1/10	最大磨削长度
齿轮加工机床	2	0	弧齿锥齿轮磨齿机	1/10	最大工件直径
	2	2	弧齿锥齿轮铣齿机	1/10	最大工件直径
	2	3	直齿锥齿轮刨齿机	1/10	最大工件直径
	3	1	滚齿机	1/10	最大工件直径
	3	6	卧式滚齿机	1/10	最大工件直径
	4	2	剃齿机	1/10	最大工件直径
	4	6	珩齿机	1/10	最大工件直径
	5	1	插齿机	1/10	最大工件直径
	6	0	花键轴铣床	1/10	最大铣削直径
	7	0	碟形砂轮磨齿机	1/10	最大工件直径
	7	1	锥形砂轮磨齿机	1/10	最大工件直径
	7	2	蜗杆砂轮磨齿机	1/10	最大工件直径
	8	0	车齿机	1/10	最大工件直径
	9	3	齿轮倒角机	1/10	最大工件直径
	9	9	齿轮噪声检查机	1/10	最大工件直径
螺纹加工机床	3	0	套丝机	1	最大套丝直径
	4	8	卧式攻丝机	1/10	最大攻丝直径
	6	0	丝杠铣床	1/10	最大铣削直径
	6	2	短螺纹铣床	1/10	最大铣削直径
	7	4	丝杠磨床	1/10	最大工件直径
	7	5	万能螺纹磨床	1/10	最大工件直径
	8	6	丝杠车床	1/100	最大工件长度
	8	9	多头螺纹车床	1/10	最大车削直径

续 表

类	组	系	机 床 名 称	主参数的折算系数	主 参 数
铣床	2	0	龙门铣床	1/100	工作台面宽度
	3	0	圆台铣床	1/100	工作台面直径
	4	3	平面仿形铣床	1/10	最大铣削宽度
	4	4	立体仿形铣床	1/10	最大铣削宽度
	5	0	立式升降台铣床	1/10	工作台面宽度
	6	0	卧式升降台铣床	1/10	工作台面宽度
	6	1	万能升降台铣床	1/10	工作台面宽度
	7	1	床身铣床	1/100	工作台面宽度
	8	1	万能工具铣床	1/10	工作台面宽度
	9	2	键槽铣床	1	最大键槽宽度
刨插床	1	0	悬臂刨床	1/100	最大刨削宽度
	2	0	龙门刨床	1/100	最大刨削宽度
	2	2	龙门铣磨刨床	1/100	最大刨削宽度
	5	0	插床	1/10	最大插削长度
	6	0	牛头刨床	1/10	最大刨削长度
	8	8	模具刨床	1/10	最大刨削长度
拉床	3	1	卧式外拉床	1/10	额定拉力
	4	3	连续拉床	1/10	额定压力
	5	1	立式内拉床	1/10	额定拉力
	6	1	卧式内拉床	1/10	额定拉力
	7	1	立式外拉床	1/10	额定拉力
	9	1	气缸体平面拉床	1/10	额定拉力
锯床	5	1	立式带锯床	1/10	最大锯削厚度
	6	0	卧式圆锯床	1/100	最大圆锯片直径
	7	1	平板卧式弓锯床	1/10	最大锯削直径
其他机床	1	6	管接头车丝机	1/10	最大加工直径
	2	1	木螺钉螺纹加工机	1	最大工件直径
	4	0	圆刻线机	1/100	最大加工长度
	4	1	长刻线机	1/100	最大加工长度

参考文献

[1] 陈宏钧. 金属切削速查速算手册[M]. 5版. 北京：机械工业出版社，2016.

[2] 袁哲俊. 金属切削刀具设计手册[M]. 2版. 北京：机械工业出版社，2018.

[3] 吴拓. 金属切削加工及装备[M]. 4版. 北京：机械工业出版社，2021.

[4] 王红军. 机械制造技术基础学习指导与习题[M]. 北京：机械工业出版社，2012.

[5] 赵玉奇. 机械制造基础与实训[M]. 3版. 北京：机械工业出版社，2018.

[6] 崔兆华. 车工技能训练图册[M]. 2版. 北京：中国劳动社会保障出版社，2016.

[7] 马苍平. 铣工技能训练图册[M]. 2版. 北京：中国劳动社会保障出版社，2021.

[8] 邱言龙，李德富. 磨工实用技术手册[M]. 2版. 北京：中国电力出版社，2018.

[9] 刘风军. 磨工（高级）[M]. 北京：机械工业出版社，2016.

[10] 徐向纮，赵延波. 机械制造技术实训[M]. 北京：清华大学出版社，2018.

[11] 陈宏钧，单立红. 实用机械加工工艺手册[M]. 5版. 北京：机械工业出版社，2024.

[12] 马贤智，方效良，王丽娟. 实用机械加工手册[M]. 沈阳：辽宁科学技术出版社，2016.

[13] 张晓妍. 机械制造基础[M]. 北京：高等教育出版社，2024.

郑重声明

高等教育出版社依法对本书享有专有出版权。任何未经许可的复制、销售行为均违反《中华人民共和国著作权法》，其行为人将承担相应的民事责任和行政责任；构成犯罪的，将被依法追究刑事责任。为了维护市场秩序，保护读者的合法权益，避免读者误用盗版书造成不良后果，我社将配合行政执法部门和司法机关对违法犯罪的单位和个人进行严厉打击。社会各界人士如发现上述侵权行为，希望及时举报，我社将奖励举报有功人员。

反盗版举报电话　（010）58581999　58582371
反盗版举报邮箱　dd@hep.com.cn
通信地址　北京市西城区德外大街4号　高等教育出版社知识产权与法律事务部
邮政编码　100120